河南野生花卉

孟昭伟◎主编

河南科学技术出版社
· 郑州 ·

内容提要

本书对野生花卉的概念和外延、野生花卉资源调查的技术、野生花卉的价值评估与风景园林应用进行了比较系统的论述，并根据多年的调查结果编录了“河南野生花卉名录”，系统、全面地展示了河南省丰富多彩的野生花卉资源，并着重介绍了其中的158种观赏性较强、易于示范推广应用的野生花卉，其中有些种类是首次介绍；同时附有精美的第一手彩色图片，便于识别和直观了解野生花卉的风景园林应用效果。本书可供花卉苗木生产人员、风景园林设计师、园林生产养护人员和园林科研人员参考使用，也适合广大的花卉爱好者和户外活动人士辨花识花，赏花怡心。

图书在版编目 (CIP) 数据

河南野生花卉 / 孟昭伟主编 . —郑州 ：河南科学技术出版社，2015.12
ISBN 978-7-5349-7985-9

Ⅰ . ①河… Ⅱ . ①孟… Ⅲ . ①野生植物 – 花卉 – 介绍 – 河南省 Ⅳ . ① Q949.408

中国版本图书馆 CIP 数据核字 (2015) 第 249948 号

出版发行：河南科学技术出版社
地址：郑州市经五路 66 号　　邮编：450002
电话：(0371) 65737028　　65788613
网址：www.hnstp.cn
策划编辑：陈淑芹
责任编辑：申卫娟
责任校对：司丽艳
整体设计：张　伟
责任印制：张　巍
印　　刷：郑州瑞光印务有限公司
经　　销：全国新华书店
幅面尺寸：170mm × 240mm　　印张：21　　字数：372 千字
版　　次：2015 年 12 月第 1 版　　2015 年 12 月第 1 次印刷
定　　价：120.00 元

编审委员会名单

主　任　水贤礼

副主任　王成民　柴仁俊

委　员　辛石狮　杨春梅

主　编　孟昭伟

副主编　彭兴龙　李家美　张改香

编　委　（以姓氏笔画为序）

于冠所　王黎明　邓小京　巩国洋

师春平　李国豪　李景照　杨　波

辛晓瑜　张松涛　苗作云　胡珍珍

姚保生　姚瑞芬　解　荣

组织编写单位

三门峡市林业和园林局

三门峡市林业工作总站

序

随着国家日益富强，人民的生活水平不断提高，对环境绿化、美化的需求也越来越高，爱花、种花的人越来越多，花卉市场也呈现出前所未有的一派繁荣景象。

众所周知，家花都是由野生花卉引种驯化而来的。野生花卉随种类不同，生长在不同的自然环境中，具有各自固有的生物学特性。人们利用它们物候期的不同，可培育出不同花果期的花卉品种；利用它们的抗旱性、抗病虫害、耐湿耐涝、耐瘠薄及耐寒性特点，可培育出抗逆性强的优良花卉品种。所以，野生花卉是花卉育种的天然种质资源。

河南地处北亚热带与南暖温带之间的过渡地带，过渡性的气候条件造就了过渡性的植被特点。其植被的植物区系组成成分复杂，华北成分、华中成分、华东成分和西北成分在此交汇，甚至东北成分也有渗入；加上河南地貌起伏多变，特别是豫西山地，海拔高度相差悬殊，致使植物的生境多样化。因此，这里植物种类繁多，可作为野生花卉的种类自然也十分丰富。

河南野生花卉或观赏植物的种类究竟有多少？可以说难以准确地说清。这种情况除了野外调查还不够全面充分外，另一重要原因正如俗话所说：萝卜白菜各有所爱，同一种植物有无观赏价值及其观赏价值的大小、观点因人而异。尽管如此，摸清河南野生花卉或观赏植物种类的基本家底，对资源的合理开发利用与保护有着十分重要的意义。

可喜的是《河南野生花卉》的著者们，历经近 10 年，对河南野生花卉资源进行大规模野外实地普查，采集大量植物标本，拍摄了近 10 万张照片，通过多方面的研究，将其总结整理成书。书中回顾总结了河南野生花卉调查研究的概况，探讨了“花卉”的概念，界定了“野生花卉”概念的适用范围，介绍了野生花卉的普查方法，价值评估、良种选择、应用技术研究与实践等等；还列出了河南野生花卉名录（含 1 800 余种），并对其中主要的 158 种特别做了形态特征描述、生境与分布记载及园林应用介绍。该书内容相当丰富，图文并茂，可谓是对野生花卉调查研究的一部专著，为园艺园林工作者提供了较为全面系统的参考资料。

我有幸先阅《河南野生花卉》书稿，获益匪浅，深感著者对河南野生花卉及观赏植物合理开发利用与保护的综合性研究做出了贡献。

朱长山

2015 年 11 月于郑州

前言

笔者从事园林工作20多年，在风景园林设计中深感北方城乡园林中，美丽的花卉植物材料太少了：设计了好几个公园，可选用的花卉植物用来用去就是那几十种，乡土植物更是说起来多，选用起来却很少，极大地影响了新建园林的四季景观效果；另一方面，近郊公园或新建公园中，又有很多的野生花卉不为人知，不被重视，常常被毁掉或拔除，以期补植再造更新更美的花草，但几年下来，实际情形却总是差强人意。

野外的大自然却是不费人工，天然雕饰出引人入胜的植物景观；野生花卉总是生机勃勃，引起了户外活动热，吸引了很多植物爱好者（实际上主要是花卉爱好者），起到了科学普及和游憩美化作用。

为解决花卉材料种类少、进口外来品种多、乡土植物应用不足、生态园林建设中植物多样性不足等问题，河南省农业、林业、花卉苗木、园林等不同行业、不同专业的科研人员，自2006年开始了河南省野生花卉资源调查，并在2010—2014年组织了大规模的分区分片多频次的野外实地普查。本书就是对野生花卉资源调查的一部分成果的总结。

课题组成员对河南大别山、桐柏山、伏牛山、太行山以及平原诸县进行了实地调查，拍摄了近10万张照片，采集制作了2万份植物腊叶标本，存放在河南农业大学标本馆里。通过整理、鉴定，查明了河南省域丰富多彩的野生花卉共计 1 893 种，编制了“河南野生花卉名录”，并对这些野生花卉植物开展了以“园林应用为目的”的 AHP 法（层次分析法）价值评估，筛选出了“适宜于河南省推广应用的野生花卉 100 种”，为园林地被、花境、花坛、基础种植、切花、垂直绿化和水生花卉、湿地景观营造等方面的生态景观建设提供了丰富多彩的素材，可广泛应用于城市园林绿化中，为河南省发展具有地方特色的花卉产业、构建具有中原特色的园林绿化景观以及野生花卉引种驯化、新优花卉品种开发应用提供了详尽的、科学的花卉种质资源。

本书总结了野生花卉资源调查与应用研究的一些经验，详细列举了河南省丰富多彩的野生花卉种类，并重点介绍了 158 种具有优良观赏性的野生花卉，以期能展示野生花卉的千姿百态、丰富多彩，推动河南省野生花卉的研究、保护与开发应用。

由于编者水平有限，书中难免有错误和疏漏之处，敬请读者斧正，可将建议发至电子邮箱：smxmzw8363@126.com。

编者

2015 年 1 月

目录

02 多年生野生花卉 ········· 78

第 1 篇

综述

野生花卉一般是指现在仍在原产地处于天然自生状态的、具有显著观赏价值的植物。相对于常见的栽培花卉，野生花卉花色丰富、花形优美、种类繁多，观赏价值显著，适应性广，抗性强，管理简便，是地方天然风景和植被的重要组成部分，是一类非常重要的观赏植物资源。野生花卉虽与栽培花卉品种相比不那么艳丽、华贵，却是栽培花卉的祖先，是宝贵的物种基因库，已经在深山荒野生长了千百年，在生物多样性保护中具有非常重要的价值。在生态环境、人居环境和生态旅游日渐受到重视的今天，野生花卉越来越受到风景园林行业、生态保护人士的重视，对野生花卉的研究成为生态文明建设中不可缺少的重要内容。

第 1 章

河南野生花卉研究的背景、目的、意义

1.1 河南植物资源

河南地跨亚热带和暖温带两个气候区，属北亚热带向暖温带过渡的大陆性季风气候，同时具有自东向西由平原向丘陵山地气候过渡的特征。中国南北地理分界线秦岭—淮河从境内穿过，以南属亚热带湿润气候区，占全省总面积的30%；以北属暖温带半湿润半干旱气候区，占全省总面积的70%。从南向北年平均气温为15.7 ~ 12.1℃；1月最冷，月平均气温3 ~ –3℃；7月最热，月平均气温为29 ~ 24℃；无霜期240 ~ 189天。年降水量1 380.6 ~ 532.5mm，主要集中在6 ~ 8月，占全年降水的50% ~ 60%，年蒸发量1 398 ~ 2 138mm，远大于降水量。全省气候特点可概括为冬长寒冷雨雪少、春短干旱多风沙、夏日炎热雨集中、秋季晴朗日照长，四季分明。

过渡性的气候特点、大量高海拔的山脉、复杂多样的地形地貌孕育了河南省南北兼容、丰富多样的生物物种资源。以伏牛山主脉—淮河干流为界，南部属北亚热带常绿落叶阔叶林带，北部属暖温带落叶阔叶林带。根据初步统计，《河南植物志》中载有的维管植物（含蕨类植物、裸子植物、被子植物）共4 473种及变种（包括栽培植物），全省分布有高等植物198科3 979种及变种，约占全国植物总数的12.2%。丰富的植物种类是开展花卉植物资源综合利用研究的基础，为开发和利用野生花卉资源提供了很好的条件。

1.2 河南野生花卉的研究背景

河南植物种类繁多，花卉植物丰富。新中国成立以来，《河南植物志》的作者们先后在太行山、伏牛山、嵩山、桐柏山、鸡公山、嵖岈山等山区及平原诸县进行了广泛的采集调查，先后开展了野生经济植物调查，药用、油料、纤维植物等的重点调查，整理出版了《河南树木志》《河南植物志》等著作，这些书记述了河南各种植物资源和园林观赏植物，满足了风景园林行业良种选育及引种驯化的需要，贡献甚大。但受研究目的和时代所限，一些植物如钩腺大戟、少花万寿竹、顶冰花等虽作为植物种类被予以记录，但其观赏价值在书中却语焉不详，很多植物的观赏价值也在书中没有记述，使野生花卉的种类、数量一直没有准确数字，使很多野生花卉至今不为花卉苗木、风景园林各界所认知。

《河南树木志》《河南野生观赏植物志》等有关著述中记载河南野生观赏植物有 911 种，其中记载的野生花卉约有 733 种。但书中各种野生花卉的形象或观赏价值主要以文字与黑白插图的植物形态描述为主，使非植物分类学专业人士学习认知野生花卉十分困难。由于没有彩色影像的直观体现，风景园林从业人员对这些野生花卉的观赏形象也缺乏直观感受，更谈不上认识、保护与应用了。

随着风景园林的发展，生态文明建设的推进，对丰富多彩花卉的需求越来越高，而花卉作为具有显著观赏价值的植物，最主要的魅力就在于其富有生机的美丽形象，而该形象在以上各志书中却难以完整显现，且以上各志书卷帙浩繁，不易查找，加之随着时代变迁，人们对花卉的观赏又有新的要求，花卉从业人员、风景园林专业人员和生态文明建设迫切需要深入全面地对河南野生花卉的资源进行调查与应用研究，对花卉有新的系统研究，以掌握和了解河南野生花卉的家底，为河南风景园林植物区系的划分、特色花卉产业规划和种质资源保护开发提供基础资料。

1.3 河南野生花卉的研究概况

1985 年，叶永忠对大别山、桐柏山、嵩山、伏牛山及太行山区的野生花卉资源进行了系统的调查研究，从中筛选出野生花卉 674 种 (包括变种和变型)，把它们分作观赏蕨类 (39 种)、水生花卉 (16 种)、一二年生花卉 (23 种)、球根花卉 (58 种)、宿根花卉 (98 种)、观赏乔木 (96 种)、观赏灌木 (251 种)、观赏藤本植物 (87 种)、竹类 (6 种) 等九大类型。论述了河南野生花卉的水平分布和垂直分布状况，分析了每一大类型野生花卉的观赏特性、园林配置特点和主要用途。就如何开发利用河南野生花卉资源，提出了看法和建议。这是改革开放以来对河南野生花卉的第一次系统研究。

据现有报道：经过河南科研人员的调查，嵩山有野生花卉 253 种，隶属于 63

科 132 属。大别山野生草本花卉资源达 200 多种。河南太行山区野生观赏植物资源有 80 科 250 种，其中观赏价值较高并能很快应用于园林建设的有 48 科 105 种。河南省鸡公山国家级自然保护区属于北亚热带向暖温带过渡地区，野生花卉有 49 科 103 属 257 种（含变种），其中种类最多的是蔷薇科，有野生花卉 42 种（含变种）。以上研究中应用方面的研究主要以建议或个别种类的引种驯化为主，没有示范应用案例。

1995 年，高贤明和史淑兰对河南珍稀濒危植物进行了观赏性状的评价。2007 年，王从彦等对河南木本彩叶植物资源的调查研究发现河南野生木本彩叶植物资源共 32 科 54 属 85 种，并且对其进行了较为细致的分析、评价；筛选出特色彩叶植物，其中常绿类 4 种、春色叶及新叶有色类 4 种、双色叶类 6 种、多色叶类 5 种，以乌桕、黄连木、复叶槭、枫香等为代表的具有较高观赏价值和市场应用前景的河南野生木本彩叶植物计 20 科 25 属 43 种。2009 年，袁秀云等调查统计河南百合科野生花卉资源 16 属 61 种，其中包括诸如栽培品种川贝母以及河南并没出现的南川百合等。郑晓军等对河南四大山区进行了野外实地调查，并采集标本 265 份，记录发现河南忍冬属植物 25 种 2 亚种 2 变种，并筛选出蓝靛果、郁香忍冬等 12 个优良种。王列富等调查出河南特有木本植物共计 21 科 31 属 49 种，并对其观赏特性以及园林用途进行了综合评价。2012 年，马晓、张俊叶、陈刚等发表《野生花卉资源在郑州园林绿化中的应用》一文，在对河南野生花卉资源以资料查阅为主的调查基础上，提出了 15 种具有开发利用前景的野生花卉种类，同时对应用存在的问题及对策进行了初步的探讨，但推荐种类中包括了野西瓜苗等外来入侵植物。

综上所述，河南野生花卉的系统全面研究开始较早，但近些年来的研究主要是以某一地区或某一类群为主，研究方法则以对现有资料进行总结和归纳为主，应用研究没有实践性的示范案例。所以，与时俱进，开展全面系统的野生花卉种质资源调查和应用开发研究，是必要的。

1.4　野生花卉研究的目的、意义

河南野生花卉种类繁多，许多种类具有很高的观赏和应用价值。然而由于野生花卉的家底不清，人们对于载于各种植物志上的野生花卉或观赏植物的美丽形象也是一知半解。许多野生花卉仍处于自生自灭的状态，泯灭于山间幽谷，未能得到充分的利用。而目前城市风景园林建设中能应用的植物种类不足百种，栽培的花卉多为外来种，从种类到品质都不能满足人们对花卉日益增长的需求。因此，系统、全面地对野生花卉资源进行普查，开发与繁殖并举，充分利用乡土花卉资源快速繁殖并推广应用，丰富花卉种类，不断充实园林新材料，为培育更多更美的花卉新品种提供丰富多彩的种质资源。同时与环境结合用于旅游产业的整体开发，在森林旅游中重视野生花卉的保护和利用，对保护植物多样性，保护那些正在遭受破坏和即将遭受破坏的花卉资源，美化城市和乡村环境，具有十分重要的现实意义。

第 2 章

河南野生花卉资源的研究

2.1 野生花卉研究的技术路线

采用实地调查甄别判断、数码影像记录与标本采集同步保存、文献资料查阅与野外考察相结合、编制名录与示范应用技术研究同步开展的技术路线（图 1）。具体如下：

省内外资料研究→讨论制定“野生花卉野外甄别标准”，划分调查区、明确责任人→野外调查记录和标本采集→内业制作野生花卉标本，开展植物分类学鉴定、整理图片并归档，整理、汇总和分析→必要时在前期普查的基础上根据需要再深入实地勘察，结合查阅文献资料进行重点调查研究→形成包括地理位置、分布区域、生态习性和分布图为一体的野生花卉资源数字化基本信息→评估它们的野外生存状况 / 濒危程度，提出相应的保护措施 / 策略，根据条件因地制宜开展示范应用研究→利用多因素多层次综合评估法主要是 AHP 法对收集到的不同花卉开展价值评估分析→逐步编制完成“河南野生花卉名录”，筛选出“河南优良野生花卉 100 种”便于开展针对性的推广应用→总结形成野生花卉应用的系统方法→总结形成野生花卉资源普查与应用研究报告，用相机建立野生花卉数字信息平台。

2.2 野生花卉资源普查的技术路线设计

2.2.1 区别花卉与观赏植物，界定野生花卉的范围

1. 花卉是观赏植物中最具观赏价值的部分

花卉的概念有狭义与广义两种，其中，广义的花卉常常与“观赏植物”或者“园林植物”同义，致使凡是植物都有可能是“花卉”。花卉的外延过度扩大化，不符合人们的传统习惯。

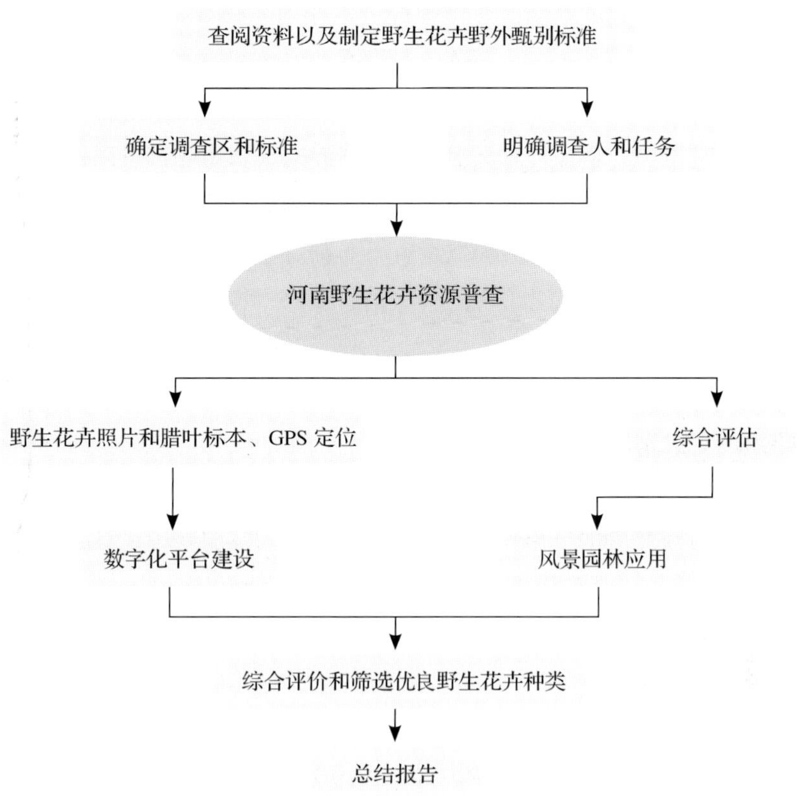

图 1　野生花卉资源普查、价值评估与风景园林应用技术路线

一般地说，“花”代指开花的植物，“卉”即草之总名也，是草的总称。“花卉”就是花草，拓而展之，有观赏价值的灌木和可以盆栽的小乔木包括在内，统称为“花卉”。推而广之，花卉就是具观赏性的植物。因此，广义的花卉是指具观赏价值、经一定的技艺进行栽培和养护的植物或其一部分。观赏部位不限于花，可以是根、茎、叶、花、果、种子等任何部位。因此，凡是具有一定观赏价值，达到观叶、观花、观茎、观根、观果等目的，并能美化环境，丰富人们文化生活的草本、木本、藤本植物统称花卉。这里的“花卉”，实质上是广义的“观赏植物”或者“园林植物”。如果按照这里的定义进行“统称”，那么，每种植物，如藻类、苔藓类都可以作为花卉了；如槭树科植物、五加科植物等，叶子很美丽，或者种子很奇特，也要算作花卉了。推而广之，所有的被子植物都可“统称为花卉”了。据说，无根萍是世界上最小的开花植物（花最小、果实最小），这种植物无根茎叶的分化，外观尺寸只有 2 ~ 4mm，植物体呈顶面扁的椭圆球体，很小，在水面上漂浮形如绿色鱼蛋，开花只有针尖般大小，可誉为世界上最小的“花卉”

植物了，如此推理，全世界的所有植物都可以作为“花卉”应用于园林绿化了。一本“植物志”，实际就是一本“花卉志”了。

随着人们研究的深入和生态建设、科普教育的需要，越来越多的植物被人们挖掘开发为观赏植物。从某种意义上讲，自然界的一切植物都可以作为人类的研究或观赏对象，都具有观赏价值。因此，观赏植物的范围很宽泛，包括的种类仁者见仁，智者见智，资源的种类和数量就不易确定，这是很容易理解的。但一旦把观赏植物泛称为花卉，就会出现把华山松、油松、雪松、白皮松、旱柳、槲树等称为“花卉”，作为花卉种质资源统计进来，这是不严谨的，且和人们的日常语言习惯、认知常识是有矛盾的。

从审慎的观点来看，花卉和观赏植物不应该是同义词。从风景园林与林业的应用习惯上讲，植物可细分为观赏植物、绿化造林植物和野生植物三大类，而观赏植物又可分为园林树木与花卉两大类。花卉只是观赏植物中最具有观赏性的一部分。

2. 从传统文化中的“花卉”“树”的本意理解“花卉”的内涵

“花卉”是中国文化中一个约定俗成的概念，对其含义的准确理解首先要追本溯源。《广雅·释草》：花，华也。“花”的本字是“华”，甲骨文写作，象形会意即知“”状写的是树花开满枝的样子。古钵字形将树上的花枝变形，并加“艸”（艸）。籀文、省去“艸”。篆文基本承续古钵字形。当“华”单纯表达木本植物的繁殖器官即花朵时，隶书另造形声兼会义的“花”（化，既是声旁也是形旁），花=艹（草，草本植物）+化（化，表示演变，变成），“化”强调艳丽的花朵自绿色茎叶的神奇之“变”，因此可推测花一般具有“美、艳、香”的特征，“花”代指的是开花时花儿优美、色彩鲜艳、气味芳香的观赏植物。另一方面，“花”这个字词，包含着美丽、鲜艳的意思，还暗含着弱小的、柔弱的、阴柔的、单薄的、不奇怪的等多种词义，与崇高、壮丽、高大、雄伟、好奇、有趣等相对，就像人们日常生活中说“赏花”，说“像花儿一样美丽”时，其深层次意义不可能包含如像“乔木”一样的雄伟高大，或者有趣、稀奇的寓意。卉，草之总名也，卉是草的总称。“花卉”就是花草，指的是直观时有明显观赏价值的草本植物、木本植物灌木和可以盆栽的小乔木。推而广之，花卉就是具有显著观赏性的小型植物。

从“树”字的演变也可说明，古人心目中的“树”并非高大乔木。“尌”是“樹”的本字。尌，甲骨文=木（木，小树）+豆（豆，盛器）+又（又，抓），表示手持木苗栽种在盆子里，这里的“树”表示植树，动词；“木”则表示一棵树，名词。

造字本义是指盆栽木本或草本植物的小苗。金文将甲骨文的“”(木)写成“”(中)(草)。篆文加“”(木)，强调种植对象为木本植物。俗体楷书依据草书字形，将正体楷书中笔画复杂的简化为“”(又)。以后，《广韵》中讲，“树，木总名也”；《说文系传》则说：“树，木生植之总名。”可见，早先的“树”是小乔木或灌木，易于近观庭赏，“花”则是开于可移栽在盆中的小乔木或灌木上的“花”。

由此可知，深植于民族文化基因、民族心理中的广义“花卉”，具有“小”而“美”“艳”“香”的特定内涵，其内涵与“观赏植物”有着一定的区别。植物的观赏可以利用一定的技术手段，通过显微仪器，在温室中或特殊环境中供人欣赏。而从大众的习惯来讲，花卉则指的主要是单生或花序较美丽、单体或群体观赏价值较高、不需要通过特殊手段就可作为审美对象予以直观的植物。如银杏、水杉、五角枫、栎树和火炬树等秋色叶植物就是观赏植物，远观近赏皆可，但称作花卉是不符合人们的固有观念的。花卉应该回归到“花卉”的本质意义上。

3. 一般的“花卉”是生产技术较成熟的园艺花卉或栽培花卉

准确的“花卉”的概念包括其内涵和外延。2010 年 7 月 29 日，《河南省林业厅关于雪松苗木是否属于〈河南省植物检疫条例〉中的花卉范畴的批复》(豫林防批〔2010〕30 号)则把乔木从“花卉”中剔除出去：“根据植物学定义，花卉有广义和狭义两种意义。狭义的花卉是指有观赏价值的草本植物，如凤仙、菊花、一串红、鸡冠花等；广义的花卉除有观赏价值的草本植物外，还包括草本或木本的地被植物、花灌木以及盆景等，如麦冬、黑麦草、高羊茅等禾本科植物，梅花、月季等花灌木。”这个“批复”中广义的“花卉”，包括了草坪草、观赏草，但没有包括乔木。众所周知的小乔木如白玉兰、紫玉兰等名花，就不可称为“花卉”了。这与中国传统的花卉文化不相符。

北京林业大学园林系花卉教研组主编的全国高等林业院校试用教材《花卉学》中对花卉的概念是较权威的定义。“花卉有广、狭两种意义，狭义的花卉是指有观赏价值的草本植物，广义的花卉除指有观赏价值的草本植物外，还包括草本或木本的地被植物、花灌木、开花乔木以及盆景等，如麦冬类、景天类、丛生福禄考等地被植物；梅花、桃花、月季、山茶等乔木及花灌木等。另外，分布于南方地区的高大乔木和灌木，移至北方寒冷地区，只能作为温室盆栽供观赏，如白兰、印度橡皮树，以及棕榈植物等也被列入广义花卉之内”。这个概念采用了列举法来明确“广义的花卉”还包括“乔木”，从下文又提出的“高大乔木”来看，这里的“乔木”应该是不包括“高大乔木”的“小乔木”的；南方的“高大乔木”到北方的“温室”中一般能成活就不错了，多生长成为“小乔木”。由此可知，根据上述的权威定义，北方的很多高大的种子植物，如柳属、胡桃属、榆属等开花大乔木类，不归属为花卉。另外，上述“花卉”概念列举的“盆景”“温室盆栽植物”等，说明不论是广义的花卉还是狭义的花卉，都与人工栽培有关。

由以上对“花卉”内涵的两个定义可知，首先，“花卉”取“广义的花卉”的概念具有较强的应用基础，应该作为主流的花卉概念来应用；其次，“花卉”应该包括小乔木和灌木等，这样符合传统文化的习惯；再次，作为日常生产应用中人们耳濡目染的“花卉”，只是个行业的习惯用词，一般多指人工栽培，体量较小，适应室内、庭院、阳台、花坛、盆栽或地栽的具有观赏作用的草本、木本、多浆质、仙人掌类植物。严格地讲，以上的“花卉”主要是指园艺花卉，或者栽培花卉，即习性已为人们所掌握、生产栽培技术较成熟、主要生长在人工因素影响较多的环境中的，包括小乔木的观赏植物。

4.“野生花卉”是与“园艺花卉”“栽培花卉”相对应的概念

野生花卉是指在原生地或自然环境下能自然生存、正常生长的“花卉”植物，即不需要人工提供温室或整形修剪等生长发育条件的“花卉”植物，从能否在本地条件下自然生存、正常生长来看，园艺花卉与野生花卉是相对应的两个概念。从本质上讲，野生花卉主要是指单生花朵或花序较美丽、单体或群体观赏价值较高、不需要通过温室或整形修剪等特殊手段就可作为审美对象予以观赏的植物，野生花卉是真正的完全意义上的乡土花卉植物。

野生花卉资源普查与研究，需要对野生花卉的内涵与外延准确把握。在野生花卉种质资源普查中，宜以“广义的花卉”概念来理解“花卉”。野生花卉是野生观赏植物的主要部分，是除大中乔木以外的具有显著观赏价值体量较小的草本、灌木类和小乔木等植物。在概念大小上，观赏植物比花卉的外延要大，两者是包含与被包含的关系。

5. 野外甄别野生花卉的四标准

中国野生植物浩如烟海，多不胜数，2004 年出版的《中国植物志》就记载了 301 科 3 408 属 31 142 种植物。这些植物形态多样，分类检索复杂，形态价值各具千秋，因而资源本底调查的难度和工作量很大。植物资源调查与野生花卉资源由于研究方向不同，判断标准不同，因而具体的工作量和投入也就不同。明确资源调查的目标对象的内涵与外延，或者野外筛选甄别的标准，开展有针对性的资源调查，从成千上万种植物中根据明确的标准筛选出（野生）观赏植物或（野生）花卉，从而准确地掌握某区域的野生花卉资源总量，直接影响到资源调查成果的质量和效率，影响到野生花卉引种驯化或保护开发利用的基础资料是否翔实系统，具有较为现实的意义。

在野生花卉资源调查中，仅仅依靠各种植物志或文献的描述来确定野生花卉种类、数量是不可靠的。依据文献描述来判断某种植物是否具有观赏性是很容易误判的，因为在《河南植物志》中很多野生花卉如篷子草、钩腺大戟、打碗花、狗舌草等，受时代影响并没有被指出具有观赏价值；还有很多种子植物，如艾蒿、黄花蒿、葎草等，虽然也开花结果，其形态在《河南植物志》中也给了明确描述，然其开花形象之美感缺失，非实地观看不能断定其不能记录入野生花卉资源中，尽信书不如无书。况且在《河南植物志》中虽然记述了合欢、樱花、白玉兰等可作为庭园观赏树种或园林树种，但这些植物有一些并非河南本地野生，而是栽培引进的，因种类较少，远不能满足风景园林建设所需。因此，在野生花卉资源野外调查、研究的实务中，为使野生花卉的甄别更简洁明白，应该梳理制定野生花卉的具体甄别标准，作为判断某种植物是否为野生花卉的依据。一般地，野生花卉应具备以下标准。

（1）从体型与形象即形态上讲，自然状态下具有以下形态特征的“花”和“草”，都归类为野生花卉。①该种植物的植株体型通常较小，高度一般在 10m 以下（野生花卉中的古树名木另当别计）；②植株整体在某个生命期里具有显著的审美观赏价值，即株型丰满，繁殖器官（花朵）较大，单个花的直径一般大于或等于 1mm，或单朵花朵虽小但小花密集、整个花序的直径大于 20mm，因而花朵或花序群体引人注目的植物，也即以花或花序为主要审美对象，具有显著观赏价值的植物；或者果实（果或果序）尺寸大于 5mm，外观色彩鲜艳，引人注目，适宜作为观果类的植物；或者群体形象较一致、形态美丽、色彩丰富，以茎秆、叶丛和花序为主要观赏部位的，适宜作为陆生或水生、湿生的爬藤类植物或观赏草植物；或者整个生长期里株型优雅、叶形秀丽、耐阴习性突出的蕨类植物。

（2）从植物的生活型与生态习性上讲，野生花卉一般都是小乔木、灌木、藤本植物和草本植物。参照园艺花卉的分类，野生花卉也可分为木本花卉、多年生花卉（又分为宿生花卉、球根花卉）、一年生花卉、二年生花卉、岩生花卉、水生花卉（包括挺水花卉、浮叶花卉和挺水草本花卉），以及兰科植物、蕨类植物、室内花卉、多浆植物等类型。要注意的是，能在水中生长的水生植物可分为挺水植物、浮叶植物、沉水植物、漂浮植物，其中的沉水植物（即根茎生于泥中，整个植株沉入水中的植物）、漂浮植物（即根不生于泥中，植株漂浮于水面之上，随水流、风浪四处漂泊的植物）在一般的野生花卉调查中多是不作为野生花卉收录的，而藻类、苔藓类植物也自然不在收录之列。

（3）从生长的空间环境上讲，野生花卉是与栽培植物、园艺花卉相对的，在自然环境中适应性强的观赏植物。本地天然环境下自然生长、生存的植物，包括逸生的植物、入侵的植物。对入侵植物，只要经评估其入侵危害性包括潜在危害性易为人力控制，且是非人工栽培的，就可归类为野生花卉。

（4）从资源数量上讲，虽然野外大量分布，但已经广泛栽培应用的栽培花卉宜另行统计，不应作为野生花卉资源研究的重点。野外生存有但城市绿地中还没有利用或利用很少的花卉植物，才可统计为野生花卉。即野生花卉种质资源调查研究中的野生花卉资源总量 = 栽培花卉种类数量 + 野生花卉种类数量。

2.2.2 野生花卉调查的特点和技术准备

（1）调查的特点：野生花卉资源调查具有不同于植物资源普查的特点，就是尽量在某种植物开花时节趁机记录下其美丽形象，包括花期与种群或群落形象。这就要求不能按图索骥，而要有偶遇的心态，寻寻觅觅，对样地要勤于观察，必要时要定时巡视，甚至要每周观察 2 ～ 3 次，以便能随时记录花卉的最佳形象，避免花期短暂时“昙花一现”而错过观察记录时机，造成调查遗漏。

（2）调查时间：对每个调查样地，一年中应每周进行一次调查，根据调查区域的大小和可供支配的人力，可以分片、分组、分年度开展调查。总的时间跨度越长越好，可以达 3 ～ 10 年。

（3）调查样地选择：根据调查范围的大小，选择合适的调查样地。调查样地要有代表性，能全面反映调查区域的植物多样性情况。

（4）调查基础工具书：应以《中国植物志》《河南植物志》《河南树木志》等工具书为主，也可利用在线河南植物志、在线中国植物志、中国自然标本馆（CFH）、普蘭塔——生态学与生物多样性论坛、中国数字植物标本馆（CVH）等网络平台作为辅助工具。

（5）基本工具：高像素的数码相机、电子轨迹仪、GPS。

2.2.3 分区划片及样地选择

通过资料查阅掌握河南植被资源的基本分布情况，以河南主要山区作为主要调查区，再对各个山区通过初步考察确定主要的目标调查区，最好再细化到具体的乡村或林场、森林公园、保护区的某些典型地区，以作为重点的调查样地。

（1）总体安排见表 1 。

表 1　河南野生花卉分区调查表

分区	负责人	参加人员	区域划分	期限（2009 ～ 2014 年）
豫西南伏牛山、桐柏山植物调查	李 ××	略	嵩县、登封、栾川、内乡、西峡、淅川、鲁山、南召、洛阳	双休日、法定节假日，以及 10 ～ 11 月的每个双休日调查一座山；7 ～ 9 月暑假
豫南大别山及豫北太行山植物调查	李 ××	略	新县、商城、罗山、信阳；济源、修武、巩义、辉县、安阳、鹤壁	双休日、法定节假日以及 10 ～ 11 月的每个双休日调查一座山；7 ～ 9 月暑假
豫西山区和小秦岭	孟 ××	略	灵宝、陕县、渑池、卢氏、嵩县、洛宁	4 ～ 11 月调查，每半个月调查一遍；必要时每周调查一遍

（2）具体计划见表 2。

表 2　河南野生花卉分区调查样地一览表

李 ×× 等调查区域	李 ×× 等调查区域	孟 ×× 等调查区域
南召：大峡谷、秀女潭、五垛山、九龙山、真武顶	安阳：林州太行屋脊、南太行绝壁三重天 鹤壁：古灵山	灵宝：小秦岭国家级自然保护区、汉山森林公园、燕子山森林公园（川口林场）、朱阳镇佛山省级森林公园
鲁山：尧山、羊圈沟、石连瀑、鬼窝、西大河、珍珠潭、万寿山、摩天岭、蝙蝠洞、画眉谷	辉县：关山、九连山、回龙天界山和万仙山	陕县：甘山国家森林公园（窑店林场）、店子乡、菜园乡草店村、大延洼乡、三门峡黄河库区沿岸
西峡：黄石奄、军马河、二郎坪、回笼寺、白龙山、五道幢和老界岭、鸡角尖	济源：修武、天台山、鳌背山、五龙口	卢氏：冠云山、熊耳山、五里川乡、汤河乡、东明镇蚂蚁岭村、沙河乡、潘河乡、木桐乡、双龙湾镇、国有淇河林场、杜关镇、管道口镇、豫西大峡谷
淅川：荆关林场、丹江支流老灌河两岸的低山丘陵和沿河的丹江湿地	焦作：青龙峡、云台山	渑池县：段村乡、南村乡和韶山森林公园、仰韶大峡谷
内乡：宝天曼、蚂蚁沟、龙潭沟	信阳：鸡公山和四望山	湖滨区：东贺家庄村、西贺家庄村、上阳苑、樱桃山

续表

桐柏县：淮源、太白顶、水帘寺、笔架山、田王寨	罗山：董寨和灵山	义马市：义马清风山省级森林公园
登封：马鞍山、连天峰、瘦驴背、磨肚崖、连天峡谷、三皇寨	商城：黄柏山、鲇鱼山和金刚台	嵩县：卧龙谷、龙池曼、重渡沟、鸡冠洞、木扎岭、杨山寨、太室山
洛阳：白云山和嵩山 栾川：老君山	新县：连康山和金兰山	洛宁：全宝山
巩义：美玉桃源、凤凰山、青龙山		

2.2.4 野生花卉普查的方法

（1）路径调查与样地调查结合的方法。根据制定好的考察区域、行进路线与样本地，按照普查的技术标准和要求进行野生花卉资源的野外调查，收集信息并保存。

（2）采用影像记录与标本采集同步的数据信息收集与保存技术。按照野生花卉的判断甄别标准，对考察途中发现的花卉植物进行信息调查、收集并保存。调查收集的内容主要包括发现地点、生境、海拔、生长状况、性状、开花结实状况、种群分布数量、伴生植物、野外观赏部位、观赏特点、应用与配置的方法，并进行拍照、GPS定位、标本采集，必要时的种质或营养体的引种。

信息采集与保存技术，采取数码摄影与标本采集同步进行是基于野生花卉不同于其他植物的具有观赏价值的特点，参照植物资源普查的有关规程制定的技术方法。采集标本是植物资源调查的传统方法，但标本采集需要一定的专业技术和设备，耗时费力，且容易造成对珍稀濒危植物资源的无意破坏或对生态环境的毁坏。同时，花卉不同于其他植物的显著特征在于其在生命的某一阶段，如花期、果期中具有直观的、显著的观赏价值，这个基于直观视觉判断发现的审美价值，是花卉能用于观赏、之所以是花卉而不是其他植物的一个根本前提，而标本在压制后已经不能直观反映花卉的审美价值。另外，某种活的花卉个体的观赏价值保持延续的时间因各种原因会长短不一，存在着可遇不可求的随机性，需要及时记录且供以后展示。因此，具有及时记录功能的数码摄影就有了用武之地，在野外复杂多变的环境中能随时记录下野生花卉的各种信息，满足信息资料的及时收录和保存需要。

这里需要强调的是，影像（包括数码照片、录像等）记录具有现实的、综合的特点，具有标本所没有的特殊优势。第一，影像记录必须依靠现实，“具有强烈的现实味道，能给予事物的几乎是一种实体的表现，是确实的和真理的无法定义的符号”（布拉塞 Brassai,《潜在的影像》, 1932 年）；第二，植物在生长的不同阶段的影像含有其本身许多的识别特征和生态信息，也含有其独具的观赏价值，较标本更容易反映自身的形、色、群体状况、审美特点和生境特征；第三，影像可以综合性地忠实记录下植物的茎、叶、花等器官与植物整体的形体特征、细部特征、各部位的比例关系与全貌形象、观赏特征，克服了植物志中具体文字描述的零碎感，线条图的单调感，具有综合、生动、鲜活、逼真的特点，易于传播沟通，使野生花卉的科属辨别相对容易，观赏价值和应用效果更容易体现。

影像记录也具有不足。由于记录人摄影技术的不足或摄影设备本身的限制，很多细节可能被忽略而没有被记录，或者记录不清晰、不完整，而标本却能相对永久地保留植物本身，便于室内显微水平下的仔细观察与对比研究。可以说，影像不能取代标本在植物分类学上的证据价值。

野生花卉资源调查研究采用影像生物学的方法和标本采集同步的方法，各取所长，优势互补，既保证了室内作业中植物分类鉴定的准确，又根据数码影像的瞬时记录保存其观赏价值，收集众多野生花卉的魅力数据，对园林专业人士了解野生花卉的观赏价值，很有裨益。

（3）标本的分类学价值与数码影像的观赏价值结合，保证资源普查的科学性与艺术性统一起来。室内整理普查中的标本和数码影像，对调查到的野生花卉进行植物分类学鉴定、统计，同时查阅文献、植物志等资料核对花卉植物种类，辨别清楚属种，并发现没有记载或采集的内容或需继续开展野外调查的内容，在以后的调查中补充前期调查的缺陷，如此连续开展 4 ~ 5 年的普查与整理，逐步积累河南野生花卉的数据资料，摸清河南野生花卉的家底，全面掌握河南野生花卉的资源状况，汇总编目形成“河南野生花卉名录”。

（4）价值评估，进行优选。对收集的不同类群的野生花卉进行价值评估，从中筛选出合乎目标要求的优良野生花卉，为花卉苗木行业提供优良种质资源，增加城镇绿化中的花木种类。

（5）示范应用的方法。采用应用示范的实证研究探索野生花卉在风景园林应用中的技术、策略或方法，扩大野生花卉的应用深度与广度，总结出野生花卉应用的经验成果。

2.2.5 野外调查中的注意事项

野外调查中需要注意以下几个问题：

（1）野外调查中尽量不破坏野生花卉个体及其生境。

在原生态环境下进行普查，不破坏植物及其生境；普查时不把野生植物拔出来拍照，避免对珍稀濒危植物的破坏。

（2）掌握数字化植物野外调查技术和植物摄影技巧。

野生花卉普查离不开野外调查，野外调查离不开摄影。首先掌握以数据采集为目的的快速摄影技术，从相机的工作原理、类型、结构、镜头、实践等，基本掌握植物图鉴摄影技巧（曝光、景深控制、摄影构图、合理用光、微距摄影），以及图片后期处理技巧（校色、抠图、裁剪、分辨率、排版），系统掌握照片的整个技术流程，使拍摄的照片更清晰、更漂亮。

（3）是否野生花卉的判断与分析。

常为人所忽略的野生花卉的观赏价值不能从植物志和标本上来判断，必须根据野外环境中野生花卉的开花形象和茎叶的特征、群体面貌、观赏效果来综合判断，主要的判断依据就是"野生花卉甄别四准则"。一般地，具有漂亮的花朵或花序形态，或具有地被植物形态等观赏价值的，可初步认定为野生花卉；不论植物的根、茎、叶、花的形态如何，只要在野外，在自然状态下具有观赏价值，适宜做园林材料或花卉观赏，就判断其有观赏价值。只要不是大乔木，研究中就将其归类为野生花卉。

对一些可列可不列的有争议的观赏植物，采取"宁少勿多""宁严勿宽"的原则不予列入野生花卉名录。如泡桐类，花朵硕大、植株挺拔，且广布河南各地，但由于其树形高大，习惯上多把其列入用材林，本调查就不把泡桐列入野生花卉名录。再如，酸枣、黄连木、野漆树等，果实虽有观赏价值，但因为其有刺或树形较大，树液有毒，也不列入野生花卉名录；再如槭树科植物，树形奇特，叶色秀丽，果序和秋叶均美观可爱，是优良的野生观赏植物，但因为它们的花不鲜艳夺目，也应忍痛割爱，不列入野生花卉；还有诸如竹类植物、浮游植物、沉水植物如狸藻科植物，或者苔藓植物、藻类植物；还有一些蕨类植物如问荆、节节草、木贼等，均有一定的观赏价值或生态价值，但也不宜列入野生花卉，以保证调查结果严谨可靠。

（4）审慎确定野生花卉的植物学种类或者中文名。

对不采集标本的野生花卉种类进行鉴定要审慎。在植物群落中发现具有花卉价值的植物后，开始数码摄影，进行数字信息的收集；将数码图片标记收集时间和地点，记录其观赏期与物候期，先根据自己的植物学知识或有关专家的在线指导初步确定其所属科属，初步确定属类或种类；在确定种名时，同属中近似种较多时很难区分，则根据植物志中的检索表仔细分析对比，找出"近似种区别特征"，同时对待鉴定数码图片上的植物（根、茎、叶、花、果实，以及花期、季相特征）

仔细观察，与检索表中植物进行对比辨认，找出同类同种的归为同种，同时确定种名；查阅在线中国植物志，与网上同种名植物的图片审核鉴定对比；借鉴植物志对该种植物的描述，再次审核其鉴定是否准确。若准确无误则确定种名；不确定的在同属近似种中再仔细比较，彻底保证所辨识的野生植物种名科学准确。

经过系统的鉴定、分类、整理，对同种花卉的图片要归档集中保存。

（5）信息记录要完整系统，为数字化信息平台的建立打好基础。

整理、整合采集的野生花卉的数字化野外信息、自动化地理信息、多媒体信息与实物材料等信息，进行调查信息在线批量整理与物种在线鉴定，使野外调查数字化，形成野生花卉的数字化信息，建立河南野生花卉数据库。该数据库提供可供查询的界面系统和服务，提供野生花卉的基本信息，如经纬度、海拔、生境、凭证照片等，从而形成可在线通过计算机网络传送给有关研究人员和使用者的数字化产品，促进知识和技术成果的转移与转化、辐射与扩散，进而提高花卉普查成果的科技服务和支撑能力，提高普查数据的价值。

项目总结完毕后拟应用超媒体、超文本技术。利用网络与多媒体技术相结合的超媒体技术，实现野生花卉的数字信息化。

2.3 河南野生花卉的种类及数量

截至本书成稿时，河南省野生花卉资源调查人员总计拍摄了 97 172 张（豫南豫北地区共 42 903 张，豫西地区 22 543 张，豫西南地区 31 726 张）数码图片，收集了 425.47GB(豫南豫北地区 190.41GB，豫西地区 61.06GB，豫西南地区 174 GB) 的数码信息资料，2 万张腊叶标本（收藏在河南农业大学生命科学院）。经过辨识、分类、筛选、归集、整理，确定了河南野生花卉资源，在国内第一次编制了河南野生花卉名录。名录中的植物中文名以《中国植物志》所载名称为准。

统计表明，河南野生花卉总数为 1 901 种(不含已成为园艺花卉的种类)。其中，蕨类植物 179 种，裸子植物 2 种，被子植物 1 720 种。被子植物中，小乔木 154 种，灌木 296 种，草本植物 1 130 种，水生植物 22 种，藤本植物 118 种。

调查结果说明，河南野生花卉的资源是十分丰富的，资源数量远远超过以往的研究数据。不论以广义的野生花卉概念来看，还是以狭义的野生花卉概念来看，新增的河南野生花卉种类都要超过 1 000 种以上，河南花卉苗木种质资源库应该是极其丰富多样的，河南发展乡土特色的花卉苗木产业是有极其雄厚的种质资源基础的。

很多新发现的野生花卉具有显著的观赏形态，如瓦松、钝叶瓦松、晚红瓦松、阿拉伯婆婆纳、田旋花、毛打碗花、圆叶牵牛、滕长苗、长裂打碗花、白屈菜、秃疮花、白鲜、少花万寿竹、齿萼报春、大花金挖耳、博落回、刺藜、罗布麻、萹蓄、埃氏马先蒿、紫花地丁、蝇子草、木本香薷、野地黄、蛇莓、败酱草、蒲儿根、猫儿菊、大丁草、点地梅、假报春、淫羊藿、大苞景天、无瓣繁缕、巴天酸模、秦连翘、垂序商陆、商陆、少花顶冰花、马蹄香、二色棘豆、糙叶黄芪、霞草、栒子类、委陵菜类……不胜枚举。

通过野外调查得到翔实的数据，配合身临其境获得的野生花卉影像显示出的显著美丽形象，使河南省美丽的野生花卉得到了真实的记载。

2.4 河南野生花卉资源的特点

1. 种类繁多，但多数种集中分布于少数科中

从名录中可以看到，河南野生花卉种类十分丰富，1 893 种野生花卉，类属于 126 科。其中，被子植物中有 22 个科的野生花卉种类超过 20 种，便于各地因地制宜建立专类园开展深入的栽培研究。这 22 个科按照种类由多到少的排序依次是：蔷薇科 150 种，菊科 139 种，禾本科 90 种，莎草科 86 种，毛茛科 83 种，唇形科 81 种，豆科 78 种，百合科 72 种，兰科 55 种，玄参科 44 种，虎耳草科 44 种，石竹科 34 种，忍冬科 28 种，堇菜科 28 种，大戟科 26 种，蓼科 26 种，景天科 26 种，报春花科 25 种，罂粟科 23 种，桔梗科 20 种，卫矛科 20 种，萝藦科 20 种。以上 22 个科虽然只占全部科类的 17.46%，但却有 1 198 种，占野生花卉总量的 63.25%，是河南野生花卉资源的主体。由此可知，从种的数量分布来看，野生花卉集中分布于少数科中。

2. 常绿树种少，落叶树种多，温带属性突出

河南野生花卉资源存在大量的温带类型，温带属性十分突出，蔷薇科、毛茛科、虎耳草科、忍冬科、报春花科，都是温带分布的代表科属。

河南野生花卉中常绿树不足 30 种，绝大多数的种类是落叶树种。

3. 明显的过渡性，适宜作为野生花卉引种驯化的中心

河南地处亚热带和北温带气候的过渡区，植物资源的过渡性明显，伏牛山南坡、桐柏山、大别山地区的野生花卉种类多具有热带或亚热带分布的种类。自北向南，野生花卉种类的温带分布类型越来越少，亚热带、热带分布类型越来越多，野生花卉资源的过渡性特点明显，有作为南北方花卉苗木中心的种质资源优势。

4. 野生花卉资源在不同地区具有各自不同的禀赋特色

通过分区调查与比较，明确了河南省不同植被区域中的特有野生花卉种类和特点，为区域性的野生花卉规划设计或特色景观营造准备了特色花卉种质资源。

根据各个省辖市地形地貌、气候水文和植物区系分布特点，结合各地野生花卉种群的分布特点，河南花卉区系可规划为五个区，即豫北山区（太行山区）、豫西山区、豫西南山区（南阳盆地）、豫南山区、中部平原区等，各个地区常见野生花卉资源见表 3。

表 3 河南野生花卉区系特色资源对比

豫北山区	豫西山区	豫西南山区	豫南山区	中部平原区
罗布麻、络石、萝藦、中华秋海棠、泽羊藿、角蒿、锦带花、瞿麦、刺儿菜、猫儿菊、大丁草、太行菊、独根草、太行花、条叶百合、北方獐牙菜	紫斑风铃草、掌叶大黄、秦岭翠雀、小银莲花、陕西小檗、秦岭紫堇、秦岭景天、粉叶楔叶绣线菊、毛果绣球绣线菊、五叶草莓、黄蔷薇、陕西蔷薇、胡枝子类、河南杜鹃、少花顶冰花、华西银露梅	打碗花、马蹄香、大黄、尼泊尔酸模、河南蓼、赤胫散、木藤蓼、毛叶草芍药、驴蹄草、聚叶花葶乌头、粗壮唐松草、巴东小檗、南方山荷叶	茫茫香豌豆、小花柳叶菜、日本散血丹、聚花过路黄、香荚蒾、独角莲、水竹草、党参、狗筋蔓、荔枝草、河北木蓝、大花斑叶兰、鱼腥草、庐山楼梯草、冷水花、大花威灵仙、六角莲、轮叶八宝、软条七蔷薇、春花胡枝子、芫花、鄂北荛花、绒毛绵穗苏、细穗腹水草	芦苇、罗布麻、柽柳

总结起来，河南野生花卉在不同区系的分布具有以下特点：

（1）豫北、豫西喜光耐旱的花卉种类多，而豫西南、豫南喜湿耐阴的花卉种类多，兰科植物在豫西南、豫南分布最多。

（2）豫西山地由于地形垂直变化强烈，花卉多样性丰富；中部平原区由于人工开发干扰大，生境较单一，野生花卉种类相对较少。

（3）由北向南，常绿型花卉越来越多，湿生型花卉越来越多，大花型花卉越来越多。

（4）各地的野花种类与分布均较集中，生活型全面，便于选择应用。

以三门峡市为例，其野花的种类较多，主要以蔷薇科、豆科、忍冬科、莎草科、禾本科的植物为主。其中，蔷薇科蔷薇属、栒子属、绣线菊属，忍冬科的忍冬属等在灌木类野生花卉中具有重要地位，但目前在园林中是应用最少的，应当引起重视。

三门峡市野生草本花卉有 224 种，丰富多彩的野生草本花卉为营造多彩景观提供了良好的素材：地被植物特别是耐阴的地被植物很多，为营造立体的多层次的复合生态园林景观，奠定了物质材料的基础。

目前三门峡市风景园林建设中常用种类只有近 100 种，野生花卉为园林建设提供了更多的景观资源和应用材料。

5. 草本花卉数量大，彩色花园景观资源丰富

河南野生花卉植物中，草本植物 1 127 种，水生植物 23 种，藤本植物 118 种。另外，蕨类植物的生活型多近似落叶草本植物，如此可见草本花卉植物占资源总量的比例之大。

6. 大花型植物少，小花型植物多

如果以单朵花花径在 3cm 以上作为大花型花卉植物的标准，则河南的木本花卉中大花型植物以海棠类、杜鹃类、溲疏类为主，草本花卉中大花型植物主要有黄海棠、华北蓝盆花、华北耧斗菜、白头翁、马兰、蒲儿根、猫儿菊、旋覆花等和翠雀属、乌头属等野生花卉，大花型花卉植物的种类数量不足 100 种，绝大多数野生花卉是小花型花卉植物，其观赏性突出在群体美观上。但在栽培条件下，一些花期短、花型小的花卉植物可能花期更长、花径更大，如瓦松在人工栽培条件下花期延长十分明显。

7. 显花花卉以白、黄、蓝紫色花型多，红色系少

河南野生花卉的颜色中，红色或橘红色的较少，主要有映山红、山丹百合、萱草、大花萱草、角蒿等，总计不超过 26 种。而白色和黄色花系的花卉植物较多，特别是黄色系花，颜色鲜艳，应大量引种推广应用。

2.5　野生花卉生态类型多样，可满足多样性应用

河南省野生花卉资源不仅种类丰富，数量众多，而且不同种类具有不同的生态习性，适应了不同的野生环境，可为风景园林中千变万化的不同立地生态环境提供特色各异的景观植物素材，赋予该环境不同于其他环境的景观特色，营造出不同的诗情画意。

根据野生花卉的生活型和在风景园林中的应用形态，可对不同地区的野生花卉资源进行初步应用分类，进而可因地制宜根据不同的开发应用方向进行应用研究。以包括洛阳市、平顶山市和三门峡市及其下辖各县市区在内的豫西山区为例，土地面积 34 412km^2，属于干旱半干旱的浅山丘陵区，共有野生花卉 1 530 种以上。丰富的野生花卉不仅种类多样，而且生态类型繁多，为风景园林空间营造提供了极为丰富的花卉植物材料，为适应不同生境、不同立地、不同小气候下严苛的环境生态需要提供了多种选择。

1. 豫西山区野生花灌木

豫西山区有野生花灌木180种以上（不包括藤本），大多数生态幅度宽广，耐旱性强，但也有较耐阴的，还有较喜光的；有株型紧凑的，也有株型疏散的；有高度不超过1m的矮生种类，也有高度达3～5m、生长强健的高大种类；有再生能力强耐修剪的，有花相密集的，各有其长，各具特色。

（1）忍冬属的毛药忍冬、袋花忍冬、短苞忍冬、华西忍冬、短梗忍冬、红脉忍冬、蓝锭果、葱皮忍冬、刚毛忍冬、冠果忍冬、须蕊忍冬等多生长于林缘，分布海拔相对较高，不耐热，而金银忍冬、北京忍冬、金花忍冬等喜光照，相对耐热。忍冬属的忍冬、盘叶忍冬则是耐阴的藤本植物。

（2）大花溲疏、无毛溲疏、粉背溲疏、粉红溲疏、长梗溲疏、异色溲疏、小花溲疏、多花溲疏等8种溲疏，蒙古荚蒾、合轴荚蒾、香荚蒾、鸡树条荚蒾等4种荚蒾，花木蓝、多花木蓝、四川木蓝、野蓝枝等4种木蓝，都属花灌木，多生长于山谷溪旁灌丛、山坡林缘或疏林中，多耐半阴，株型圆满程度相对较低，很少生长于向阳山坡上。

（3）六道木属的二翅六道木、蓪梗花、六道木、南方六道木等4种则多生长于向阳灌丛中。

（4）胡枝子属则以矮生型为主，多生长于向阳干旱处，7～9月开花，如胡枝子、美丽胡枝子、短梗胡枝子、绿叶胡枝子、细梗胡枝子、达呼里胡枝子、多花胡枝子、截叶铁扫帚、阴山胡枝子等9种，可以弥补秋季花灌木少的不足；锦鸡儿属的红花锦鸡儿、锦鸡儿、柄荚锦鸡儿、树锦鸡儿、小叶锦鸡儿等5种，适应干旱环境，生长高度多在1.5m以下，便于营造亲切自然的园林围护空间；多花胡枝子繁花似锦，花相十分美观。

（5）珍珠梅属的高丛珍珠梅、珍珠梅、华北珍珠梅、野生珍珠梅（高丛珍珠梅变种）等4种，多生长于沟谷溪旁，土壤疏松处。

（6）丁香属的暴马丁香、华北丁香、毛叶丁香、四季丁香、秦岭丁香等5种，均耐半阴。

（7）海棠属的河南海棠、甘肃海棠、三叶海棠、花叶海棠等4种多为小乔木，多生长于杂木林中，耐半阴。

（8）卫矛属的卫矛、垂丝卫矛、显脉卫矛、八宝茶、小卫矛、柳叶卫矛、陕西卫矛、扶芳藤等8种，耐阴，果实美丽，是优良的秋季观果植物。

（9）绣球属的冠盖绣球、长柄绣球、东陵绣球、挂苦绣球等4种，皆耐阴。

（10）小檗属的大叶小檗、秦岭小檗、涝峪小檗、毛叶小檗、细叶小檗（变种）、陕西小檗、首阳小檗、直穗小檗、川鄂小檗、长穗小檗、异长穗小檗等 11 种，株型圆满、程度紧凑，对生境适应性较广。

（11）杜鹃属的照山白、秀雅杜鹃、河南杜鹃（卢氏）、杜鹃等，生长于高海拔山区，喜欢凉爽环境、酸性土壤，宜采取保护方式建立观赏景区予以应用。

（12）山梅花属的山梅花、涓毛山梅花、毛柱山梅花等，白鹃梅属的白鹃梅、红柄白鹃梅等，多生长于山坡林缘，耐半阴。

（13）蔷薇属野生花卉均生长强健，其中，黄蔷薇、黄刺玫、钝叶蔷薇、陕西蔷薇、扁刺蔷薇、美蔷薇等 6 种多喜光照，拟木香、华西蔷薇、樱草蔷薇、伞房蔷薇、西北蔷薇等 5 种则耐阴，生长于山坡林缘或山谷杂木林、灌丛中。

（14）绣线菊属的粉花绣线菊、华北绣线菊、长芽绣线菊、南川绣线菊、乌拉绣线菊、麻叶绣线菊、三裂绣线菊、绣球绣线菊、柔毛绣线菊、疏毛绣线菊、中华绣线菊、毛花绣线菊、高山绣线菊、细枝绣线菊、绢毛绣线菊、陕西绣线菊、欧亚绣线菊、蒙古绣线菊、珍珠绣线菊、金丝桃叶绣线菊、耧斗叶绣线菊等 21 种，多生长于山坡或山谷溪旁灌丛中。

（15）樱属的郁李、毛叶欧李、欧李、麦李等喜生于向阳荒丘干旱之处。

（16）栒子属匍匐栒子、水栒子、毛叶水栒子、灰栒子、毛叶灰栒子（灰栒子变种）、宝兴栒子、麻核栒子等 7 种，多生长于海拔 1 000m 的山地林缘，树型疏散，耐干旱。

其他零星分散于其他植物属种的灌木类野生花卉如大叶铁线莲、紫斑牡丹、中华绣线梅、毛叶绣线梅、杠柳、白棠子树、日本紫珠、黄荆、臭牡丹、海州常山、醉鱼草、鸡麻、华西银露梅、太平花、四照花、三桠乌药、叶底珠、杭子梢、粉背黄栌、毛黄栌、五加、蝟实、接骨木、蔓胡颓子、胡颓子、牛奶子、木半夏、省沽油、膀胱果、沙棘、小梾木、青荚叶、秦连翘等均各有其生态习性，与上述各种花灌木一起，构成了丰富多彩的花灌木群体。

2. 豫西山区草本野生花卉

草本花卉是园林花境、花坛或花被的主体，也是花卉产业的主体材料，是野生花卉的主要部分。

豫西山区多年生野生花卉很多，其中，耐阴耐半阴的较多，有虎耳草、红升麻、景天、土三七、凹叶景天、垂盆草、离瓣景天、佛甲草、小丛红景天、菱叶红景天、全叶延胡索、延胡索、伏生紫堇、曲花紫堇、蛇果黄堇、刻叶紫堇、地丁草、茴茴蒜、毛茛、假酸毛茛、河南唐松草、大火草、白头翁、川赤芍、驴蹄草、无距耧斗菜、华北耧斗菜、铁筷子、瓜叶乌头、川鄂乌头、松潘乌头、草乌、乌头、高乌头、花葶乌头、铁棒锤、牛扁、异叶吉林乌头、毛果吉林乌头、石竹、瞿麦、长萼石竹、剪秋罗、浅裂剪秋罗、大花剪秋罗、酢浆草（黄）、直酢浆草、山酢浆草、山黧豆、茳芒香豌豆、矮香豌豆、白鲜、珍珠菜、白薇、柳兰、柳叶菜、紫背鹿蹄草、红花鹿蹄草、普通鹿蹄草、鹿蹄草、黄海棠、秋海棠、斑叶堇菜、双花堇菜、球果堇菜、堇菜、鸡腿堇菜、辽宁堇菜、东北堇菜、白花堇菜、白果堇菜、紫花地丁（白毛堇菜）、早开堇菜、千屈菜、角桂花、活血丹、夏枯草、丹参、薄荷、红花龙胆、秦艽、龙胆、条叶龙胆、柳穿鱼、马先蒿、挂金灯、旋蒴苣苔、紫斑风铃草、桔梗、轮叶沙参、丝裂沙参、细叶沙参、荠苨、薄叶荠苨、杏叶荠苨、秦岭沙参、多毛沙参、沙参、石沙参、多歧沙参、泽兰、林泽兰、华泽兰、狭叶马兰、山马兰、蒙古马兰、紫菀、三脉紫菀、卵叶三脉紫菀、异叶三脉紫菀、金叶马兰、马兰、蹄叶橐吾、狭苞橐吾、窄头橐吾、太白山橐吾、独角莲、刺柄南星、花男星、天南星、灯台莲、东北南星、齿叶东北南星、一把伞南星、铃兰、七筋菇、小黄花菜、萱草、北萱草、百合、野百合、渥丹、卷丹、条叶百合、川百合、二苞黄精、玉竹、多花黄精、轮叶黄精、黄精、细根茎黄精、卷叶黄精、北重楼、狭叶北重楼、华重楼、鹿药、羊齿天门冬、龙须菜、天门冬、石刁柏、长花天门冬、南玉带、麦冬、矮小山麦冬、乔叶山麦冬、山麦冬、阔叶山麦冬、忽地笑、马蔺、扇叶杓兰、毛杓兰、紫点杓兰、手参、杜鹃兰、细叶石斛、河南石斛、绶草、蕙兰、小斑叶兰、委陵菜类（11 种）、野地黄、婆婆纳、蛇莓、齿萼报春、假报春、大苞景天、大花金挖耳等，为营造乔冠花草立体景观，提供了丰富多彩的耐阴草本植物材料。

喜光的多年生野生花卉有射干、毛梗翠雀（变种）、秦岭翠雀、翠雀、腺毛翠雀、川陕翠雀、华北蓝盆花、紫苞风毛菊、祁州漏芦、野菊、败酱、山丹、猫儿菊、棘豆类等。

一二年生花卉也不少。其中，紫堇、小花黄堇、糖芥、石龙芮、假水生龙胆、笔龙胆、鳞叶龙胆、灰绿龙胆、酸浆、毛酸浆、灯笼棵、灯笼草、佩兰、烟管蓟、诸葛菜（二月兰）、商陆、垂序商陆、淫羊藿等较耐阴，喜欢潮湿之地，而点地梅类耐半阴。

3. 豫西山区的垂直绿化植物——藤本植物

垂直绿化是与地面垂直，在立体空间进行绿化的一种方法。它利用檐、墙、杆、栏等栽植藤本植物、攀缘植物和垂吊植物，达到防护、绿化和美化等效果。它不仅能增加建筑物的艺术效果，使环境更加整洁美观、生动活泼，而且占地少、见效快、绿化率高。其使用植物多选择浅根、耐贫瘠、耐旱、耐寒的强阳性或强阴性的藤本、攀缘和垂吊植物。

豫西地区野生藤本植物有164种，其中木本藤本植物120种，均生长强健，适应性强，适合垂直绿化、覆盖性绿化选用，如北五味子属的五味子、华中五味子等2种，铁线莲属的长瓣铁线莲、毛蕊铁线莲、绣球藤、威灵仙、秦岭铁线莲、圆锥铁线莲、短尾铁线莲、钝萼铁线莲、粗齿铁线莲等9种，猕猴桃属的软枣猕猴桃、河南猕猴桃、狗枣猕猴桃、四萼猕猴桃、葛枣猕猴桃、京梨猕猴桃等6种，蛇葡萄属的白蔹、掌裂草葡萄（变种）、三裂叶蛇葡萄、乌头叶蛇葡萄、蓝果蛇葡萄、葎草叶蛇葡萄等6种，葡萄属的复叶葡萄、秋葡萄、桑叶葡萄、华北葡萄、野葡萄、网脉葡萄等6种，南蛇藤属的苦皮藤、刺苞南蛇藤、粉背南蛇藤、哥兰叶、南蛇藤等5种，菝葜属的托柄菝葜、短梗菝葜、黑果菝葜、菝葜、鞘柄菝葜、糙柄菝葜等6种，以及大血藤、木通马兜铃、木鳖、三叶木通、防己、木防己、蝙蝠葛、羊乳、栝楼、络石、常春藤、少脉雀梅藤、云实、葛藤等14种。

河南省目前应用于垂直绿化的攀缘植物常见的有18余种，主要是地锦、爬山虎、迎春、凌霄、紫藤、常春藤、扶芳藤、藤本月季、山荞麦、金银花、鸢萝、牵牛花、络石、木香、葡萄、猕猴桃、五味子、连翘等，野生藤本植物开发利用的资源潜力很大。

4. 豫西山区的观赏草植物

（1）野生草坪草：为都市大众所喜爱的草坪是指平坦的草地。草坪草则是草坪的基本组成单位，适宜作为草坪的植物一般要具有密生的特性，适宜建植，铺植后通常需配合修剪以保持表面平整。三门峡市的野生草坪草种类主要以禾本科植物为主，有紫羊茅、日本茅草、远东茅草、早熟禾、白顶早熟禾、细叶早熟禾、西伯利亚早熟禾、草地早熟禾、林地早熟禾、细弱早熟禾、硬质早熟禾、多叶早熟禾、巨序剪股颖、朝鲜碱茅、星星草、碱茅、狗牙根、小羊胡子草、大叶羊胡子草、獐毛等20种，这些植物没有作为野生花卉计入河南野生花卉名录。

（2）野生观赏草：观赏草是一类形态美丽、色彩丰富，以茎秆、叶丛和花序为主要观赏部位的草本植物的总称。根据国际上的习惯，广义的观赏草包括真观赏草和类观赏草两大类。真观赏草特指禾本科中有观赏价值的种类，其中竹亚科的一些低矮、小型的竹子也列入观赏草范围；类观赏草泛指具有狭窄的带状叶片、具平行脉和须根的观叶植物，包括莎草科、灯心草科、花蔺科、天南星科、香蒲科、百合科和蓼科等植物。类观赏草在其他类型野生花卉中已有列出，这里不再重复。

三门峡市的野生真观赏草有14种：黄背草、针茅、猪毛菜、荩草、刺藜、狼尾草、狗尾草、虎尾草、画眉草、鹅观草、臭草、艾蒿、牛筋草、长芒草等。很多种类国内已有研究开发，不过苔草属的苔草几乎都可以作为阳性观赏草引种驯化，尚待开发利用。

观赏草是在人们回归自然的需求日益高涨下，生态环境和景观设计需要多样化的背景下新近兴起的园林景观植物，一般具有自然朴实、观赏价值高、耐旱、耐寒、抗瘠薄、耐贫瘠、抗病虫害、养护要求低的特点，可与各种类型的其他花卉配置构成各种形式的花境，营造出自然质朴、和谐、饱满的园林景观。

观赏草或孤植独立成株，或多种植物栽植在一起构成花境，或与球根花卉巧妙搭配，或置于池塘旁与水面相映成趣，让园林呈现出动人的风姿（特别是在秋季），为多彩多姿的园林增加了一抹活泼亮丽的色彩。

5. 豫西山区的耐阴蕨类植物

蕨类植物作为林下阴生地被植物在园林绿地中有着无可比拟的优势，正成为观赏植物研究的热点。如卷柏、蕨、团羽铁线蕨、普通铁线蕨、铁线蕨、白背铁线蕨、肾盖铁线蕨、掌叶铁线蕨、灰背铁线蕨、疏网凤丫蕨、凤丫蕨、普通凤丫蕨、紫柄凤丫蕨、太白凤丫蕨、荚果蕨、中华荚果蕨、贯众等。

6. 豫西山区的水生湿生植物

水生湿生植物有：千屈菜、荇菜、萍逢草、泽泻、野慈姑、剪刀草（变型）、雨久花、鸭舌草、少花鸭舌草、宽叶香蒲、香蒲、小香蒲、长苞香蒲、水烛、花蔺、菖蒲、水鳖、茴茴蒜、球穗莎草、球穗扁莎、虉吾、华泽兰、旋覆花、毛茛。

以上六类是基于植物的生活型对豫西山区常见的野花从型态应用方面进行的粗略举例，但还有一些野生花卉具有一些较鲜明的应用特点，在应用中需要特别注意。

7. 野生花卉除部分灌木外，都是优良的地被植物

地被植物是对低矮覆盖地面的植物的统称。随着人们环境意识的增强，城市环境美化日益受到重视，地被植物在园林造景中的作用也逐步体现出来。观赏价值高、色彩丰富、生长稳定、抗逆性强的地被植物越来越多地被应用到绿化设计中，成为风景园林中不可缺少的重要组成部分。

地被植物包括多年生草本，自播能力很强的少数一年生、二年生草本植物，以及低矮丛生、枝叶茂密的灌木和藤本、矮生竹类、蕨类等。野生地被植物可划分为八大类。

（1）喜光地被：这类地被植物在全光照下生长良好，遮阴处茎细弱，节伸长，开花减少，长势不理想，如长蕊石头花、长芒草、石竹、猫儿菊、哥兰叶、翻白草、红纹马先蒿等。

（2）耐阴地被：该类植物在遮阴处生长良好，全光照条件下生长不良，表现为叶片发黄、叶变小、叶边缘枯萎，严重时甚至全株枯死，如虎耳草、大花金挖耳、延胡索、橐吾、类叶升麻、紫花地丁、紫堇、婆婆纳。

（3）半耐阴地被植物：此类地被植物喜欢阳光充足，但也有不同程度的耐阴能力，如蛇莓、常春藤、杜鹃、石蒜、阔叶麦冬、南山堇菜、费菜、二月兰。

（4）耐湿类地被植物：此类植物在湿润的环境中生长良好，如无瓣繁缕、早开堇菜、婆婆纳、委陵菜等。

（5）耐干旱类地被植物：此类植物在比较干燥的环境中生长良好，耐一定程度干旱，如狗娃花、长芒草等。其中有多年生草本地被植物及自播能力极强的少数一二年生草本植物，如诸葛菜、吉祥草、麦冬、苦苣菜、刺儿菜、黄腌菜、蚓果芥等。

（6）耐盐碱地被植物：此类植物在中度盐碱地上能正常生长，如马蔺、罗布麻等。

（7）蕨类地被植物：指耐阴耐湿性强，适合生长在温暖湿润环境的植物，如蹄盖蕨、井栏边草等。

（8）观果类地被植物：此类植物果实鲜艳，有特色，如酸浆、枸杞、青杞、三叶木通、石刁柏等。

8. 高山花卉

高山花卉通常是指野生于较高海拔或山区的花卉，国内一般把分布在海拔3 000m以上的花卉称之为高山花卉。但截至目前并没有严格的定义。高山花卉由于原生地海拔较高，引种驯化比较困难，目前的应用主要限于基因利用。如小秦岭国家级自然保护区的老鸦岔一带，海拔2 000m以上，分布有河南杜鹃、华西银露梅、齿萼报春、假报春、龙胆等花卉，应注意其具有的适应冷凉气候的特点，不宜引种到城乡环境。

9. 已经引种驯化成为栽培花卉的野生花卉

目前，河南野生花卉资源中已经被广泛栽培的种类很少，只有一些分布广泛的种类被广为栽培，主要有连翘、紫丁香、棣棠、石竹、黄刺玫、扶芳藤、迎春、紫藤、金银花、爬山虎、菊、芍药、芦苇、麦冬、香蒲、千屈菜、紫薇、槐、莲、荷、榆叶梅等21种。可见大量的野生花卉还没有被用于风景园林或花卉园艺中。

第3章

野生花卉的价值评估与优良种类选择

3.1 野生花卉价值评估

3.1.1 野生花卉价值评估的必要性

野生花卉的价值评估就是对不同花卉植物的综合价值分别做出质的定性解释和量的确切描述，从中筛选出符合目标要求的合适花卉。

不同种类的野生花卉在长期进化的过程中形成了各自的生态位与独特的空间分布格局，有着自己的生境分布与生态习性、生物学特性，都能各得其所、生长不息。那么，风景园林中，人工干扰因素较多，生长环境较差，哪些花卉容易适应？哪些花卉更美？哪些野生花卉种类最适合城乡园林需要？在众多花卉种类中挑选出合适的种类，营建具有独特体验或者与众不同的特色景观，或者了解哪些花卉综合价值高，适宜引种驯化、扩繁推广，或者挑选出适应性强的花卉以满足适地适花的人工配置，营建不同的园林植物生态系统，等等。不同的目标要求，不同的决策标准，就需要开展野生花卉价值评估。

因此，开展野生花卉价值评估，从中筛选出符合目标要求、观赏价值高、适合风景园林需要、能在城镇园林绿地中应用、生态适应性强的优良野生花卉种类，是野生花卉应用研究中必需的环节。根据野生花卉资源开发利用的特点建立综合评价模型，对野生花卉进行综合评价，筛选出符合目标要求的优良花卉，为引种目标的确定、建立野生花卉种质资源核心库、合理开发利用野生花卉资源提供科学依据，借此筛选出观赏价值高、生态适应性强、适合目前风景园林需要、易于推广应用的“河南重点野生花卉”，都是研究中必要的、重要的题中之意。

3.1.2 野生花卉价值评估的主要方法

野生花卉的价值评估，又称为观赏价值评价，或称花卉资源评估。一般研究中多采取对花卉的观赏特性进行定性描述与分析的定性评估方法；该方法的结果受评估者的主观因素、学识见解的影响很大；不同评估者侧重于不同的评价因素和关注点，同一评价因素又因专业不同、掌握的信息不同和实践经验存在差异，造成不同评估者对同一问题很可能做出不同的评估结果。

一种比较优良的野生花卉，应该满足有价值、可用性两个基本要求。有价值包括观赏价值、生态价值、经济价值等；可用性包括抗逆性强、适应性强、繁殖技术容易、生长势好、栽培养护成本低、资源数量大、分布范围广等。这就涉及很多互相联系、重要性各异的判断因素。而面对一个由相互关联、相互制约的众多因素构成的复杂价值系统，靠定性研究是很难判断谁优谁劣时，AHP 法（层次分析法）就具有了明显的优势。

AHP (Analytic Hierarchy Process) 法是美国运筹学家 T. L. Saaty 教授于 20 世纪 70 年代提出的一种实用的多方案或多目标的决策方法，是一种定性与定量相结合的决策分析方法，常被运用于多目标、多准则、多要素、多层次的非结构化的复杂决策问题，特别是战略决策问题，具有十分广泛的实用性。近年来，AHP 法在农业、林业、园林观赏植物种质资源评价与利用等方面得到应用，蜡梅、桂花、蔷薇属植物、观赏植物调查与评价也利用了该方法。将层次分析法应用于野生花卉评价，不仅将人的主观判断用数量形式表达和处理，在客观上更是将定量与定性结合，进一步提高了评价结果的有效性、可靠性和可行性，为城镇园林绿化筛选出观赏价值高、适应性强、发展潜力大的优良园林花卉。

3.1.3 野生花卉价值评估模型的建立与操作步骤

运用 AHP 法开展野生花卉的价值评估，大体可以按照以下步骤进行：

（1）将问题分解，建立层次结构，即建立野生花卉植物评价指标的递阶层次结构模型。根据对野生花卉特性的综合分析，筛选出 15 个与其有较密切关系的评价指标，并依其相互关系构成多层次分析（评价）模型（图 2）。模型分三层：①目标层 A，即是对野生花卉种类价值的综合评价 (划分其等级)，是分析问题的预定目标；② 准则层 C，包括评价的三个方面，即观赏价值、适应能力和应用潜力；③指标层 P，隶属于上一个层次，是对野生花卉价值评价有意义的性状指标或数量。由于野生花卉观赏的部位主要是花或果的特征，因此选定的指标多数是与花或果相关的征状，然后按相应指标，对每一品种评分，最终得到总分值，从而确定相对优劣。

（2）建立指标并确定权重。评价指标见表 4。被子植物的评价指标是花果色及亮度、花径/花序径大小、芳香度、花果能见度、观赏期长短、观赏器官盖度、用途多样度、花/果/叶奇特性、株型圆满程度。裸子植物的评价指标可以根据评价目标，参考以上评价指标的设置方法予以删减或调整，由于植物资源数量较多，计算工作复杂，因此可采用绝对评定选择的方法，即将标准层 P 各项指标划分为若干数量等级，表 4 以 1 ～ 9 个标度值表示各个指标的相对重要性评分标准。对待评价的野生花卉资源就每项指标确定出相应的数量评价值，然后再用各评价指标本身的权值加权综合，得出综合数量评价值，以此确定野生观赏植物综合评价值的等级。

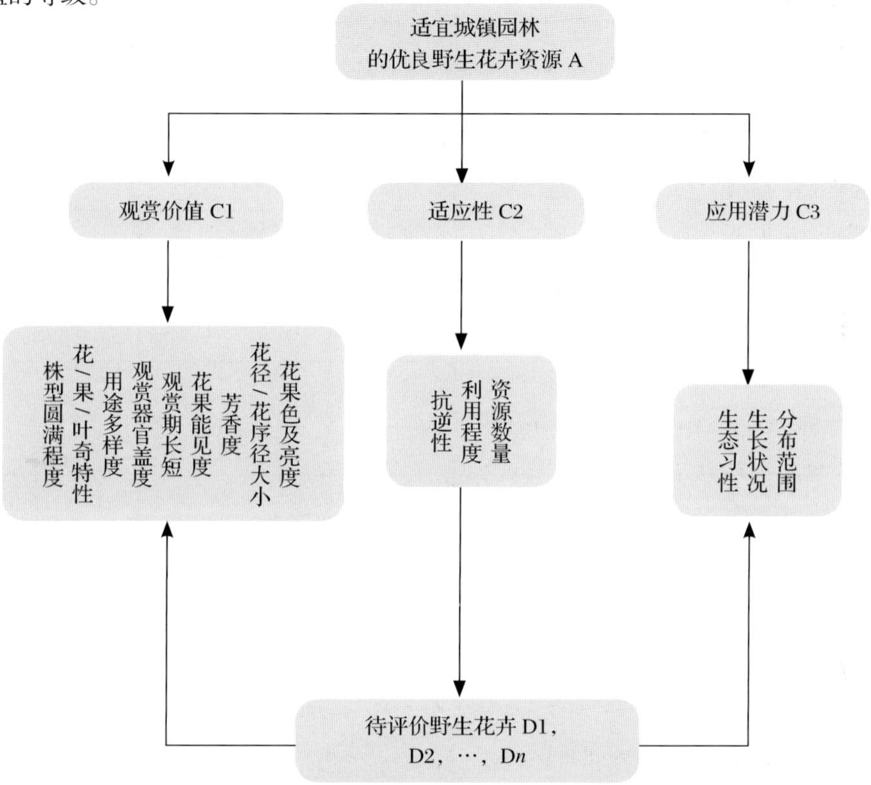

图 2　野生花卉多层次（综合）分析（评价）模型

（3）层次分析法的计算方法。同一层次所有因素对于最高层次的相对重要性权值的排序数值叫层次总排序。在计算出 P 层各个评价指标相对于所属 C 层的加权值后，再与该 C 层的权值进行加权综合，即可得出 P 层相对于目标层 A 层的总排序权值（表 5）。根据总目标的要求并借鉴前人成熟的综合评价模型，采用层次分析法首先判断矩阵的构造与层次单排序计算表，按照 1 ～ 9 比率标度使之定量化，进一步通过两两比较，得出第 2 层因素相对于第 1 层的比较判断 A ～ C，第 3 层因素相对于第 2 层的比较判断 C ～ P，共 4 个判断矩阵。利用因素间的两两比较构成的判断矩阵计算排序权向量，并通过检验保证判断矩阵的一致性（以上计算过程略）。根据 AHP 理论，当判断矩阵具有满意的一致性时，它的最大特征根稍大于 n，且其余特征根近于 0。本计算结果 4 个矩阵 CR 都 <0.1，具有满意的一致性。

表 4　P 层各评价指标的评分标准

分 值	9	7	5	3	1
P1 花果色及亮度	蓝、黄、红、白、绿、复色等纯正鲜艳	红、黄、白等较为鲜艳色	粉红、紫红、粉白、黄白、白绿等	各种颜色但较暗	粉紫、粉蓝等无光泽且较暗
P2 花径 / 花序径大小	5cm 以上	5 ～ 3cm	3 ～ 1cm	1 ～ 0.15cm	0.15cm 以下
P3 观赏期长短	60d 左右	40d 左右	30d 左右	20d 左右	10d 左右
P4 芳香度	浓香（宜人）	香	微香	不香	臭
P5 花果能见度	全部露出叶面，极易观赏	大部分露出叶面，易观赏	部分露出叶面，较易观赏	小部分露出叶面，较难观赏	隐于叶下，难观赏
P6 花 / 果 / 叶奇特度	极奇特（不对称，叶不常见）	奇特（不对称或花序成穗状、棒状或球状）	较为奇特(对称较不常见）	一般（对称且常见）	无
P7 观赏器官盖度	覆盖或近覆盖叶片	覆盖叶片约 80%	覆盖叶片约 50%	覆盖叶片约 30%	覆盖叶片 30% 以下
P8 用途多样度	观赏、药用、可食、安全防污	前 4 项占 3 项	前 4 项占 2 项	前 4 项占 1 项	1 项不占
P9 株型圆满程度	紧凑	较紧凑	一般	松散	很松散
P10 资源数量	丰富	较多	较少	少	稀有
P11 利用程度	尚未被利用	较少被利用	已被利用	较多被利用	已被广泛利用
P12 抗逆性	耐寒、耐旱、耐涝、耐盐碱	前 4 项占 3 项	前 4 项占 2 项	前 4 项占 1 项	1 项不占
P13 分布范围	极广	广	一般	较窄	极窄
P14 生长状况	生长势极好	生长势好	生长势一般	生长势弱	生长势极弱
P15 生态习性	适应性极强，无生境要求	适应性强，对生境要求不严	适应性较强，要求一定生境	适应性较强，对生境要求较严	适应性弱，对生境要求极严

（4）建立综合评价指标体系。通过对各种野生花卉应用价值评价体系的反复研究，参考前人成果并征询园艺师、景观设计师等专家意见，对本课题评价指标进行调整，形成河南野生花卉资源综合评价模型（表 5）。

表 5　河南野生花卉资源综合评价模型

A 目标层	C 约束层	C 对 A 的加权值	P 标准层	P 对 C 的加权值	P 总排序权值	D 最底层
A 河南野生花卉资源综合评价	C1 观赏价值	0.167	P1 花果色及亮度	0.179	0.030	待评价的野生花卉 D1，D2，D3，…，D*n*
			P2 花径 / 花序径大小	0.179	0.030	
			P3 观赏期长短	0.179	0.030	
			P4 芳香度	0.065	0.011	
			P5 花果能见度	0.179	0.030	
			P6 花 / 果 / 叶奇特度	0.060	0.010	
			P7 观赏器官盖度	0.092	0.045	
			P8 用途多样性	0.036	0.006	
			P9 株型圆满程度	0.031	0.005	
	C2 资源利用开发潜力	0.740	P10 资源数量	0.167	0.124	
			P11 利用程度	0.094	0.070	
			P12 抗逆性	0.740	0.548	
	C3 生物学特性	0.094	P13 分布范围	0.072	0.007	
			P14 生长状况	0.279	0.026	
			P15 生态习性	0.649	0.061	

（5）评价指标个案分析。以河南野生花卉金银忍冬为例。根据标准层（P）的 15 个指标的评分标准，得到以下分值：P1=5、P2=5、P3=7、P4=5、P5=9、P6=3、P7=7、P8=5、P9=5、P10=7、P11=7、P12=7、P13=7、P14=7、P15=7（以上为方便，全取整数，必要时给出小数如 P1=5.4 亦可）。用以上绝对评定法，根据标准层

（P）相对于目标层（A）的总排序权值，进行加权综合，计算出金银忍冬的综合价值（综合评估值）A=P1×0.030+P2×0.030+P3×0.030+P4×0.011+P5×0.030+P6×0.010+P7×0.045+P8×0.006+P9×0.005+P10×0.124+P11×0.070+P12×0.548+P13×0.007+P14×0.026+P15×0.061=(5+5+7+9)×0.030+5×0.011+ 3×0.010+7×0.045+5×0.006+5×0.005+7×0.124+7×0.070+7×0.548+7×0.007+7×0.026+7×0.061=0.445。

对不同的野生花卉逐一评分，最终得到总分值，从而确定相对优劣，选出可以首先开发、便于应用在河南城镇园林绿化中的优良野生花卉。

3.1.4 野生花卉价值评估模型的通用性、合理性

以上价值评估主要是针对城镇园林的特殊环境要求进行指标设置的。在野花应用上，观赏价值、适应性强和应用潜力三个准则中，适应性强的权重较大，这是因为城镇园林的土壤、水分、小气候等生态小环境比较恶劣，对植物的抗逆性要求较高。其次，观赏价值中，花香、花量以及花径的单排序权重相对于其他性状来说占有较大的权重，可认为是观赏价值评价依据的主要指标。在园林观赏应用中，花色、花香、花量、花期长短、花期早晚和树形的单排序较为重要。从总体上看，在野生花卉应用价值的综合评价中，花色、花径、花量和花香的作用是举足轻重的；而花期长短、花期早晚、生长势和树型有较大的权重，其他因素相对而言对综合评价体系影响较小，只能作为辅助指标。这些结果与实践相比有相当的一致性，充分说明了该模型对不同野生花卉种评价的适用性及合理性。

3.1.5 野生花卉的多因素多层次综合评价体系

按照以上的调查技术路线和价值评估模型，从成千上万种植物中根据直观判断选录出野生花卉资源，再从野生花卉资源总库中根据河南城市风景园林的中长期规划（10 ~ 20 年）对野生花卉的需要选择出一定数量的乔木类、灌木类、草本类野生花卉，并对其进行 AHP 法的价值评估，根据评估结果即野生花卉的优劣等级，从中筛选出 200 种综合价值较高的野生花卉种类，再从其中根据课题组有关专家的意见筛选出“河南优良野生花卉 100 种”作为河南省近期应首先研究引种驯化开发的种类，为下一步河南省野生花卉引种驯化和资源开发提供可靠的依据和资料。这就构成了本课题的以 AHP 法为主的多因素多层次综合评价体系。

3.2 优良野生花卉种类的选择

根据总体目标，在参考专家意见及采取多数人意见的基础上，进行评估。

当前，城乡园林绿化中大量需要的花卉植物主要是被子植物中的乔、灌、花草等类型。野生花卉中乔、灌、花草的每一类中植物种类都较多，每一种的资源数量、分布范围、生长习性等数据资料尚有待不断充实完善，因此，每类评估中需要掌握的数据信息都不是很完整的，只能根据评估标准让有关专业人员先行推荐、初步筛选，以降低评估工作量，提高综合评估的效率。其次，评估目的是选出适宜城乡园林中应用的种类，而城乡园林建设中对花卉植物的配置需求是乔、灌、花草搭配，因此，乔、灌、花草应该分别评估筛选。野生花卉的每一种生活型中都应该选择出一些综合价值较高的种类，野生花卉评估分为小乔木类、灌木类、草本类三类分别进行评估，最后汇总。

本文从河南 1 893 种野生花卉中 151 种小乔木、295 种灌木、1 127 种草本中，先筛选出 84 种小乔木、159 种灌木、137 种草本等野生花卉植物分别进行评估，而蕨类植物、水生植物、爬藤类植物和观赏草植物由于种类相对较少，形态相近，生态类型相对较简单，暂时不予评估，可直接因地制宜选择应用。

3.2.1 乔木类野生花卉资源的价值评价

首先从 151 种小乔木中，根据有关研究人员的推荐筛选出 84 种花卉植物，利用层次分析法进行逐一评价，得到评价结果（附件 乔木类野生花卉综合评估分值表）。根据综合评估值，可将 84 种小乔木类野生花卉分为四个等级（每级不包括上限）：一级（$A > 7.10$）：观赏开发利用价值高，共 48 种植物（表 6）；二级（$7.10 \geq A > 6.60$）：观赏开发利用价值较高，共 15 种植物；三级（$6.60 \geq A > 6.00$）：观赏开发利用价值一般，共 13 种植物；四级（$A \leq 6.00$）：观赏开发利用价值低，共 8 种植物。处于四级、开发价值一般的种类较少，是因为划分等级的标准分值设置得较高。且参加评估的种类只有 84 种，151 种小乔木如果都参与评估的话，可能划分为四级的野生花卉就较多了。

表6 开发利用一级的小乔木类野生花卉一览表

序号	花卉名称	序号	花卉名称
1	梓 *Catalpa ovata*	25	尾叶樱桃 *Prunus dielsiana*
2	楸 *Catalpa bungei*	26	省沽油 *Staphulea bumalda* DC
3	湖北紫荆 *Cercis glabra*	27	铜钱树 *Paliurus hemsleyanus*
4	望春玉兰 *Yulania biondii*	28	山樱花 *Prunus serrulata*
5	山茱萸 *Cornus officinalis* Sieb. et Zucc.	29	山杏 *Prunus armeniaca var. ansu*
6	豆梨 *Pyrus calleryana*	30	褐梨 *Pyrus phaeocarpa*
7	野鸦椿 *Euscaphis japonica*	31	山荆子 *Malus baccata*
8	文冠果 *Xanthoceras sorbifolium*	32	光皮树 *Swida wilsoniana*
9	膀胱果 *Staphylea holocarpa*	33	甘肃山楂 *Crataegus kansuensis*
10	四照花 *Cornus kousa subsp.chinensis*	34	唐棣 *Amelanchier shnica* (Schneid.)chun
11	巨紫荆 *Cercis gigantea*	35	山槐 *Albizzia kalkora*
12	流苏树 *Chionanthus retusus*	36	三叶海棠 *Malus sieboldii*
13	毛山荆子 *Malus mandshurica*	37	李 *Prunus salicina*
14	毛梾 *Swida walteri*	38	盘腺樱桃 *Cerasus discadenia*
15	山楂 *Crataegus pinnatifiada*	39	陇东海棠 *Malus kansuensis*
16	甘肃桃 *Amygdalus kansuensis*	40	杜梨 *Pyrus betulaefolia*
17	梾木 *Swida macrophylla*	41	厚朴 *Magnolia officinalis*
18	樗叶花椒 *Zanthoxylum ailanthoides*	42	尖叶四照花 *Dendrobenthamia angustata*
19	中国黄花柳 *Salix caprea*	43	多毛樱桃 *Cerasus polytricha*
20	三叶海棠 *Malus sieboldii*	44	君迁子 *Diospyros lotus*
21	花楸 *Sorbus pohuashanensis*	45	冬青 *Ilex latifolia*
22	红椋子 *Swida hemsleyi*	46	稠李 *Padus avium*
23	河南海棠 *Malus honanensis*	47	乌桕 *Sapium sebiferum*
24	楝 *Melia azedarach*	48	北京花楸 *Sorbus discolor*

3.2.2 灌木类野生花卉资源的价值评价

与小乔木的评估方法相同，采用层次分析法，从295种灌木类野生花卉中初选出159种进行逐一评估（评估表略）；根据综合评估值，可将159种灌木类野生花卉分为四个等级（每级不包括上限）：一级（A > 7.40）：观赏开发利用价值高，共 32 种植物（表 7）；二级（7.40 ≥ A ＞ 6.60）：观赏开发利用价值较高，共 72 植物；三级（6.60 ≥ A ＞ 5.80）：观赏开发利用价值一般，共 24 种植物；四级（A ≤ 5.80）：观赏开发利用价值低，共 31 种植物。

从应用出发，灌木类初步筛选出 32 种野生花卉用于风景园林建设中。

表 7　开发利用一级的灌木类野生花卉一览表

序号	花卉名称	序号	花卉名称
1	粉花绣线菊 *Spiraea japonica*	17	枳椇 *Hovenia acerba*
2	杭子梢 *Campylotropis macrocarpa*	18	三花莸 *Caryopteris terniflora*
3	蝟实 *Kolkwitzia amabilis*	19	大叶铁线莲 *Clematis heracleifolia*
4	大叶胡枝子 *Lespedeza davidii*	20	六月雪 *Serissa japonica*
5	金银忍冬 *Lonicera maackii*	21	细叶水团花 *Adina rubella*
6	芫花 *Daphne genkwa*	22	阴山胡枝子 *Lespedeza inschanica*
7	大花溲疏 *deutzia grandiflora*	23	雀儿舌头 *Leptopus chinensis*
8	中华绣线梅 *Neillia sinensis*	24	叶下珠 *Phyllanthus urinaria*
9	三裂绣线菊 *Spiraea trilobata*	25	落萼叶下珠 *Phyllanthus flexuosus*
10	胡枝子 *Lespedeza bicolor*	26	黄蔷薇 *Rosa hugonis*
11	多花溲疏 *Deutzia micrantha*	27	钝叶蔷薇 *Rosa sertata*
12	金花忍冬 *Lonicera chrysantha*	28	陕西蔷薇 *Rosa giraldii*
13	中华胡枝子 *Lespedeza chinensis*	29	扁刺蔷薇 *Rosa sweginzowii*
14	山梅花 *Philadelphus incanus*	30	美蔷薇 *Rosa bella*
15	细梗胡枝子 *Lespedeza virgata*	31	拟木香 *Rosa banksiopsis*
16	多花胡枝子 *Lespedeza floribunda*	32	西北蔷薇 *Rosa davidii*

3.2.3　草本类野生花卉资源的价值评价

采用层次分析法,从 1 127 种野生草本花卉中初选出 138 种进行逐一评估（评估表略）。根据综合评估值，可将 138 种草本野生花卉分为四个等级（每级不包括上限）：一级（A ＞ 7.50）：观赏开发利用价值高，共 52 种植物（表 8）；二级（7.50 ≥ A ＞ 6.80）：观赏开发利用价值较高，共 30 种植物；三级（6.80 ≥ A ＞ 5.80）：观赏开发利用价值一般，共 16 种植物；四级（A ≤ 5.80）：观赏开发利用价值低，共 40 种植物。

从应用出发，草本类初步筛选出52种野生花卉用于风景园林建设中。

表8 开发利用一级的草本类野生花卉一览表

序号	花卉名称	序号	花卉名称
1	猫儿菊 *Hypochaeris ciliata*	27	翠雀 *Delphinium grandiflorum*
2	蒲儿根 *Sinosenecio oldhamianus*	28	黄腺香青 *Anaphalis aureopunctata*
3	中华花荵 *Polemonium chinense*	29	香青 *Anaphalis sinica*
4	类叶升麻 *Actaea asiatica*	30	珠光香青 *Anaphalis margaritacea*
5	林泽兰 *Eupatorium lindleyanum*	31	鼠麴草 *Gnaphalium affine*
6	佩兰 *Eupatorium fortunei*	32	旋覆花 *Inula japonica*
7	紫斑风铃草 *Campanula punctata*	33	大花金挖耳 *Delphinium grandiflorum*
8	马兰 *Kalimeris indica*	34	紫花碎米荠 *Carpesium macrocephalum*
9	全叶马兰 *Kalimeris integrifolia*	35	荷青花 *Hylomecon japonica*
10	桔梗 *Platycodon grandiflorus*	36	萱草 *Hylomecon japonica*
11	三脉紫菀 *Aster ageratoides*	37	金挖耳 *Hemerocallis fulva*
12	紫菀 *Aster tataricus*	38	糙叶败酱 *Carpesium divaricatum*
13	镰叶紫菀 *Aster falcifolius*	39	丹参 *Patrinia scabra*
14	高茎紫菀 *Aster procerus*	40	马蹄香 *Salvia miltiorrhiza*
15	钻形紫菀 *Aster subulatus*	41	华北耧斗菜 *Saruma henryi*
16	商陆 *Phytolacca acinosa*	42	木香薷 *Aquilegia yabeana*
17	白头翁 *Pulsatilla chinensis*	43	琴叶紫菀 *Aster panduratus*
18	黄海棠 *Hypericum ascyron*	44	白屈菜 *Chelidonium majus*
19	狗舌草 *Tephroseris kirilowii*	45	多花落新妇 *Astilbe rivularis* var. *myriantha*
20	毛华菊 *Chrysanthemum vestitum*	46	淫羊藿 *Epimedium brevicornu*
21	野菊 *Chrysanthemum indicum*	47	日本续断 *Dipsacus japonicus*
22	甘菊 *Chrysanthemum lavandulifolium*	48	亚菊 *Ajania pallasiana*
23	落新妇 *Astilbe chinensis*	49	银背菊 *Chrysanthemum argyrophyllum*
24	毛茛 *Ranunculus japonicus*	50	密花香薷 *Elsholtzia densa*
25	香薷 *Elsholtzia ciliata*	51	磨芋 *Amorphophallus konjac*
26	石龙芮 *Chrysanthemum indicum*	52	绞股蓝 *Gynostemma pentaphyllum*

3.2.4 河南优良野生花卉 100 种

经过分别对 84 种小乔木、160 种灌木、138 种草本等共 382 种野生花卉的综合评估，根据评定等级，分别选出 48 种小乔木、32 种灌木、52 种草本等共 132 种作为优良的野生花卉。价值评估的目标即要选出“河南省优良野生花卉 100 种”，再从 132 种野生花卉中进行筛选。这次主要考虑观赏价值要高，以满足城市园林绿化的美化需求为核心进行筛选，花径大、花量大、花相突出、容易形成季相特色的种类要入选。乔、灌、花草的种类数量和比例也要控制，为提高绿地生态效益，减少“热岛效应”的影响，绿地中低矮的花草地被等面积一般要小些，因此课题组按照乔：灌：花草＝ 36 ： 32 ： 32 进行分配。根据这个标准，筛选出 100 种更好的野生花卉种类作为“河南省野生花卉 100 种”，详见表 9。

表 9 河南省优良野生花卉 100 种

序号	花卉名称	序号	花卉名称
1	梓 *Catalpa ovata*	51	细梗胡枝子 *Lespedeza virgata*
2	楸 *Catalpa bungei*	52	多花胡枝子 *Lespedeza floribunda*
3	湖北紫荆 *Cercis glabra*	53	枳椇 *Hovenia acerba*
4	望春玉兰 *Yulania biondii*	54	三花莸 *Caryopteris terniflora*
5	山茱萸 *Cornus officinalis*	55	大叶铁线莲 *Clematis heracleifolia*
6	豆梨 *Pyrus calleryana*	56	六月雪 *Serissa japonica*
7	野鸦椿 *Euscaphis japonica*	57	细叶水团花 *Adina rubella*
8	文冠果 *Xanthoceras sorbifolium*	58	阴山胡枝子 *Lespedeza inschanica*
9	膀胱果 *Staphylea holocarpa*	59	雀儿舌头 *Leptopus chinensis*
10	光皮树 *Swida wilsoniana*	60	叶下珠 *Phyllanthus urinaria*
11	四照花 *Cornus kousa* subsp.*chinensis*	61	落萼叶下珠 *Phyllanthus flexuosus*
12	巨紫荆 *Cercis gigantea*	62	黄蔷薇 *Rosa hugonis*
13	流苏树 *Chionanthus retusus*	63	钝叶蔷薇 *Rosa sertata*
14	尾叶樱桃 *Prunus dielsiana*	64	陕西蔷薇 *Rosa giraldii*
15	北京花楸 *Sorbus discolor*	65	扁刺蔷薇 *Rosa sweginzowii*
16	铜钱树 *Paliurus hemsleyanus*	66	美蔷薇 *Rosa bella*
17	山樱花 *Prunus serrulata*	67	拟木香 *Rosa banksiopsis*
18	山杏 *Prunus armeniaca* var. *ansu*	68	西北蔷薇 *Rosa davidii*

续表

序号	花卉名称	序号	花卉名称
19	褐梨 *Pyrus phaeocarpa*	69	猫儿菊 *Hypochaeris ciliata*
20	山荆子 *Malus baccata*	70	蒲儿根 *Sinosenecio oldhamianus*
21	山槐 *Albizzia kalkora*	71	中华花荵 *Polemonium chinense*
22	三叶海棠 *Malus sieboldii*	72	类叶升麻 *Actaea asiatica*
23	李 *Prunus salicina*	73	林泽兰 *Eupatorium lindleyanum*
24	盘腺樱桃 *Cerasus discadenia*	74	佩兰 *Eupatorium fortunei*
25	毛山荆子 *Malus mandshurica*	75	紫斑风铃草 *Campanula punctata*
26	毛梾 *Swida walteri*	76	马兰 *Kalimeris indica*
27	山楂 *Crataegus pinnatifiada*	77	全叶马兰 *Kalimeris integrifolia*
28	甘肃桃 *Amygdalus kansuensis*	78	桔梗 *Platycodon grandiflorus*
29	梾木 *Swida macrophylla*	79	三脉紫菀 *Aster ageratoides*
30	樗叶花椒 *Zanthoxylum ailanthoides*	80	紫菀 *Aster tataricus*
31	中国黄花柳 *Salix caprea*	81	镰叶紫菀 *Aster falcifolius*
32	三叶海棠 *Malus sieboldii*	82	高茎紫菀 *Aster procerus*
33	花楸 *Sorbus pohuashanensis*	83	钻形紫菀 *Aster subulatus*
34	红椋子 *Swida hemsleyi*	84	商陆 *Phytolacca acinosa*
35	河南海棠 *Malus honanensis*	85	白头翁 *Pulsatilla chinensis*
36	楝 *Melia azedarach*	86	黄海棠 *Hypericum ascyron*
37	粉花绣线菊 *Spiraea japonica*	87	狗舌草 *Tephroseris kirilowii*
38	杭子梢 *Campylotropis macrocarpa*	88	毛华菊 *Chrysanthemum vestitum*
39	蝟实 *Kolkwitzia amabilis*	89	野菊 *Chrysanthemum indicum*
40	大叶胡枝子 *Lespedeza davidii*	90	甘菊 *Chrysanthemum lavandulifolium*
41	金银忍冬 *Lonicera maackii*	91	落新妇 *Astilbe chinensis*
42	芫花 *Daphne genkwa*	92	毛茛 *Ranunculus japonicus*
43	大花溲疏 *deutzia grandifiora*	93	香薷 *Elsholtzia ciliata*
44	中华绣线梅 *Neillia sinensis*	94	石龙芮 *Chrysanthemum indicum*

续表

序号	花卉名称	序号	花卉名称
45	三裂绣线菊 *Spiraea trilobata*	95	翠雀 *Delphinium grandiflorum*
46	胡枝子 *Lespedeza bicolor*	96	黄腺香青 *Anaphalis aureopunctata*
47	多花溲疏 *Deutzia micrantha*	97	香青 *Anaphalis sinica*
48	金花忍冬 *Lonicera chrysantha*	98	珠光香青 *Anaphalis margaritacea*
49	中华胡枝子 *Lespedeza chinensis*	99	鼠麹草 *Gnaphalium affine*
50	山梅花 *Philadelphus incanus*	100	旋覆花 *Inula japonica*

以上野生花卉的价值评估，如果从野外调查开始，实际上是一个多因素、多层次的综合评估过程。从万千植物中根据野生花卉的内涵与外延通过定性判断甄别出分属于不同科属类群的野生花卉，从这些野生花卉类群中根据评估模型对评价指标进行赋值得出综合评估值（即定量评估），进而据此对其应用价值进行等级划分，再根据划分结果按照需要筛选出一定数量的合乎目标要求的种类作为近期开发利用的重点花卉。这个过程要求我们对待评估的每一种野生花卉的了解要全面、系统、深入，而这个真正的全面、深入的研究是需要时间、数据、资料的积累的，其结果只能是相对的。评估从全过程角度来看，是多个因素、多个层次交织在一起的，定性描述与定量判断相结合的综合过程。

根据对野生花卉的多年观察，结合河南省的气候特点、价值评估和风景园林建设的需要，可筛选出较优良的缀花地被植物、藤本地被植物等共 50 多种。

缀花地被植物：白屈菜、白头翁、蚓果芥、紫花地丁、早开堇菜、南山堇菜、地榆、华北耧斗菜、百里香、糙叶黄芪、淫羊藿、紫斑风铃草、狗舌草、黄海棠、商陆、祁州漏芦、紫堇、射干、矮苞鸢尾、马蔺、河北石头花、蛇莓、莓叶委陵菜、绢毛匍匐委陵菜、匍匐委陵菜、委陵菜、垂盆草、景天三七、佛甲草、珠芽景天、阿拉伯婆婆纳，共 31 种。

藤本地被植物：哥兰叶、白蔹、悬钩子、疏刺悬钩子、钝萼铁线莲、长尾铁线莲、葛藤、扶芳藤、络石、盘叶忍冬、三叶木通等 11 种。

屋顶绿化植物：瓦松、垂盆草、佛甲草、土麦冬、费菜（景天三七）、蛇莓、阿拉伯婆婆纳、苦菜花、蚓果芥、祁州漏芦、画眉草、苔草类等。

第4章

野生花卉的应用研究

4.1 野生花卉应用研究的内容

以往的野生花卉资源调查与应用研究多在资源的收集上着力，对应用研究一般以理论阐述为主，虽然也有一些应用研究开展了引种驯化工作和种子繁殖技术的探索，或者探索了野生花卉资源在植物多样性保护规划中的应用或作为景观资源的利用途径，但总体仍是以应用对策或建议为主，对野生花卉资源实行保护和建立种质资源圃、开展引种驯化成为普遍的共识。

在目前大规模的急剧城镇化的浪潮中，生态文明建设日益受到各级政府和社会各界的重视。风景园林作为生态文明建设的主要组成部分，在人居环境建设中担负着越来越多的责任，而观赏植物特别是花卉，作为风景园林空间的永恒的主体，应用日益广泛、深入，花卉应用的路线和方法应该有系统的研究。

野生花卉的应用研究总体上可分为三方面内容。一是野生花卉应用的原理，即野生花卉的应用方向、战略布局与空间位置；二是野生花卉的应用技术，主要是栽培技术与园艺养护要求、繁殖技术与管理；三是野生花卉文化的研究，掌握各种野生花卉在中国传统文化中的价值意义及其表现载体，以及野生花卉随着时代变化演化出的与时俱进的新的文化价值。本文的应用研究，重点放在以下五个方面：

（1）野生花卉应用的原理。

（2）野生花卉应用技术，主要是保护利用技术、繁殖技术、引种驯化技术和优良种类的选择方法。

（3）野生花卉的文化价值，包括野生花卉文化的载体，在中国传统文化中的体现与应用创新。

（4）野生花卉应用示范与经验。应用示范的技术路线为：选择样地→引种或选择野生花卉就地繁殖→观察其应用效果→评价→总结。

（5）野生花卉在风景园林中的规划与设计配置。

通过以上五个方面，试图构建系统完整的野生花卉应用技术框架。

4.2 野生花卉示范应用的地点与材料

宜选择城市公共绿地、森林公园、植物园、观光旅游点或景区。根据其功能区的造景需要选择 1 ~ 5 种野生花卉应用于其中，观看其在不同的景区的观赏效果和价值，同时与常用的园艺花卉作对比，了解其推广应用的不同方式与经济技术上的可行性。

示范基地：以城市园林、郊野公园或旅游观光景区为主。目前各地如郑州市植物园，三门峡市的涧南公园、青龙涧河河道、黄河公园、上阳苑均有野生花卉应用试验。

材料：因地制宜选择区域里的野生花卉。考虑到各个城市目前风景园林建设中地被植物种类较少，材料选择主要以适合做地被的野生花卉种类为主。其他适应性广的灌木类、草本花卉类野生花卉的应用以本地、外地公园中的应用调查为主。一些生境特殊、需要经过引种驯化才能应用的野生花卉，远期再做研究。

通过对试验地中的不同野生花卉的实验结果进行总结分析，得出野生花卉简便实用、易于推广的技术与措施。

4.3 野生花卉在风景园林中的应用及示范

4.3.1 野生花卉应用的原理

1. 分类应用，有的放矢，明确应用目的和方向

野生花卉长期处于天然自生状态，适应性广、抗性（抗旱、抗寒、抗盐碱、抗病虫、抗热等）强（相对于栽培花卉来说），是宝贵的抗性基因库，也是宝贵的种质资源和天然的育种基因库。同时，野生花卉的分布具有明显的地域特征。因为不同的纬度，处于不同的气候带和不同的小气候，野生花卉的分布具有所有植物所具有的地带性分布特点，不同气候带具有不同特色的野生花卉种类。因此，野生花卉资源的应用不能一概而论，要区别对待，根据不同的种类和应用定位、发展方向来确定应用方法与技术路线。

野生花卉资源应该实行分类应用，不同观赏特性宜实行不同的资源应用方向。

总体上看，有四个资源化方向：

（1）装饰花卉即高档园艺花卉方向。即某些野生花卉种类，通过引种驯化、良种选育（特别是辐射育种、杂交等先进技术和组织培养技术）、设施栽培等被培养成园艺花卉，以插花、切花、干花、盆花、盆栽的形式用于室内外装饰陈设、空间点缀。这是野生花卉彻底栽培化的方向，这个过程野生花卉的野性逐渐消失，需要很高的投入，是野生花卉商品化后向高档化、多样化发展的必然趋势。

（2）园林苗木即风景园林工程材料。很多野生花卉抗逆性强，自我繁殖能力极强，只要掌握其繁殖技术，就可采用在当地大田或者生态适宜区里就地就近规模化繁育，以裸根苗、容器苗或者种子形式供应风景园林市场，应用于城乡园林绿化工程中。

（3）就地保护利用为风景植物或旅游资源。即野生花卉在原生地作为景观资源保留利用为景观资源的一部分，作为城乡园林绿化、风景旅游开发、环境生态美化中富有季相魅力的植物景观、维持自然生机和持续演化的乡土植物材料，这是发挥野生花卉优势的主要方向。风景园林涵盖的范围不仅仅是传统的城镇乡村中的公园绿地，而且包括一切人造的或天然的具有自然生态特点的境域空间，如各种休闲游憩地，除传统的风景区、森林公园、郊野公园、旅游度假区外，还将有新型的养老地产、休假疗养设施、景观民宿、休闲农庄、近郊农庄等各种形式的自然境域；不仅包括自然保护区，还包括其他的敏感脆弱地区，主要水源地、大型栖息地、高级别遗产廊道、风景资源等，未来的风景园林还将通过国家公园、自然遗产、景观保护区等多种载体出现。因此，这些丰富多彩的风景园林空间需要大量的植物景观材料，且一般原址处都保存有大量的原生植物，特别是花卉植物，如各地的杜鹃群落、白鹃梅群落、丁香群落、紫堇群落等天然植株，不需重新栽植，不需机械劳作而自成美景，可以作为景观资源保存利用。

（4）作为需特别保护的种质资源或者遗传基因。一些野生花卉是优良的种质基因库，在医药、农林等领域中具有战略性的、潜在的应用潜力，应该保护起来。

一些野生花卉可以兼有以上四个发展方向，这样就可以形成一个完整的产业链条，完整掌握野生花卉资源的开发利用技术。明确了野生花卉的应用目的，就可根据某种野生花卉自身特点，因“种”制宜地开展应用开发。

2. 适地适花是应用前提

引种驯化是扩大野生花卉应用范围的必要手段，但驯化成功的野生花卉仍要坚持适地适树的应用原则。从目前城市快速扩张来看，原地保护、就地扩繁是最好的适地适花的应用。任何一种野生花卉，都对土壤、光照、湿度、气候、水文水质等条件有一定的要求，即使经过引种驯化，换一个地点如果其中的一个环境要素不能满足其生长要求，也不能正常生长，甚至不能成活，无法发挥其自身的观赏价值。因此，花卉栽植一定要立足本土，适地适花发挥乡土花卉的适应性优势。当然，引种驯化工作要重视，既要舍得投资，更要慎重抉择，应该以原地保护、就地利用为主，要严格按照引种驯化的原理和要求选择引种种类和引种区域，不能盲目引种。

3. 就地保护，同时发挥资源的景观效益是关键

野生花卉有很多是珍稀濒危植物，或者是珍贵的中药材，或者具有其他的经济价值，因此，受到不同利益群体的掠夺性开发利用是当前野生花卉资源保护应用中的最大问题。如流苏、红豆杉等的大树、古树等“山苗进城”的现象时见报道，既说明野生花卉资源的宝贵，也说明保护的刻不容缓。风景园林以保护资源为优先目标，在实践中对野生花卉采取就地保护起来作为当地的景观资源，让人们在参观、休闲中了解和熟识野生花卉，让野生花卉成为山区农家乐休闲游的亮丽景点，使野生花卉保护与山区山村的经济发展有机结合，是花卉资源保护工作中发动居民参与资源保护的有效途径。

4.3.2 野生花卉应用的技术与实践

河南野生花卉应用的历史很长，一些河南本地原产的野生花卉经过历代花匠花农的悉心研究，成为园林中常见的美丽花卉，如连翘、迎春、火棘、山桃。但还有很多野生花卉需要采取各种措施扩大应用范围，以丰富美化城乡环境。近年来，河南省林业园林工作者相继开展了许多野生花卉应用工作，如巨紫荆、南方红豆杉、连香树、文冠果的繁殖与栽培技术研究，山麦冬、马蔺、百合等花卉的引种驯化，在多彩化景观营造、地被植物搭配、四时景观营造等花卉配置技术上取得了一些成绩和经验。

一般地，如果要应用推广某种野生花卉，如南方红豆杉、湖北紫荆、白头翁、华北蓝盆花等，可以采取“选种类→保护建立种质资源基地→采种→研究扩繁→育苗→定向培养→花卉或苗木等产品”的技术路线。比较科学完整的应用步骤如下：

第一步，因地制宜，根据所在区域的野生花卉资源特色选择确定某种野生花卉，调查了解其种群分布情况或优势群落的位置、面积。

第二步，将该种野生花卉的种群或优势群落划定为种质资源保护小区，或设置成种质资源圃，有条件的话，采取“景其地”甚至“境其地”，让该种野生花卉于此处“能尽物之性”，则可以“赞天地之化育”，成为景观资源，作为科普、科研、休闲参观的资源，同时还是种质资源圃。

第三步，加强对保护小区或资源圃的野生花卉生长习性的观察记录，并及时采种，或者择机采取接穗。

第四步，开展野生花卉播种繁殖、扦插、嫁接或组织培养等繁殖技术试验，掌握野生花卉的快速繁育技术。进一步来讲，花卉园艺行业，可通过杂交育种手段利用野生花卉提高商品花卉的品质，这是野生花卉在花卉园艺上利用的一个主要途径。

第五步，育苗、炼苗，开展大田育苗或设施育苗。

第六步，销售供应市场。

以上步骤，最重要的就是第二步，保护野生花卉的种质资源。

当然，对生态幅度宽广、活体移植较容易、自播自繁能力较强的野生花卉，可以采取直接从田间野外引种到繁育基地，或者引种到园林中，予以应用试验，就地扩繁推广。郑州市植物园就选择性地引种栽培了巨紫荆、平枝荀子、毛樱桃、山杏、山桃、郁李、绣线菊、绒毛绣线菊、麻叶绣线菊、珍珠梅、暴马丁香、长叶小檗、细叶小檗、小檗、胡枝子、多花胡枝子、胡颓子、六道木、金银木、蝟实、扶芳藤、常春藤、络石、猕猴桃、葛藤、金银花、泽泻、菖蒲、水葱、芦苇、蒲苇、香蒲、水烛、醉鱼草、落新妇、蛇莓、紫花地丁、二月兰、紫花苜蓿、婆婆纳、玉簪、野百合、山麦冬、阔叶麦冬、沿阶草、荚果蕨、射干、葱兰、红花葱兰、石蒜、红花石蒜、菊花脑、佛甲草、白颖苔草、何首乌、丹参、乌头、五味子、桔梗、马蔺（灯心草）、蒲公英、车前草等62种5 738m^2野生花卉，生长良好，为植物园营造丰富多彩的生态园林景观起到了显著的提升作用，节省了养护成本。

直接引种的方法只限于田间地头分布的野生花卉，而对于主要分布于保护区、森林公园内的野生花卉来说，直接引种需要提前报请批准，否则是违法违规的。直接引种是不符合保护优先的风景园林宗旨的，容易造成对珍稀濒危植物的毁灭性破坏，有违生物多样性保护的根本，且引种的成活率很低，耗费的经济成本较大，不应该提倡。比较科学、稳妥的技术路线，还是保护先行、加强观测和习性研究、逐步扩繁。河南省三门峡市采取以上所述的“保护资源＋就地采种繁育”的技术方法，成功开展了南方红豆杉种质资源保护及繁育技术研究，取得了良好的综合效益。

1. 南方红豆杉种质资源保护及繁育技术研究

南方红豆杉为世界珍稀濒危植物，是优良的用材树种和名贵的观赏花卉，满树的红色“相思豆”给了青春男女无限的遐想与爱意，同时南方红豆杉又具有较高的医药价值，其体内富含的生物碱紫杉醇提炼后可用于多种癌症的治疗，具有很好的市场开发价值。

（1）研究的主要内容及结果。2007 ~ 2013 年，主要对豫西地区南方红豆杉资源分布、濒危原因进行了调查，开展了南方红豆杉生物学特性系统观察，进行了种子繁育和规模化扩繁技术的试验研究。

（2）豫西地区南方红豆杉资源情况调查。①调查方法：重点采用访问调查及人工踏查，发现南方红豆杉逐株测量胸径并记录。②调查结果：三门峡市的南方红豆杉主要分布在卢氏境内的长江流域，灵宝市未发现。最西端分布在狮子坪乡毛河村，最南端分布到瓦窑沟乡高河村，最东端分布到汤河乡的柴家沟村，最北端位于五里川镇李家坪村。区域内录得南方红豆杉 392 株的摄像资料，其中小树 194 株，胸径 10 ~ 100cm 的大树 98 株，呈天然零星片状分布，且生长健壮，枝叶茂盛，四季常青。

（3）豫西地区南方红豆杉生物学特性观察研究。①观察方法：在汤河乡的柴家沟村设立观测点，安排专人进行系统观察并记录。②观察结果：掌握了南方红豆杉形态学特点，掌握了南方红豆杉适生区的气候条件、地形条件、土壤类型、植被群落情况、生长特性、开花及结果习性。

（4）分析掌握豫西地区南方红豆杉资源濒危原因。根据调查，可以分析出南方红豆杉珍稀濒危的原因：产种量少且存活率低，种皮致密造成幼苗成活率低，群众保护意识差造成有意无意的破坏，保护机构不健全造成保护不力、不到位，灾害性天气多等不确定因素造成树种数量急剧减少等。

（5）建立保护小区，保护种质资源。根据前述调查和分析，在南方红豆杉天然林保存区划定资源保护区，建设防护标志和围栏，设立管护设施；在保存区内进行清杂、去灌，开展抚育管理，使小区能够通风透光，并适当进行土肥水管理，提高大树生活环境质量，恢复产种并多结种子，增加种群个体数量，把开发与保护相结合，达到实施资源可持续利用的目的，确保南方红豆杉的生存与发展。

（6）开展繁育试验，掌握繁育技术。在系统观察的基础上，开展南方红豆杉繁育技术研究。选出优良性状单株，相继开展南方红豆杉种子采集与制种、少量种子与大批量种子的贮藏方法、室外种子贮藏方法、打破休眠及催芽提高种子出芽率的方法、扦插繁育、大田育苗（包括圃地选择、整地处理、种子播种、苗期管理等内容）等工作，掌握南方红豆杉的育苗技术。

（7）开展大田苗培育、容器袋（营养钵）育苗、扦插育苗等规模化、批量化、标准化苗木扩繁技术的研究试验并掌握相关技术，研究掌握南方红豆杉的主要病虫害及其防治技术。

（8）培育良种苗木并促销，使苗木进入市场。通过规模化的育苗进行适应性试验，培育性状稳定的良种，进行大规模育苗，生产足够的苗木，降低苗木价格，满足分布区造林和迁地保护及各种绿化美化需要。

（9）经济效益分析。南方红豆杉属国家一级保护稀有树种，具有广阔的发展空间和市场发展前景。目前，三年生幼苗价格在 40 元 / 株以上，5 年生植株价格 100 元 / 株左右。在周边地区的城镇绿化和风景区美化中需求量很大，其幼树制作的盆景，价格更是惊人。通过在汤河乡柴家沟开展苗木繁育，按照三年生幼苗价格 40 元 / 株、5 年生植株价格 100 元 / 株计算，每年出圃 3 年生苗 5 万株以上，5 年生苗 2 万株以上，年产值可达 400 万元。

2. 文冠果种质资源保护及繁育技术研究

文冠果是一种优良的观花观果花卉，是一种抗旱耐瘠薄、生态幅度很宽广的生物质能源林树种，河南风景园林行业和林业部门相继开展了资源调查、引种、育苗、示范推广工作。自 2006 年以来，河南九麟生态科技公司潜心研究文冠果育苗技术，采取大田播种育苗技术每年出圃 80 万 ~ 100 万株苗木，还通过公司的文冠果种质资源圃采集种子，向郑州的保健油生产厂家提供大量种子作为文冠果食用油的生产原料，平均每年苗木销售和种子销售的收入在 300 万元以上。苗木远销到内蒙古、河北等地，成为河南省文冠果育苗大户。

以上的南方红豆杉、文冠果主要是采取种子繁殖。只要有保护起来的采种基地，经过一定的摸索和试验，繁育技术是都能解决的。因此，种质资源保护是极其重要的。国际花卉界最流行的一句话就是“谁掌握了种质，谁就掌握了未来”。野生花卉应用，最重要的是种质资源保护，应建立各种有效保护起来的采种基地。

实际上，野生花卉的繁殖技术除南方红豆杉、流苏等珍稀濒危植物和报春类、杜鹃类、马先蒿类、蕨类等需要特殊环境才能生长的花卉外，大部分野生花卉一旦采取就地引种、适地适花的应用，其繁殖技术并不是应用难题或技术瓶颈，不需要投入很高、费时很长的引种驯化。实际上，目前花卉应用的主要难题就是苗木资源不足，很多花卉的应用缺乏苗源或种源。因此，尽快建立不同野生花卉的保护小区作为采种基地，并就近扩大形成规模化的供种基地，已经成为当前野生花卉开发应用的一个重要途径。

很多野生花卉的栽培技术也是影响园林应用的重要因素。实际上，很多野生花卉同时也是中药材，而我国在中药材种植上具有千年的历史，很多中药材植物的习性特别是栽培习性在民间已有长期的积累，可以直接收集应用。一些野生花卉，如丹参、淫羊藿、百合、麦冬、桔梗等，在各地都具有较成熟的栽培技术。另外，野生花卉自播自繁的能力很强，在郊野公园、景区中野生花卉有很强的侵入性，如能因势利导，就地利用，也是一个可持续的利用手段。

4.3.3 野生地被的近自然园林应用技术

野生花卉的应用技术，还有一种简便易行、符合建设低成本养护、节约型园林、可持续景观理论的方法，即野生花卉的近自然园林应用技术。这种方法，在郊野公园、新建公园中可发挥野生花卉入侵性强、生存能力强的优势，既节约人力，又节约建造成本，还满足了游客喜欢山草野花，在日常游憩中就可享受自然情趣的需要。

河南的一些近郊公园或景区，充分利用生态价值，转变“杂草”为适宜性地被，利用野生花卉作为扩繁资源，探索“近自然园林”的管理技术，在原有人工地被（混播草坪）不断退化的条件下，营造出了不需要人工修剪也美观的林下地被植物景观。

三门峡市涧南公园是一条用地狭长的、利用青龙涧河治理后的河滩地改造成的带状公园，公园全长 5.5km，宽窄不一，全园的园艺养护任务十分繁重。自 2004 年建成、2008 年大改造以来，绿地特别是种植景观的建设和维护，成为公园精细化管理的难题。其中一个难处就是，很多人工草坪经过几年后就开始退化，包括紫花苜蓿地被、白三叶地被和混播草坪等的不断退化，影响了公园的整体形象和管护质量。人手不足的压力，使公园管理部门对许多区域采用了“近自然园林”的管理方法，有目的地利用公园处于郊野的条件和涧河河道输送野花种子的有利条件，大胆应用野生花卉，取得了令人满意的效果。

涧南公园还利用野生的或侵入的婆婆纳、委陵菜、夏至草、无瓣繁缕、巴天酸模、地锦等野生花卉，不劳人力，巧夺天工，使退化的草坪地转化为十几处精致美丽的地被草坪。

在青龙涧河河道中间，保留自然生长的野生芦苇，对河道的污水进行一定程度的净化，也使河道成为一处水生植物茂盛的湿地；近自然化的园艺养护，芦苇不断向下游蔓延，使涧河河道成为一处水鸟生存的乐园，呈现出一派迷人的湿地景观。

三门峡市上阳苑是一处以“登高远眺 寿比南山”为主题的公园，由于日常管理人员很少，养护人手缺乏。因此，一些道路、广场周围，自然做工，天然雕饰，不期然地利用虎尾草形成了自然植被，观赏起来与人工草坪相比自有一番清新质朴的趣味。

4.3.4 野生花卉的近自然化应用探析

乡土植物是城市绿化的基础，风景园林规划建设中的植物选择要以乡土植物为主，形成城市的特色，如信阳市的广玉兰成行、南阳市的玉兰成片。野生花卉是乡土植物中最美丽的观赏植物，其中很多还是节水型地被植物，或者花期很早，或者花果兼赏，或者花色丰富、类型多样，或者耐旱抗旱又耐寒，在风景园林实践中有着广阔的应用天地。

野生花卉的栽培繁殖与园艺花卉有着很大的区别，大量的野生花卉的引种驯化需要漫长的时间、资金、人力投入，如何尽快地把野生花卉应用起来，使野生花卉像园艺花卉那样走进千家万户，在交通日益发达、时间与空间相对变小变短、讲究效能的信息时代，野花的应用也要另辟蹊径。

借鉴“近自然林业”的森林经营理念，可采用“近自然园林”的配置设计或栽培应用方式对野生花卉进行人工利用和观赏，特别是对城市公园中容易自然繁殖的野生花卉，还有人类开发空间扩张中各种自然土地上的植物特别是野生花卉，如郊野公园、森林公园的游览景区、乡村旅游景区和观光采摘园等以游憩观赏为目的的自然空间中的野生花卉。对没有经过引种驯化、不宜大面积扩繁的野生花卉，采用“近自然园林”的方式，在本区域或相近区域中予以利用，形成富有特色的地方性的野生花卉种植景观。“近自然园林”的特征在于：①经营风景园林绿地时应采用生态系统整体经营的途径，尊重场地的自然过程、人文历史和包括野生花卉在内的各种资源；②维持林地或绿地原有大环境，避免林木皆伐或者推倒重来、重新栽植；③明确林地或绿地中的野生花卉优势种或保留种、目标种，将少量的非保留种类作为杂草杂木给以疏伐、灌的作业，以清除或阻止其生长，为保留的目标花卉扩大生长空间；④充分利用林地天然更新和天然整枝的自然过程，减少人为干扰和抚育投入；⑤植被恢复时遵循适地适树的原则，珍惜地力；⑥放弃大面积单纯植物的配置方式，采用自然形成的野花组合作为主要经营方式；⑦通过对林地或绿地结构的不断调整使其形成物种丰富的群落，达到接近自然状态的灌丛或花甸的结构。

野生花卉的“近自然园林”技术的主要内容可从不同方面予以阐述。第一，近自然园林的植物素材是以本乡本土的野生植物为主，实际上是落实园林设计或造林设计上的适地适树原则或利用发挥乡土植物生态优势的一种科学方法；第二，近自然园林放弃了传统园艺栽培为获得高产而采取的一系列园艺措施，只余有管理过程的人工干扰（主要是游憩活动的影响），传统的园艺栽培与抚育养护上的内容如修剪、灌溉、打药等的工作量或投入可以因地制宜地减少或取消，除非极度干旱或发生洪涝时才予以人力解决；第三，近自然园林把园艺上的人工栽植物即栽培植物转化成适地适生具有竞争优势的乡土植物，具有观赏价值的“杂草”或“入侵植物”只要不造成生态危害或不具有潜在的生态负能量，就应因势利导地保留应用，实际上是一种借助自然力进行生态保护或生态修复的生态建设路径；第四，近自然园林将森林中的所有具有审美价值的花甸、草地、灌木丛、地被群落视为园林审美的对象，扩大了旅游观光或游览游憩的资源内容，有利于发挥森林公园、保护区、农业观光园等兼有游憩价值的土地上的资源类型与数量，有利于不同景区、不同公园因地制宜进行特色创造，形成不同绿地、不同林地的特色景观；第五，对花卉的生产养护管理，就是顺应植物生长的自然规律，根据其对光照、土壤、水分等环境因素的要求进行科学的人工培植，繁殖环节尽量采取在原生地建立“原生态花卉抚育基地”，仿野生条件培育苗木进行管理，而在养护环节，让花卉按自然方式生长，不施肥催长，不打药控害，少修剪整型。

4.3.5 保护就是最节约的利用

公园与保护地、森林公园、保护区的最大区别就是对植物的人工干扰较多，其中一些干扰比如灌溉浇水、拔除杂草和修剪、踩踏，都是园艺养护中必不可少、难以消除的内容。很多引进的植物，在人工高干扰的条件下才能适应本地区的干旱、寒冷条件，才能艰难地生存成活。但是，如果公园中自然生活的野生花卉也能得到一些尊重和关爱，那它们就可以茁壮成长，成为一道美丽的景观，发挥人工植被所不具有的景观、生态价值。

某市沿黄公园自然分布有白茅群落，是公园景观“芦荡烟雨”的主要组成成分，但由于缺乏保护利用的准备，加之对场地内原有野生花卉缺乏充分认识，在不妥当的机械施工摧毁下，这些野生花卉地被荡然无存。建园两年来，经过辛勤的管理，新栽的其他植物仍不能形成全覆盖的自然景观。

因此，园林规划管理部门和规划设计部门应该反思，如能总结正反两方面的经验，在风景园林建设中可能就会事半功倍，很快体现出景观效果。

对新建的风景园林绿地，建议：①做好规划范围内的野生花卉的调查，规划设计中不仅仅是对乔木林进行保护，也不仅仅是对陡坡等不宜开发的土地的消极避让，还应对所有的林地、绿地或区域中的野生植物进行调查，列出需要保护保留的野生花卉的清单和名录，在各种具体项目的施工中尽可能地保护利用这些野生花卉。②在绿化种植施工中保留利用原有野生花卉，如锦鸡儿、委陵菜、白屈菜、牻牛儿苗、棘豆等植被，并纳入养护管理的范围，促进其自然扩繁，形成片丛。③在目前生态文明建设日益受到重视的大背景下，近自然园林的规划设计理念应贯穿于公园的规划、建设、管理与养护等全过程，保障公园成为植物多样性丰富的生态型公园。

4.3.6 野生花卉的多彩化应用（以三门峡市为例）

三门峡市野生花卉不胜枚举,其花色更是五彩缤纷,有黄色、红色、蓝色、紫色、白色等。其中，以黄色系、白色系、紫色系为主，为园林风景提供了丰富的色彩组合。园艺师们可采用不同种类的野生花卉分层种植，形成由低到高、层次分明的草花景观或乔、灌、花草立体组合景观，营造多彩的植物景观，打造特色季相或独特景观。

三门峡市黄色系的野生花卉有：连翘、迎春、黄刺玫、迎夏、蒲公英、山茱萸、黄鹌菜、苦苣苔、败酱、棣棠、野菊花、金银花、盘叶忍冬、小黄紫堇、龙牙草、小檗、少花万寿竹、野罂粟、蒲儿根、猫儿菊等；白色系的野生花卉有：长蕊石头花、山梅花、溲疏、照山白、四照花、膀胱果、铁线莲、绣线菊类、荚蒾类、华北珍珠梅等；紫色系的野生花卉有：紫堇、延胡索、桔梗、沙参、薄荷、岩黄芪、野豌豆、绣线梅、紫花苜蓿、胡枝子、杭子梢、荆条、石竹、龙胆、楝树、楸树、鸢尾、马蔺、湖北紫荆等。丰富多样的种类，为彩色地被或彩色模板的配置，提供了更多更新的材料。

4.3.7 营造四季花开的景观——三门峡市野生花卉的季相搭配与季节应用

三门峡市目前城市绿化中的花卉特别是草本花卉主要以进口种类的播种繁殖为主，主要种类以五一、十一等节庆日开花的雏菊、三色堇、石竹、一串红、菊花、万寿菊、孔雀草、矮牵牛为主，缀花地被植物主要以鸢尾、白三叶、红花酢浆草、地被月季、麦冬、细叶麦冬等为主，冬季则多以不同叶色的羽衣甘蓝为主。花卉景观营造做不到四季花开，早春和仲夏、晚秋，开花的花卉很少，绿地中缺乏四季花卉次序开放的季相景观。

野生花卉经过上百年、上千年的考验，经过了自然选择和人为淘汰，适应了北方的生长环境，抗寒、抗热、抗旱、抗病虫害能力均强，容易成活，其中很多草本花卉，为营造四季花开的园林景观提供了丰富多彩的材料和组合，配合灌木、乔木等观赏植物，可为园林增色不少，故应该充分运用。

春季（2 ～ 3 月）：婆婆纳、堇菜类、迎春、连翘、紫堇属、延胡索、白头翁、蒲公英、棘豆类、糙叶黄芪。

夏季（4 ～ 6 月）：白屈菜、小檗类、委陵菜类、海棠类、蔷薇类、毛茛类、狗舌草、大丁草、华北耧斗菜、山楂类、忍冬类、山黛豆、野豌豆、丁香类、黄鹌菜、硫华菊类。

秋季（7 ～ 9 月）：桔梗、沙参类、紫菀类、狗娃花类、马兰类、杭子梢、胡枝子类、博落回、千屈菜、猫儿菊、荆条、荚蒾类、猫儿菊、野鸢尾、百合类、绣线梅、景天类。

冬季（10 月至次年 1 月）：蜡梅、酸浆、枸杞、忍冬、金银木、天门冬类、野菊。

以上举出的部分野生花卉都是生长适应性较强的、易于在城市公园中直接应用的种类，其中任意 3 ～ 6 种进行组合，布置成花径、花境或地被模纹，或者片植，都能形成花开不断的园林花卉景观。另外，还有一些已广泛应用，如棣棠、连翘、紫丁香、黄刺玫、紫藤、迎春等；有一些可作为干花材料，如二色补血草、长蕊石头花等，在此不再赘述。

4.3.8　以野生花卉为主营造地域性的灌丛植被景观（以三门峡市为例）

在各种风景园林绿地中，各种野生花卉可以因地制宜群植、片植、带植或组成种类繁多的灌木丛，进而发展成为具有区域特征的主体植被景观，成为特色景观的主要部分。三门峡市景观植被可划分为常绿灌丛植被和落叶灌丛植被、草甸植被等三大类。

1. 常绿灌丛植被

常绿灌丛植被是亚热带和暖温带中高山上生长的一种植被类型，主要有河南杜鹃灌丛、秀雅杜鹃灌丛等，主要分布在灵宝市小秦岭山巅及卢氏县南部海拔 1 900 ～ 2 100m 的山坡或山顶上，呈片状分布。秀雅杜鹃灌丛结构简单，层次不明显，枝叶茂盛。伴生的灌丛有粉花绣线菊、箭竹、杭子梢、莸梗花等。草本有羊胡子草、地榆等。灌丛周围还有华山松、鹅耳栎、坚桦等乔木。

2. 落叶灌丛植被

落叶灌丛植被主要分为以下五种类型。

（1）以胡枝子、连翘为主的灌丛，较为常见，分布在海拔 800 ～ 1 900m 处。该类灌丛植被外貌不整齐，覆盖度达 30% ～ 40%，丛高 1 ～ 2m，枝条成丛萌生，伴随有欧洲荚迷、莸梗花、照山白、忍冬、粉花绣线菊、盐肤木、鬼见愁、溲疏、黄栌、杭子梢、悬钩子、野蔷薇、灰栒子、胡颓子等。灌丛下的草本植物主要是野古草和一些禾草及蒿类，另外还有山棉花、白头翁、地榆、龙牙草、委陵菜、鹅观草、北柴胡、黄背草、羊胡子草、黄鼠草和堇菜、山楼斗菜等。

（2）以黄栌为主的灌丛，主要分布在海拔 1 400m 以下的中低山地的山坡或山顶，呈片状或条状分布。市辖区各县均有分布。该类灌木丛植被多生于林缘或林间空地，群貌不整齐，一般高 1.5 ~ 2m，秋季呈红色。伴生的灌木有连翘、胡枝子、榛子、溲疏、槲栎（幼树）、山合欢、鬼见愁等。草本植物有黄背草、铁杆蒿、委陵菜、山棉花、羊胡子草和苍术等。

（3）以麻叶绣线菊为主的灌丛植被，分布在海拔 1 200 ~ 2 000m 的地带内，各县均有该类灌丛。麻叶绣线菊灌丛生长稠密，通行困难，生命力强，覆盖度在 80% 以上，株高 1 ~ 3m。伴生的灌木为鬼见愁、六道木、黑果栒子、杭子梢、山梅花和悬钩子等。草本植物主要是羊胡子草、地榆、雀麦和北柴胡等。

（4）以连翘为主的灌丛植被，分布于陕县、渑池县、灵宝市和卢氏县海拔 1 300m 以下的中低山及丘陵地带的荒山坡和林间空地，萌生能力强，耐干旱和贫瘠。伴生灌丛有黄栌、盐肤木、映山红、芫花、白鹃梅等，其他还有山梅花、野山楂、野蔷薇、胡枝子、悬钩子、粉花绣线菊、灰栒子、榛子、酸枣和荆条等。草本层则有羊胡子草、漏芦、山棉花、桔梗、白羊草、黄背草、鹅观草、歪头菜、委陵菜和苍术等。

（5）以荆条、酸枣为主的灌丛植被，广泛分布于辖区海拔 800m 以下的低山丘陵区。灌丛外观参差不齐，呈灰绿色，覆盖度低，仅 20% ~ 30%，株高 0.5 ~ 1m，混生灌木有枸杞、杠柳、扁担杆子等，其他还有少量的棠梨、盐肤木和黄栌等。草本主要有白羊草、黄背草、荩草、鸡眼草、狗尾草，其次还有黄精、小白酒草、茜草、白茅和委陵菜等。

3. 草甸植被

草甸植被是观赏草的乡土表现类型，主要包括以下五种类型。

（1）以羊胡子草为主的草甸植被，分布于卢氏县和灵宝市海拔 1 000 ~ 2 000m 的山地上，羊胡子草草甸分布广泛，较为集中的是卢氏县的大部地区和灵宝市的小秦岭地区。适宜生长的环境是山坡的背阳面阴湿地带。羊胡子草草甸是森林或灌丛植被破坏后而形成的次生草甸，覆盖度大小不一，一般在 30% ~ 90%，株高 20 ~ 30cm。伴生的草本种类主要有白羊草、鹅观草、荩草、野菊花、柴胡、白茅、桔梗、东风菜、地榆、黄蒿和山萝花等。在草甸中还有槲栎、华山松、六道木、粉花绣线菊、鬼见愁、溲疏和忍冬等乔木灌丛的生长。

（2）以黄背草为主的草甸植被，分布范围极广，是三门峡市低海拔山坡最常见的草本群落，生长在辖区海拔 1 200m 以下的山坡，覆盖度在 40% ~ 85%。可成片生长，阴坡土壤水分条件好的地段长势良好，阳坡则相对稀疏矮小。黄背草生长群落结构可分为高低 2 层。高层以黄背草、白茅和白羊草为主构成，草甸高度一般为 70 ~ 100cm，此层中还混生有龙牙草、雀麦、狗尾草、野古草、鬼针草和截叶胡枝子等。低草层构成种类主要是禾草类和一些双子叶植物，通常株高 15 ~ 30cm，有荩草、羊胡子草、米口袋、委陵菜、鸡眼草、紫花地丁、泽漆和夏枯草等。

（3）以白羊草为主的草甸植被，多分布在海拔 400 ~ 800m 的丘陵、低山地带，土壤较瘠薄干旱的地方。主要集中在荒山丘陵和路旁、山沟，水土流失严重的区域常见。山坡的阳坡和背坡均有生长，但以阳坡及丘顶生长较好，同白羊草混生的草类有蒿类（主要是艾蒿、茵陈蒿和铁杆蒿）、鸡眼草、翻白草、白茅、雀麦、黄背草、鹅观草、画眉草、狗尾草、委陵菜、野薄荷、阿尔泰狗哇花和达乌里胡枝子等。该草甸散生有芫花、酸枣和荆条等灌木丛。

（4）以蒿类为主的杂草草甸，主要分布在中低山和丘陵河谷地带，分布基本同白羊草草甸相似。集中地主要有灵宝市的小秦岭、燕子山，卢氏县的杜关、五里川，湖滨区等。此外，在本区的荒丘、路旁、沟谷均可见到。蒿类适应性强，阴坡、阳坡及各类土壤均可生长，与其他草本混生，与其混生的草类主要有白茅、狗尾草、白羊草、山棉花、火艾、铁杆蒿、黄背草、野菊花、千里光、羊胡子草和萹蓄等。另外，丛生的灌木有荆条、野刺玫和酸枣等。

（5）以长芒草为主的草甸植被，分布基本同蒿类为主的杂草草甸相似，多分布于中低山阳坡、山顶，十分耐旱，混生草类很少。丛生的灌木有荆条、野刺玫等。

4.3.9 野生花卉在风景林营造中的配置选择（以三门峡市为例）

生态建设中景观林营造是造林规划设计中的一个主要内容。在以乔木为主的风景林营造中，乔、灌、花草的搭配是景观林景观效果持久永续的主要措施，但是，乡土野生花卉配置需结合区域性的植被类型来进行，应效法自然，根据植被类型因地制宜选择野生花卉的种类，科学完成风景林营造。

三门峡市的野生花卉的分布与三门峡市植被地带性有着密切的关系，是海拔、光照、土壤、水文条件等区域性因素和植被特色的综合反映，在农业综合开发、乡村旅游开发和森林公园开发等项目的植物景观建设中，尽量保护留用原有特色植被，同时采用自然植被的混交配置方式，根据植被的不同类型选择配置不同种类的野生花卉，形成富有地带性特点的植被类型。营造的地带性植被景观可作为大地园林化的主体绿化景观，既体现豫西地区的植被特点，也展现野生花卉的生态价值与旅游价值。

1. 野生花卉与落叶阔叶林类型植被配置应用

（1）野生花卉与以栎类为主体的植被的搭配配置。在卢氏、灵宝、渑池等县市海拔 800 ~ 1 850m 的山地，分布着以槲栎、锐齿栎为主，伴生有栓皮栎、千金榆、白桦、山杨和五角枫等树种的栎林。在 1 200 ~ 1 800m 的栎林中野生花卉比较丰富，其中灌木种类主要有悬钩子、野蔷薇、连翘、映山红、胡枝子、杭子梢、秀雅杜鹃、麻叶绣线菊、六道木、绣线菊、山梅花等；草本植物有羊胡子草、地榆、山麦秸、蕨类、四块瓦、唐松草、芒、龙牙草、蒿类、菊科和唇形科等植物种类。以上这些野生花卉可以在栎林下或林缘广泛应用。

（2）野生花卉与以栓皮栎为主的栎树植被搭配。在卢氏县、灵宝市、陕县和渑池县境内，海拔 500 ~ 1 200m，分布着以栓皮栎为主，伴生有槲栎、锐齿栎、化香、栗、山槐、棠梨、五角枫等其他乔木。植被下混生有灌木层，主要有胡枝子、连翘、鬼见愁、三桠乌药、杭子梢、黄栌、忍冬、小檗、粉花绣线菊、溲疏、胡颓子、野蔷薇、西北栒子、荆条、野山楂等；灌木层下的草藤本有白茅、荩草、山棉花、火艾、唐松草、披针苔草、鹅观草、委陵菜、野菊花、艾蒿和鸡眼草等。以上这些野生花卉可与栓皮栎一起，形成栓皮栎景观。

（3）野生花卉在杂木林植被中搭配。以山杨、白桦为主的杂木林植被多呈片状零星分布在海拔 1 000 ~ 1 600m 的向阳缓坡上，常伴生有槲栎、千金榆、栗和栓皮栎等，野生花卉如羊胡子草、蒿类、山棉花、唐松草、黄精和北柴胡、芒等可以作为杂木林植被的下层植被，形成完整的杂木林植被景观。

2. 野生花卉与针叶林植被搭配应用

针叶林植被包括华山松林植被、太白杉林植被、油松林植被、白皮松林植被、侧柏林植被，这些不同的针叶林植被可与不同的野生花卉配置形成良好生长的针叶林植被景观。

（1）华山松林植被。华山松是三门峡市高山地带常见的针叶林，多分布在海拔 1 500m 以上的地段。林内伴有白桦林、五角枫、千金榆、太白冷杉等。考察发现，华山松林植被林下野生花卉（灌木层）较密，主要种类有杭子梢、胡枝子、箭竹、莸梗木、照山白、悬钩子、秦岭小檗、西北栒子、卫茅、荚迷、忍冬、粉花绣线菊等灌木类花卉。草本层主要有羊胡子草、披针苔草、北柴胡、野古草、地榆等。

（2）太白杉林植被。太白杉林植被主要分布在灵宝市的小秦岭地带、卢氏县淇河海拔 1 850m 以上的山地，片林不多，面积较少，林相不整齐，伴生有华山松、白桦、千金榆、红桦、鹅耳枥等。林缘有锐齿栎和华山松林混交林或华山松林。林下灌木层以秀雅杜鹃和箭竹为主，还有灰栒子、胡枝子、照山白、六道木等。常见的草本植物有鬼灯檠、糙苏、地榆、野古草、茜草、黄精、唐松草、蕨类、天南星、落新妇、山耧斗菜、柴胡等。此外，因环境湿润寒冷，常有藓类和地衣生于树枝、树表或潮湿地面及岩石上。

（3）油松林植被。油松林植被主要分布在卢氏县、陕县南部和灵宝市的小秦岭中低山地，以及海拔 800 ～ 1 500m 的阳坡或半阳坡上。油松多为纯林，有时也与栓皮栎混交，甚至局部地区也有山杨占优势。伴生有槲栎、锐齿栎、五角枫、漆树、盐肤木和白桦等。林下灌丛主要是粉花绣线菊、美丽胡枝子、野山楂、灰栒子、棠梨、胡颓子、黄栌、欧亚绣线菊、君迁子、野蔷薇、连翘、珍珠梅等。草本种类较少，主要为苍术、山棉花、羊胡子草、野古草、茜草、蒿类、柴胡、白茅、龙牙草、早熟禾、白头翁和委陵菜等。

（4）白皮松林植被。白皮松林仅见于灵宝市朱阳镇一带，生长于海拔 1 200 ～ 1 400m 的山坡、山沟和山顶。伴生树种有油松、栓皮栎、桧柏等，林下灌木可选配胡枝子、连翘、黄栌、欧亚绣线菊等，可选配的草本主要有野古草、白茅、黄背草、山棉花、白头翁、桔梗、苍术和沙参等。

（5）侧柏林植被。侧柏林植被分布在海拔 1 000m 以下的低山、丘陵区。树种较纯，但也有伴生树种，如白榆、杨树、构树、臭椿、旱柳、栓皮栎、盐肤木、栾树、黄连木、苦楝等。灌木可选配棠梨、黄栌、悬钩子、野蔷薇、溲疏、胡枝子、酸枣、枸杞、荆条、连翘等。草本则选配黄背草、白羊草、白茅、狗尾草、狗牙根、蒿类、马唐、荩草、黄花蒿、铁线莲、米口袋、白茅和阿尔泰狗哇花等。

3. 野生花卉宜与针阔叶混交林植被搭配应用

野生花卉与针、阔叶混交林植被的配置应用可分为两种类型：

（1）用于油松、栓皮栎混交林植被。多分布在海拔 1 500m 以下的中低山地和沟谷以及山脊上。林下野花较稀，宜选配黄栌、胡枝子、连翘、灰栒子和映山红等，草本花卉选用羊胡子草、柴胡、山麦秸、地榆等。

（2）用于华山松、栎类混交林植被类型。主要分布在卢氏县的玉皇尖、淇河和灵宝市的小秦岭等海拔 1 700 ～ 1 900m 的地带内。可搭配的灌木以杭子梢为主，其次还有忍冬、溲疏、三椏乌药、欧亚绣线菊等。草本有羊胡子草、山萝花、地榆、鬼灯檠、莛蒁、唐松草等。

4.3.10 森林公园的野生花卉——有待开发的旅游景观资源

休闲旅游成为越来越多人的一种高端生活方式，郊野旅游、原生态旅游、健身游等，都离不开植被茂盛的山林景区。但山林中很多的野生花卉却不为人所知，一些景区虽然对树木挂牌做了一些植物学宣传普及，但仅仅是对一些高大乔木和古树名木、珍稀濒危植物进行普及，对花甸、耐阴植物和地被却很少挂牌指示和讲解。实际上，很多不起眼的野生花卉，成片成丛地分布于路边、林缘、山涧、溪边，如小秦岭保护区老鸦岔附近成片分布的杭子梢、华西银露梅、类叶升麻、岩黄芪、尼泊尔蓼、大苞景天、陕西瑞香等，一片片，一丛丛，本身就构成一幅很美的天然图画，是公园绿地中人工栽植的各种地被景观所不及的自然景观。

没有量就没有美——野生花卉的自然分布说明了花卉应用要达到撼人效果的设计规则。认识到野生花卉的景观价值，简单地给它们一个让游客认识它们的机会，保护或管理时在一些区域中适度地剔除其他野生植物，因势利导随机营造大面积的花境、地被、茂林、花海等特色季相，野生花卉就成为大自然馈赠给人类的一处美景，为景区增色，为景观增值，为旅游增效。

4.3.11 不同生境条件下的野生花卉应用

（1）野生花卉与环境开发结合，以保护作为利用方式，用于旅游产业的整体开发。森林旅游是旅游业新的热点，具有广阔的发展前景。野生花卉在森林旅游中的作用十分重要。一般地，在林下、林缘、草甸、山涧、路旁等游客可近距离观赏的林地小环境中，都点缀着色彩斑斓、婀娜多姿的野生花卉，如能通过适度的人工定向抚育管理措施，如删除不具有观赏性的其他草本植物，收集利用原地生长的野生花卉种子或种球就地扩繁形成片状、带状花卉景观，减少园艺花卉在森林旅游景区中的应用等，都能给森林景观增添富有地方特色的无限魅力。因此，在森林旅游中重视野生花卉的保护和利用是森林旅游特色景观建设的一个方向。如山西五台山、北京百花山等利用丰富的野生花卉，开展草甸生态旅游，就是保护与开发结合的可贵探索。

（2）利用野生花卉种质资源培育花卉新品种。一些野生花卉具有丰富的变异类型，这些类型可作为遗传研究材料和特定性状育种的杂交亲本，用于新优园艺花卉的选育，这是野生花卉利用的主要途径之一。近十多年来我国利用野生资源在牡丹、芍药、菊花、百合、金花茶等植物中已成功地选育出一些优良品种。特别值得一提的是利用野生菊花与早菊远缘杂交育成抗逆性强、低矮密花、五彩缤纷、耐粗放管理的地被菊新品种 10 个以上，证明了野生花卉种质资源不可估量的应用潜力。

（3）在风景园林绿地中的非林地、林地或干旱区域，不同色彩、质感、形态的野生花卉（主要是灌木和藤本植物、观赏草）可应用配置成植物专类园、花篱或花境，构成园林主景，营造出或艳丽，或素雅，或自然野趣的环境景观。

公路边坡土壤恶劣，干旱缺水，一般可种植色彩艳丽的宿根花卉，如博落回、荻、大火草、大芽南蛇藤、野菊等较适宜环境恶劣的公路边的生态绿化美化，是水土保持、荒坡绿化的优良材料。又如绣线菊属、栒子属的一些种类抗旱性强，喜光，耐贫瘠土壤，根系发达，可作为荒山绿化的先锋树种，起到固沙及水土保持的作用。

黄海棠、长蕊石头花、野菊、紫菀等野花，花蕾期长，花量大，发枝力强，耐修剪，用作开花绿篱、树球、庭院树的效果很好，其观赏效果是许多灌木难以企及的。

紫斑风铃草、黄海棠、鼠尾草、华北耧斗菜、费菜（景天三七）、商陆、大苞景天、荷青花、大花金挖耳、蒲儿根、紫花碎米荠、类叶升麻等，适合作为耐阴花卉，铺植于各种落叶林下，花开时形成色彩鲜艳的花卉景观，日常又是地被材料，能形成良好的地被景观。而猫儿菊、胡枝子属、木蓝属、百合属等的野生花卉，却又适合于向阳地段生长，作为地被材料配置于草坪或树丛的向光部位，将为环境增色不少。

绣线菊属、小檗属、铁线莲属等种类较多，花期虽有早有晚，但各个种类均冠形优美、花蕾鲜艳，花开时满树繁花，既可以孤植或片植，形成绿篱或花篱，还可以将不同种类配置于一园，形成植物专类园。

黄海棠、蒲儿根、猫儿菊、粉花绣线菊、黄芩、鼠尾草等花色艳丽，可以作为园林主景配置于景区重要地段，或形成最鲜艳的鲜花模纹组合。

不论何种环境，花境是草本类野生花卉应用最佳的配置形式。花境具有植物品种丰富、色彩搭配突出、丰富地表景观的特点，相较于普通的绿化方式，花境对于节点绿化的提升，能起到更显著的效果，进而提升环境的整体质量。

（4）多年生野生花卉一次种植多年收益，一二年生的野花自播自繁能力很强，均可就近采种应用于新建园林景区中，且应用难度很小。在低养护或适度的养护条件下，野生花卉十分适合在农业观光园、采摘园、近郊公园或郊野公园，湿地保护区的林下、林缘或道路边，采用林缘自然式种植，成片栽植于路边或林缘，构成自然曲折变化的曲线，营造自然优美的林缘线，观光与生产两不误。

（5）招蜂引蝶，形成极具生趣的生态景观。费菜（景天三七）、绣线菊、魁蓟、刺儿菜等是良好的蜜源植物，是营造城市园林中蝴蝶栖息地的好材料；樱桃类、栒子类、蔷薇类、忍冬类等花灌木，可为鸟类提供食物，是营造鸟类乐园的好材料。这些植物不仅能够吸引蝴蝶和蜜蜂等昆虫或小鸟，为城市园林景观增加生趣，而且也提高了城市生物多样性。

4.4 野生花卉的文化价值及其开发

4.4.1 诗歌中的野生花卉文化

野生花卉在农耕文明时代是田园生活中的常见植物，中国古代的劳动人民对野生花卉的欣赏从远古时代就开始了，并留下了灿烂的野生花卉欣赏篇章，散见于各种典章诗篇中。“不读《诗经》,不知万物有灵。”先秦时代的诗歌总集《诗经》中的很多内容就和野生花卉有关。如今读来，也能感觉到先人寄托在野生花卉盎然诗意中的心灵颤抖，对生活的热爱，对人生的思索，对宇宙的探索，对灵魂的寄托，对真理的求索，对药用价值的挖掘。这些内容构成了民俗传统的潜意识心理，形成了中药文化这一宝贵的文化遗产，是风景园林规划设计的良好素材。

《诗经》中有很多篇章，借助野生花卉的形象特点，用赋比兴的修辞手法，铺叙情事、托物言志，留下了脍炙人口的千古名句，影响了后世文人墨客对野生花卉的感情与认知，形成了丰富的野生花卉文化。以下略举几例，权当例证。

（1）荇菜：洁净清澈的标识物。

“参差荇菜，左右流之。窈窕淑女，寤寐求之。”（《国风·周南·关雎》）以荇菜暗喻令人向往、迷恋的“窈窕淑女”。荇菜是水环境的标识物，荇菜所居，清水潺潺；污秽之地，荇菜无痕。

《颜氏家训》指出：“今荇菜是水有之，黄华似莼。”也是训导族人，行世要有清澈之心。

（2）莼菜：轻快生活中的妙趣食物。

“思乐泮水，薄采其茆。”（《鲁颂·泮水》）其中的“茆”就是莼菜，一种鲜美滑嫩的珍贵蔬菜。轻快地采摘绿莹莹的莼菜，体现了彼时彼刻的那位古代女子轻松的心态。

（3）白茅：美女的象征，或贫寒的象征。

“茅”是古人身边最自然普通的花卉植物，然“野有死麕，白茅包之。有女怀春，吉士诱之”。（《国风·召南·野有死麕》）以白茅起兴，虽描述的只是“拿起白茅包起射杀的死鹿，对怀春的女子要大胆追求”的生活场景，但这两情相悦的最动人画面，是以“白茅”为背景渲染出来的洁白、柔顺的女子为中心的。古代，白茅是洁白和柔顺的象征。茅之嫩茅，又称“荑”；美女洁白如玉的双手，则称“柔荑”。

“茅”是古人身边最自然普通的草本植物，也是身份的象征。杜甫的《茅屋为秋风所破歌》中的白茅：“八月秋高风怒号，卷我屋上三重茅。茅飞渡江洒江郊，高者挂罥长林梢，下者飘转沉塘坳。”“茅屋”，写尽了寒士的贫寒，反衬出“愿天下寒士俱欢颜”的千古热肠。

（4）黍：故国家园的身影，心灵栖居的根据。

“不读《诗经》，不知万物有灵。”诗经的花草树木都有着千载万世悠悠不绝的“灵魂”。“离离”之“黍”指的是茂盛的谷子，最初就是“狗尾巴草”。自从西周逃亡之臣咏叹出“彼黍离离，彼稷之苗。”之后，其后挥之不去的怆然就随之而来，“行迈靡靡，中心摇摇。知我者，谓我心忧；不知我者，谓我何求。悠悠苍天，此何人哉！”（《国风・王风・黍离》）让天下知己难遇的叹息，在千年来的历史长河中不断地吟唱，让后世之人挥之不去，缭绕而不绝。

普普通通的草，摇曳多姿，勾起几多人烟雨苍茫的情怀。

（5）萱草（忘忧草），今天的青春少年都知道萱草的“花语”是“爱的使者”，其根源就在于《国风・卫风・伯兮》，“焉得谖草，言树之背。愿言思伯，便我心痗。”

（6）山桃：美丽又欢快的憧憬。

桃花盛开总是十分美丽，引人向往。这个美丽来源于《国风・周南・桃夭》。这首诗每章首句以满树桃花为起兴，为整首诗歌奠定了欢快的基调。“桃之夭夭，灼灼其华。之子于归，宜其室家。”最美的是桃花春风中出嫁的女子，是春色烂漫中对幸福的憧憬。

（7）芣苢（车前子）：古代女子期盼多生孩子的期望之物。

很多现代人不稀罕的车前子在古代给女子们带来的欢乐是难以描述的，“采采芣苢，薄言采之。采采芣苢，薄言有之。采采芣苢，薄言掇之。采采芣苢，薄言捋之。采采芣苢，薄言袺之。采采芣苢，薄言襭之。”（《国风・周南・芣苢》）该诗中反复提及的“芣苢”即车前子，是那个时代的一种据说能使女子多生孩子的良药，是多子多福的福音。女子们祈求多子多福，因而“采采芣苢”，内心的向往激发着田园女子勤快劳动的乐趣，欢乐的歌声伴随着称心如意的渴望，繁衍不息的追求。

（8）蕨菜：一个永恒美妙的季节。

“陟彼南山，言采其蕨。未见君子，忧心惙惙。亦既见止，亦既觏止，我心则说。”（《国风・召南・草虫》）蕨，体现了一个两情相悦的季节，代表着一片繁衍生息的热土，反映了自然奔放与清净无邪相容相谐的美丽天地。

（9）杜梨：对勤政爱民的“召公”的爱戴之情。

“蔽芾甘棠，勿翦勿伐，召伯所茇。蔽芾甘棠，勿翦勿败，召伯所憩。蔽芾甘棠，勿翦勿拜，召伯所说。”（《国风·召南·甘棠》）这里的甘棠，指的是山野梨，豫西山区称之为棠梨，植物分类学上则应是“杜梨”。诗中的召伯就是后世所言的召公，是中国实行德治廉政的始祖。诗中反映了老百姓对召公的爱戴，连其曾在其下休憩的棠梨树也不让砍伐。

（10）苦菜和荠菜：悲喜合鸣的人生滋味。

苦菜花和荠菜是中国农村最常见的野菜，在《国风·邶风·谷风》中“谁谓荼苦？其甘如荠。宴尔新婚，如兄如弟”，“苦菜”走进了诗歌殿堂。它曾是黄河大地上老百姓的吉年的小菜，荒年的主食。苦菜不畏荒蛮，遍野得生，体现的不仅仅是植物本身的属性，也是中华文化衍生背景的一部分基质。

（11）荻与芦苇的美丽之伤：《蒹葭》中的千古吟唱。

荻与芦苇，哪一个美丽？读一读《国风·秦风·蒹葭》吧：

蒹葭苍苍，白露为霜。所谓伊人，在水一方。溯洄从之，道阻且长。溯游从之，宛在水中央。

蒹葭萋萋，白露未晞。所谓伊人，在水之湄。溯洄从之，道阻且跻。溯游从之，宛在水中坻。

蒹葭采采，白露未已。所谓伊人，在水之涘。溯洄从之，道阻且右。溯游从之，宛在水中沚。

诗中的“蒹葭”，蒹为荻，葭为初生的芦苇。一位作家，把《蒹葭》演绎为如下的白话诗：

芦苇密密又苍苍，晶莹露水结成霜。我心中那好人儿，伫立在那河水旁。逆流而上去找她，道路险阻又太长。顺流而下去寻她，仿佛就在水中央。

芦苇茂盛密又繁，晶莹露水还未干。我心中那好人儿，伫立在那河水边。逆流而上去找她，道路崎岖难登攀。顺流而下去寻她，仿佛就在水中滩。

芦苇片片根连根，晶莹露珠如泪痕。我心中那好人儿，伫立在那河水边。逆流而上去找她，路途艰险如弯绳。顺流而下去寻她，仿佛就在水中洲。

你向往荻与芦苇吗？读到此诗，每个人都会神往“蒹葭苍苍”的。

（12）“蓍”的多样形象。

1）古人算卦占卜工具。“蓍”是古代神坛上的灵物。《国风·曹风·下泉》中写了祭祀中的场景：“冽彼下泉，浸彼苞稂。忾我寤叹，念彼周京。冽彼下泉，浸彼苞萧。忾我寤叹，念彼京周。洌彼下泉，浸彼苞蓍。忾我寤叹，念彼京师。芃芃黍苗，阴雨膏之。四国有王，郇伯劳之。”大意是说，“郇伯”（或郇侯，周文王之子）在一年里特定的时刻，主持祭祀天地的大礼，蓍草在术士吟唱声里熊熊燃烧，烟气缭绕，在祭坛边聚拢成紫色的雾幛，这种千年难遇的征兆，说明周朝有神灵保佑，英杰辅佐，繁荣强盛，京都令人怀念。这说明在西周时蓍草已经登上神坛。

2）启发了“锯”的发明。“蓍”别名锯齿草，据说，有一天木匠的祖师爷鲁班在林子里行走时，被叶边带硬齿的锯齿草擦伤了脚脖子，他认真观察、仔细思考后，发明了锯。锯的发明，让乔木和灌木的繁殖和生长速度跟不上它的死亡速度了。

3）一种中药。蓍有药用价值，被毒蚊、毒蛙、毒蛇咬伤，将锯齿草放嘴里嚼碎后，把碎末涂到伤口上，可以消肿去瘀。

（13）枸杞子：一种保健良药。

几乎百利而无一害的茄科枸杞子，在我们的生活里无处不在，是人们非常熟悉的厨房佐料、治病良药。枸杞子进入人们平常生活的饮食，应该是从非常久远的年代就开始了。《诗经·小雅·鹿鸣之什·杕杜》就提到了枸杞，“陟彼北山，言采其杞。王事靡盬，忧我父母。”

枸杞全身是宝。枸杞子性味甘，平，能养肝，滋肾，润肺，坚筋骨，轻身不老。枸杞叶性味苦，甘，凉，能补虚益精，清热明目。

（14）葛藤：铺天盖地的蔓延与思念。

托物寄情，以野生花卉歌咏不尽的相思，《王风·采葛》中，“彼采葛兮，一日不见，如三月兮！彼采萧兮，一日不见，如三秋兮！彼采艾兮，一日不见，如三岁兮！”

诗中，葛就是豆科中的蔓生植物葛，生命力极强的藤本植物；萧，就是青蒿，有香气，古时用于祭祀；艾就是今天的艾蒿，菊科植物，可制艾绒灸病。不论是情人相思，还是朋友相念，一唱三叹中，希望朝夕厮守而不分离，短暂分别也似乎时光漫长的情感，呼之欲出。拨动千古读者心弦的“一日三秋”的成语，就此永不消退。

以上所述仅为《诗经》中的野生花卉的一部分。野生花卉作为五千年农耕文明历史中不可或缺的一个生命材料，可以作为中药，可以作为救灾野菜，其俗名，其别称，都记录着野生花卉在中华文明史上积淀的记忆，有待有识之人去挖掘。

4.4.2 野生花卉综合价值的创新认识（以瓦松为例）

瓦松属（*Orostachys*）植物是一类较奇特的植物。瓦松属的属名由希腊语 oro（山）和 stachys（穗状）组成，意为在山地生长而盛开穗状花序的植物。其代表种瓦松，常见于我国农村旧房破屋上的瓦片间隙，因其株型呈尖塔形、全株粉绿色似松，在我国得名“瓦松”。初唐崇文馆学士崔融曾作《瓦松赋》，其自序云：“崇文馆瓦松者，产于屋霤之上……俗以其形似松，生必依瓦，故曰瓦松。”又因其肉质肥厚，翠绿欲滴，有人称之为“胖娃娃”。瓦松还有很多别名，石莲花、屋上无根草、向天草、瓦花、厝莲、干滴落、猫头草、瓦塔、天蓬草、瓦霜、瓦葱、酸塔、塔松、兔子拐杖、干吊鳖、石塔花、狼爪子、酸溜溜、瓦宝塔、瓦莲花、岩松、屋松、岩笋、瓦玉、瓦花和千手观音等，都分别透露了瓦松的独有特征。

瓦松在中国传统文化中多是寄居高位的象征。唐代诗人李晔《尚书都堂瓦松》咏瓦松：“华省秘仙踪，高堂露瓦松。叶因春后长，花为雨来浓。影混鸳鸯色，光含翡翠容。天然斯所寄，地势太无从。接栋临双阙，连甍近九重。宁知深涧底，霜雪岁兼封。”寄托自己想依托权威寄居高位处庙堂之上的想法。

瓦松在今天普通中国人的心里是一种平凡而又伟大的小草，寄予了中国人甘于平凡、顽强抗争、生生不息、特立独行的人文精神。现代民间诗人陈村顽做了首《七绝・瓦松》：“瓦缝立身何畏艰？玉躯也敢傲霜寒。莫叹不敌青松伟，风格从来无二般。”又咏：“琼枝浑似不经风，赤胆何妨济世穷。利斧骄阳双洗礼，一株灵药荐神农。”这些诗都表现了瓦松平凡中蕴蓄着伟大的精神魅力。

今天，瓦松更多是寄予国人对古老家园的想念和追忆。鲁迅《野草・颓败线的颤动》讲到“但也看见屋上瓦松的茂密的森林”，隐约流露出对已颓败逝去的时光的眷恋。随着城市化的发展，那栋栋世代居住的老房子在慢慢消失，老房子上、老院墙上的顽强的生命，如宋代陆游《山寺》诗所说的“林深栗鼠健，屋老瓦松长”的景象，与成片的古树名木、无数的普通人一样，消失在工业化城市化的大潮中。只是时光轮回，城市屋顶上，将来可能是瓦松最宽广的集聚之地；瓦松，将为城市的热岛效应降温去火，缀绿绣锦。

以上所述仅仅为浩瀚的花卉文化海洋中的一滴，远远不能反映丰富多彩的野生花卉所具有的丰富深厚的文化内容。在中国五千年的历史文化长河中，野生花卉还是治病救人的中药材，是饥荒年代救灾救荒的活命食粮，是昔日盘桓于餐桌边缘的佐味小菜，是今日日益受到大众追捧的保健食品，是人与自然割不断的千丝万缕的联系。其传说，其俗名，其别称，都记录着野生花卉在中华文明发展中积淀的无数记忆，是“至今仍保持着原初或历史过程中的使用功能的遗产”，是一种“活态遗产”，一种自然文化遗产，一种无形文化遗产。在现代化的进程中，我们不应丢弃野生花卉，应该整理挖掘，发扬光大，让野生花卉盛开到城镇，铺满在道旁，摇曳在田野，灿烂在庭园中。

第5章

野生花卉研究的一些思考

5.1 野生花卉资源调查与植物资源普查有联系也有区别

河南野生花卉研究从花卉文化和行业习惯入手，准确界定了野生花卉的概念，澄清了花卉、观赏植物与野生花卉、植物之间的关系，提出了具有操作性的“野生花卉野外甄别四标准”，有利于野外调查与判断操作。

植物资源调查重点在植物种类的存在与否，而野生花卉资源调查重点在于对植物是否具有观赏价值及其价值高低的判断。植物资源调查是基础，花卉资源调查必须有反映其观赏价值的信息资料，是植物资源调查的一个专项工作。

5.2 影像记录必须有标本采集、科学辨识作为调查的基础

采用影像记录和标本采集同步的信息采集方法，对准确辨识花卉植物种类，进而摸清花卉资源家底，掌握野生花卉的观赏价值十分有利。因此，野生花卉资源调查，应该有植物分类学方面的专业人员参加，否则，调查工作中的鉴定工作将是十分艰巨繁重的。

只有以田野实地调查为前提，通过点、线、面相结合，全面普查与系统观测并举，采用影像记录和标本采集同步进行的资源数据信息采集技术，才能记录、查明野生花卉资源的基本情况，才能更直观地掌握野生花卉的观赏价值，更准确地掌握野生花卉资源的家底，掌握野生花卉资源的种类、种群形象、生境特点、分布、蕴藏量等基本信息。

5.3 野生花卉调查离不开影像记录

只有采用影像拍摄的方法，才能展示每一种野生花卉的科学、艺术价值。本

文所述的调查，在河南历史上第一次对野生花卉种质资源进行了全面的记录，拍摄数码照片 10 万余张，基本能展示每一属或种的野生花卉的美丽形象、观赏价值，再现深山中人们所不知、不识的野生花卉的形象，为推广野生花卉，编纂《河南野生花卉图鉴》积累了大量素材，为编写辨识、应用野生花卉的工具书《河南野生花卉图鉴》奠定了资料基础，是一项野生花卉资源开发利用的基础工程。

5.4 定性与定量结合的多层次分析法是一个良好的决策工具

通过多层次综合评估，以 AHP 法（层次分析法）为主要工具对初步筛选出的野生花卉进行价值评估，从 1 600 种野生花卉中筛选出生态幅度宽广、具有较强适应性、适用于城镇风景园林的河南优良野生花卉 100 种，其判断与分析过程，说明以 AHP 法为主的多因素多层次综合评估法具有良好的实用性。

5.5 “近自然园林”是理念，也是技术措施，是生态文明的实践

以南方红豆杉保护繁育、文冠果保护繁育和三门峡市涧南公园、上阳苑野生花卉应用作为具体示范案例，意在总结野生花卉资源分类应用的定位原理、资源保护结合种质资源圃建设与采种扩繁的扩繁路线和“近自然园林”的应用技术路线。

三门峡市涧南公园、上阳苑的保护保留与近自然园林利用等实例，说明“近自然园林”的绿化养护是一种普及应用野生花卉的捷径，示范实践取得了良好的景观效果。

野生花卉应用有两种简便路径：一是可以通过人工干预在原生境、相近生境或森林公园、郊野公园、农业观光园中采用花甸、花篱、地被、林下地被等应用形式、片状分布或丛植方式等配置方式推广应用野生花卉，该方式节约成本，可以避免大规模引种驯化造成的种源流失或生境破坏。二是保护优先，避免大拆大建的建设方式，只要改变对“杂草”的传统认识，以具有生态兼具观赏的价值评价非栽培植物，实现变废为宝的应用，田间杂草也会变成点缀装饰大地的节能、节地、节约成本的园艺花卉。

三门峡市的涧河公园应用自然侵入的野花，营造阿拉伯婆婆纳地被 870m^2，绢毛匍匐委陵菜地被 480m^2，巴天酸模地被 160m^2，地锦地被 126m^2，无瓣繁缕地被 170m^2，蛇莓地被 280m^2；三门峡市甘山森林公园中保留利用大花金挖耳、

紫堇等草本花卉，营造出了清幽自然的景区小环境；很多河道、湿地利用野生芦苇营造湿地景观。这些野生花卉应用案例是“近自然园林”的载体，取得了良好的景观效果。

基于丰富多彩的野生花卉资源发展而成的“近自然园林”理论，既是一种理念，也是一种种植景观建设手段，更是一种园艺养护措施，是尊重自然、顺应自然、保护自然的生态文明理念在风景园林的技术实践，是坚持节约资源和保护环境的基本国策的管理实践，是坚持节约优先、保护优先、自然恢复为主的生态建设方针的技术路线。

第 6 章

野生花卉应用的综合效益

6.1 野生花卉应用具有巨大的经济效益

野生花卉在一些公园中的“近自然园林”应用，降低了绿地建植费用，每年节约的养护费用不少于百十万元；南方红豆杉繁育技术，每年草木销售可达百万元；文冠果繁育，每年都取得了实实在在的经济效益。

一些苗木公司引种繁殖了忍冬类、荚蒾类、糯米条、六道木类、蔷薇类、棣棠、流苏、蝟实、绣线菊类、醉鱼草类、木蓝类、锦鸡儿类、胡枝子类、小檗类、海棠类、花楸类等适应性强、扩繁技术比较容易的野生花灌木苗木，生产桔梗、落新妇、佛甲草、垂盆草、大花婆婆纳、华北蓝盆花等多种野生草本花卉地被，均取得了良好的经济收益。

实践说明，具有较强适应性的野生花卉推广应用可为 21 世纪的花卉产业带来更高更好的经济效益。普及宣传推广野生花卉资源，使花卉苗木企业了解、熟悉和掌握各种野生花卉，引导花木企业实行差异化发展战略，发展特色苗木，因地制宜开展引种扩繁试验和生产应用，丰富花卉苗木的种类，可逐渐推动花卉苗木企业的产品结构更趋合理，提高差异化发展水平，降低了企业同质化竞争的经济损失，增加收益，提高产品竞争力，并为风景园林源源不断地提供上百上千种的新优种类，丰富了风景园林的景观多样性，受到了景观设计师、各地公园和房地产企业的欢迎，可形成种质资源保护、花卉苗木生产与风景园林规模化应用的良好产业链条，促进花卉产业的发展壮大。

根据《河南省花卉产业发展规划（2009—2020 年）》的统计，截至 2008 年底，河南省花卉种植面积 141.26 万亩，花卉销售额达到 54 亿元；河南省单位种植面积销售额平均为 3 799 元 / 亩，低于全国 5 300 元 / 亩的平均水平，远远低于云南 12 000 元 / 亩的平均水平。在花卉种植总面积保持不变、单位种植面积销售额也不变的前提下，如果现有面积中 20% 的土地即 28 万亩改种为优良野生花卉 100 种，便可在具有相对优势的花卉苗木市场中带来 10.6 亿元的销售额，而这还是个保守的估计。新优野生花卉具有较强的市场竞争力，价格应更高，按照全国平均 5 300 元 / 亩的水平计算，经济效益可达到 14.8 亿元。

根据《河南省新型城镇化规划（2014—2020 年）》（以下简称《规划》）的数据，2013 年河南省城镇常住人口为 4 123 万人，人均公园绿地面积 $9.2m^2$，即 2013 年河南省全省公园绿地面积为 37 931.6 万 m^2。野生花卉应用于城镇园林，节能节水省工，按每年节省管护费用 2 元 /m^2 计，不考虑新增公园绿地，每年全省公园绿地可节约养护费用 75 863.2 万元，即 7.59 亿元。随着城镇化进程的加快，公园绿地面积的增加，节约型园林建设日趋深入，野生花卉应用的节能、节水、节地省工的经济效益，将越来越显著。

按照河南省每年新增城镇人口 100 万、公园绿地新增 920 万 m^2 计算，如果新增绿地的 33.3% 即 276 万 m^2 绿地选用节水省工的野生花卉覆盖，在节省投资基础上，按照公园绿地种植工程综合报价 100 元 /m^2 计算，野生花卉应用将为风景园林施工企业创造出 2.76 亿元的新增收入。

总之，野生花卉应用具有巨大的经济效益。

6.2 野生花卉应用具有明显的生态效益与社会效益

野生花卉丰富了人们的生活，装扮了人们的生活环境，是风景园林绿地游憩、美化等功能发挥良好作用的主要元素之一，社会效益显著。

野生花卉是中药文化、饮食文化的自然载体，是中国文化遗产的有机组成部分。应用野生花卉，就是科学普及养生保健文化，继承中药文化，保护野菜文化的活载体。

野生花卉应用是生物多样性的必然要求，应用野生花卉是推动生态文明建设、建设美丽中国的重要内容，具有和林木一样的巨大的生态效益。

第2篇

河南野生花卉158种

01 一二年生野生花卉

001 大苞点地梅 *Androsace maxima* L.

科属：报春花科，点地梅属。

形态特征：一年生草本。莲座状叶丛单生，叶柄极短似无；叶草质，窄倒卵形或倒披针形，长 0.5 ~ 1.5cm，先端锐尖或稍钝，基部渐窄，中上部有小牙齿，两面疏被柔毛。花葶 2 ~ 4 个，自叶丛中抽出，高 3 ~ 6.5cm，被白毛；伞形花序多花，被小柔毛；苞片椭圆形或倒卵状长圆形，长 5 ~ 7mm，宽 1 ~ 2.5mm。花梗长 1 ~ 1.5cm；花萼杯状，长 3 ~ 4mm，果时增大，长达 9mm，分裂达全长 2/5，裂片三角状披针形，渐尖；花瓣白或淡红色，径 3 ~ 4mm，裂片长圆形，先端钝圆。蒴果近球形。花期 3 月，果期 8 月。

大苞点地梅种群花相

分布与习性：分布于黑龙江北部、内蒙古、山西、河南与西北各省区，生于山谷草地、山坡砾石地、固定沙地或丘间低地。

园林应用：花期较早，自播自繁能力强，可作为疏林或低矮草坪中的点缀。

大苞点地梅花序

002 蚓果芥 *Torularia humilis* (C. A. Mey.) O. E. Schulz

科属：十字花科，念珠芥属。

形态特征：一年或二年生草本，高10～30cm。茎铺散和上升，多分枝。叶椭圆状倒卵形，长0.5～3cm，宽1～6mm，下部叶成莲座状，具长柄；上部叶具短柄，先端圆钝，基部渐狭，全缘或具数个疏齿牙。总状花序顶生；花梗长3～5mm；花直径5mm；萼片4片，直立，矩圆形，长2mm，外面有分枝毛；花瓣4枚，白色或淡紫红色，倒卵形，长4～5mm，宽2～2.5mm，先端圆形，基部具爪。长角果条形，长1～2cm，宽约1mm，直或弯曲；果梗长4～6mm；种子椭球形，长1mm，淡褐色。花期3～6月，果期3～6月。

蚓果芥群体

分布与习性：分布在河北、河南、山西、陕西、甘肃、青海；蒙古、俄罗斯、北美也有。生于山坡。

园林应用：蚓果芥早春开花，群体效果美观，可用于野花组合。

蚓果芥果实

蚓果芥花

003 阿拉伯婆婆纳 *Veronica persica* Poir.

科属：玄参科，婆婆纳属。

形态特征：一年生或越年生草本。植株铺散多分枝，高 5 ~ 30cm。茎密生两列柔毛。叶 2 ~ 4 对（腋内生花的称苞片），具短柄，卵形或圆形，长 6 ~ 20mm，宽 5 ~ 18mm，基部浅心形，平截或浑圆，边缘具钝齿。总状花序很长；苞片互生，与叶同形且几乎等大；花梗长超过苞片长的 2 倍以上；花萼在花期小，果期则增大，裂片卵状披针形；花冠蓝色、紫色或蓝紫色，长 4 ~ 6mm，裂片卵形至圆形，喉部疏被毛；雄蕊短于花冠。蒴果肾形，网脉明显，凹口角度超过 90°，裂片钝，宿存的花柱长，超出凹口。种子背面具深的横纹，

阿拉伯婆婆纳

阿拉伯婆婆纳冬季植株

阿拉伯婆婆纳地被效果

阿拉伯婆婆纳花及苞片

阿拉伯婆婆纳花朵、果实

长约 1.6mm。

分布与习性：分布在华东、华中以及贵州、云南、西藏东部及新疆，为归化的杂草，原产于亚洲西部及欧洲。耐半阴，喜生于 2 200m 以下的荒地、林缘、路旁，疏松湿润的果园、菜地、疏林下。

阿拉伯婆婆纳根系庞大

园林应用：在豫西地区 9 ~ 10 月出生，早春返青蔓延。花期 3 ~ 5 月，种子于 4 月渐次成熟，经 3 ~ 4 个月的休眠，在秋季后萌发生长，易存活，铺散性强，能很快覆盖地面，稍耐践踏。植株在冬季呈褐红色而不死亡，却在夏季结实后死亡，具有冷季型地被的特点，可作为秋冬季地被应用。

阿拉伯婆婆纳早春景象

004 大婆婆纳 *Veronica dahurica* Stev.

科属：玄参科，婆婆纳属。

形态特征：茎单生或数支丛生，直立，高可达1m，不分枝或稀少上部分枝，通常被腺毛或柔毛。叶对生，在茎节上有一个环连接叶柄基部，叶柄长1～1.5cm，叶片卵形，卵状披针形或披针形，基部常心形，顶端常钝，少急尖，长2～8cm，宽1～3.5cm，两面被短腺毛，边缘具深刻的粗钝齿，常夹有重锯齿，基部羽状深裂过半，裂片外缘有粗齿，叶腋有不发育的分枝。总状花序长穗状，单生或因茎上部分枝而复出，各部分均被腺毛；花梗长2～3mm；花冠白色或粉色，长8mm，筒部占1/3长，檐部裂片开展，卵圆形至长卵形；雄蕊略伸出，花柱长近1cm。蒴果与萼近等长。花期7～8月。

大婆婆纳

分布与习性：分布于东北、内蒙古、河北及河南。生于向阳草地、沙丘及疏林下。

园林应用：作为林缘草地边缘的花境或地被材料。

大婆婆纳花序

005 筋骨草 *Ajuga ciliata* Bunge

筋骨草种群

科属：唇形科，筋骨草属。

形态特征：高10～30cm，全株被白色长柔毛。茎四棱形，基部匍匐。叶对生，倒卵状披针形，长3～11cm，宽0.8～3cm，边缘有不规则波状粗齿；叶柄具狭翅。轮伞花序有6～10朵花，排成间断的假穗状花序；苞片叶状，花萼钟形，5齿裂；花冠唇形，淡蓝色、淡紫红色或白色，基部膨大，内有毛环，上唇短，直立，顶端微凹，下唇3裂，中裂片倒心形，灰黄色，具网状皱纹。花期3～7月，果期5～11月。

分布与习性：分布于华东、华中、华南与西南各省，生于路旁、溪边、草坡和丘陵山地的阴湿处。喜半阴和湿润气候，在酸性、中性土壤中生长良好，耐涝、耐旱、耐阴，也耐暴晒，抗逆性强，长势强健。

园林应用：作为花境或地被材料。

筋骨草花相

筋骨草花萼

筋骨草花序

006 角茴香 *Hypecoum erectum* L.[*Chiazospermum erectum*(L.) Bernh.]

科属：罂粟科，角茴香属。

形态特征：一年生直立草本，高5～30cm。茎二歧式分枝。基生叶，丛生，叶柄细长，基部扩大成鞘；叶长3～8cm，多回羽状分裂，末回裂片线形，茎生叶与基生叶同形，但较小，裂片丝状，无柄。二歧聚伞花序具多花，花大；苞片钻形；萼片2片，狭卵形。花瓣4枚，淡黄色，外面2枚倒卵形或宽楔形，先端3浅裂；内面2枚倒三角形，自中部以上3个分裂，裂片先端圆；雄蕊4枚，花丝宽线形，扁平，花药狭长圆形，黄色；雌蕊和雄蕊近等长，花柱2个。蒴果长角果状，成熟时分裂成2个果瓣，种子多数，近四棱形，两面具十字形突起，深褐色。花期5～6月，果期7～8月。

角茴香花相与果实

分布与习性：分布于东北、华北、华中和西北等地。生于海拔400～1 200m的向阳山坡草地或河边沙地。

角茴香植株与叶子

园林应用：花大色艳，耐旱喜阳，可单独或作为野花组合材料用于花境或草坪边缘。

007 月见草 *Oenothera biennis* L.

科属：柳叶菜科，月见草属。

形态特征：二年生直立草本，高达120cm，基生莲座叶丛紧贴地面；茎粗，被柔毛。基生叶倒披针形，先端锐尖，基部楔形，边缘疏生不整齐的浅钝齿，侧脉12～15条，两面被柔毛。茎生叶椭圆形至倒披针形，长7～20cm，宽1～5cm，先端锐尖至短渐尖，基部楔形，边缘每边有5～19枚稀疏钝齿，侧脉每侧6～12条，每边两面被柔毛；叶柄极短。花序穗状，不分枝，或在主序下面具次级侧生花序；苞片椭圆状披针形，自下向上由大变小，长1.5～9cm，宽0.5～2cm，果时宿存；花蕾锥状长圆形，顶端具喙；花管长2.5～3.5cm，径1～1.2mm，黄绿色或开花时带红色，被柔毛；萼片绿色，或发红，长圆状披针形，长1.8～2.2cm，下部宽大处4～5mm，先

月见草种群效果

月见草花朵

端骤缩成尾状，长 3 ~ 4mm，在芽时直立，彼此靠合，开放时自基部反折，但又在中部上翻，毛被同花管；花瓣黄色，宽倒卵形，长 2.5 ~ 3cm，宽 2 ~ 2.8cm，先端微凹缺；花丝近等长，长 10 ~ 18mm。蒴果锥状圆柱形，长 2 ~ 3.5cm，径 4 ~ 5mm，绿色，具明显的棱。种子细小，在果中呈水平排列，暗褐色，棱形，具洼点。花期 7 ~ 8 月，果期 8 ~ 9 月。

分布与习性：原产于北美。在我国引进栽培后沦为逸生，常生于开旷荒坡路旁。适应性强，对土壤要求不严，排水良好，疏松的中性、微碱或微酸性土上均能生长；耐瘠、抗旱、耐寒、耐酸。注意土壤太湿时根部易得病。

园林应用：月见草群落高大整齐，花色鲜艳，花相美观，管理粗放，可作为花境的背景材料。在我国东北与华北地区常有成片野化，其种子含油量达 25.1%，极具经济开发前景。

月见草叶子

月见草花序

月见草花瓣花萼

02 多年生野生花卉

008 豆瓣菜 *Nasturtium officinale* R. Br.

科属：十字花科，豆瓣菜属。

豆瓣菜种群

形态特征：多年生水生草本，高 20 ~ 40cm，全体无毛。茎匍匐且漂浮，节节生根，多分枝。叶为奇数大头羽状复叶，小叶 1 ~ 4 对，叶柄长 1 ~ 2cm；小叶片卵形或宽卵形，顶生小叶长 1 ~ 3cm，宽 1 ~ 2.5cm，有少数波状齿或全缘。总状花序顶生；花梗，常反曲；花白色，直径 3mm。长角果圆柱形，扁平，长 1 ~ 2cm，直径 1.5 ~ 2mm，有短喙；果梗长 5 ~ 8mm；种子多数，成 2 行，卵形，褐红色。花期 5 ~ 6 月，果期 6 ~ 7 月。

豆瓣菜花相与花序

分布与习性：分布在华北、西南、陕西、河南、江苏；亚洲其他地区，欧洲及美洲也有。喜生于海拔 850 ~ 3 700m 的水沟边、山涧河边、沼泽地或水田中等冷清水中。

园林应用：作为园林浅溪水生花卉地被。国内广东及广西常栽培作蔬菜食用；全草入药；种子含油量约 24%，供工业用油。

009 白及（白芨）*Bletilla striata* (Thunb.) Rchb. F.

科属：兰科，白及属。

形态特征：植株高达60cm。假鳞茎扁球形。叶4 ~ 6片，窄长圆形或披针形，长8 ~ 29cm，宽1.5 ~ 4cm。花序具3 ~ 10朵花。苞片长圆状披针形，长2 ~ 2.5cm，开花时凋落；花大紫红或淡红色；萼片和花瓣近等长，窄长圆形，长2.5 ~ 3cm；花瓣较萼片稍宽，唇瓣倒卵状椭圆形，长2.3 ~ 2.8cm，较花瓣稍短，白色中带紫红色，具紫脉，中部以上3裂，侧裂片直立，合抱蕊柱，先端稍钝具细齿，宽1.8 ~ 2.2cm，伸达中裂片1/3；中裂片倒卵形或近四方形，长约8mm，宽约7mm，先端凹缺，边缘具波状齿，顶端中部凹缺，唇盘上具5条纵褶片，褶片从基部伸至中裂片近顶部，仅在中裂片呈波状；蕊柱长1.8 ~ 2cm。花期4 ~ 5月。

分布与习性：分布于华东、华中各省，香港、广西、贵州、四川、陕西南部及甘肃东南部，生于海拔100 ~ 3 200m常绿阔叶林、栎林、针叶林下，路边草丛或岩缝中。朝鲜半岛及日本有分布。

园林应用：宜在花径、山石旁丛植或作稀疏林下的地被植物，也可盆栽于庭园或室内观赏。北京和天津有栽培。

白及植株

白及根

白及花序

010 落新妇（红升麻）*Astilbe chinensis* (Maxim.) Franch. et Savat.

落新妇植株

落新妇复叶

科属：虎耳草科，落新妇属。

形态特征：直立草本，高 45 ~ 65cm。被褐色长柔毛和腺毛；根茎横走，粗大呈块状，被褐色鳞片及深褐色长绒毛，须根暗褐色。基生叶为 2 ~ 3 回 3 出复叶，具长柄，托叶较狭；小叶片卵形至长椭圆状卵形或倒卵形，先端通常短渐尖，基部圆形、宽楔形或两侧不对称，边缘有尖锐的重锯齿，两面均被刚毛，脉上尤密；茎生叶 2 ~ 3 对，较小，与基生叶相似，仅叶柄较短，基部钻形。圆锥状花序对茎生叶而生出，花轴直立，高 20 ~ 50cm，下端具鳞状毛，上端密被棕色卷曲长柔毛；花两性或单性；苞片卵形，较花萼长，萼筒浅杯状，5 个深裂；花瓣 5 枚，狭条形，红紫色；雄蕊 10 枚，花丝青紫色，花药青色。蒴果，成熟时橘黄色。种子多数。花期 7 ~ 8 月。

分布与习性：广布于长江流域中、下游至东北；朝鲜、俄罗斯也有。生于山谷溪边或林边。喜半阴，在湿润的环境下生长良好。性强健，耐寒，对土壤适应性较强，喜微酸、中性排水良好的沙质壤土，也耐轻碱土壤。

园林应用：已有栽培，作为耐阴的园林观花地被，配置于林地、溪边、湖边、花坛、花带，宜丛植、群植或混合植。其根状茎、茎和叶可入药。

落新妇花序

落新妇花序

011 大落新妇 *Astilbe grandis* Stapf ex Wils.

科属：虎耳草科，落新妇属。

形态特征：高 40 ～ 120cm，有粗根状茎。基生叶为 2 ～ 3 回 3 出复叶；小叶卵形或狭卵形，长 2.8 ～ 10.5cm，宽 2 ～ 6cm，先端渐尖或长渐尖，基部通常心形，有时圆形或宽楔形，边缘有锐重锯齿，下面沿脉有短硬毛；茎生叶 2 ～ 4 枚，较小。圆锥花序长可达 75cm，轴被短柔毛和腺毛；苞片披针形，比花萼短；花梗长达 1mm；花两性；花萼长 2 ～ 2.5mm，5 个深裂，裂片狭卵形；花瓣 5 枚，白色，狭条形，长 3.5 ～ 4.8mm；雄蕊 10 枚，约与花瓣等长；心皮 2 片，离生。蓇葖果长约 5mm。花期 7 月。

大落新妇植株

大落新妇花序

分布与习性：分布于四川东部、河南、湖北、贵州东部、湖南、广西北部、江西、安徽南部和浙江西部。生于山谷溪边或林中。

园林应用：作花境、花坛植物。根状茎入药，治筋骨酸痛等症。

012 类叶升麻 *Actaea asiatica* H. Hara

科属：毛茛科，类叶升麻属。

形态特征：根状茎横走，质坚实，外皮黑褐色。茎高 30 ～ 80cm，圆柱形，下部无毛，中部以上被白色短柔毛，不分枝。叶 2 ～ 3 枚，茎下部的叶为 3 回 3 出近羽状复叶，具长柄；叶片三角形，宽达 27cm；顶生小叶卵形至宽卵状菱形，长 4 ～ 8.5cm，宽 3 ～ 8cm，3 裂，边缘有锐锯齿，侧生小叶卵形至斜卵形；叶柄长 10 ～ 17cm。茎上部叶的形状似茎下部叶，但较小，具短柄。总状花序长 2.5 ～ 4(～ 6) cm；轴和花梗密被白色或灰色短柔毛；苞片线状披针形，长约 2mm；花梗长

类叶升麻复叶

类叶升麻群落

5 ~ 8mm；萼片倒卵形，长约 2.5mm，花瓣匙形，长 2 ~ 2.5mm，下部渐狭成爪；花药长约 0.7mm，花丝长 3 ~ 5mm；心皮与花瓣近等长。果序长 5 ~ 17cm，与茎上部叶等长或超出上部叶；果梗粗约 1mm；果实紫黑色，直径约 6mm；种子约 6 粒，卵形，有 3 纵棱，长约 3mm，宽约 2mm，深褐色。花期 7 ~ 8 月，果期 8 ~ 9 月。

类叶升麻花相

分布与习性：分布于西藏东部、云南、四川、湖北、河南和华北、东北、西北东部各省区。生于海拔 350 ~ 3 100m 山地林下或沟边阴处，河边湿草地。

园林应用：美丽的花卉地被。根状茎供药用，茎、叶可作土农药。

类叶升麻植株

类叶升麻花序

013 多茎委陵菜 *Potentilla multicaulis* Bge.

多茎委陵菜开花植株

科属：蔷薇科，委陵菜属。

形态特征：根粗壮，圆柱形。花茎多而密集丛生，上升或铺散，长 7 ~ 35cm，常带暗红色，被白色长柔毛或短柔毛。基生叶为羽状复叶，有小叶 4 ~ 8 对，连叶柄长 3 ~ 10cm，叶柄暗红色，被白色长柔毛，小叶片对生稀互生，无柄，椭圆形至倒卵形，上部小叶远比下部小叶大，长 0.5 ~ 2cm，宽 0.3 ~ 0.8cm，边缘羽状深裂，裂片带形，排列较为整齐，顶端舌状，边缘平坦，或略微反卷，上面绿色，主脉侧脉微下陷，被稀疏伏生柔毛，下面被白色绒毛。茎生叶与基生叶形状相似，唯小叶对数较少；基生叶托叶，棕褐色，被白色长毛；茎生叶托叶绿色。聚伞花序多花，初开时密集，花后疏散；花直径 0.8 ~ 1.3cm；萼片三角卵形，顶端急尖，副萼片狭披针形，顶端圆钝，比萼片短约一半；花瓣黄色，倒卵形或近圆形，顶端微凹，比萼片长；花柱近顶生，圆柱形，基部膨大。瘦果卵球形有皱纹。花果期 4 ~ 9 月。

分布与习性：分布于辽宁、内蒙古、河北、河南、四川以及西北各省。生于海拔 200 ~ 3 800m 的耕地边、沟谷阴处、向阳砾石山坡、草地及疏林下。

多茎委陵菜植株

园林应用：开花繁密，花色艳丽，花期长达两个月，为良好阴生观花地被。

多茎委陵菜花序

多茎委陵菜叶子（正面、背面）

014 莓叶委陵菜 *Potentilla fragarioides* L.

莓叶委陵菜开花植株

科属：蔷薇科，委陵菜属。

形态特征：簇生。茎有长柔毛。基生叶为奇数羽状复叶，叶柄被开展疏柔毛；小叶5～9片，上部较下部的为大，椭圆形至倒卵形，长0.5～7cm，宽0.4～3cm，两面绿色，散生长柔毛，下面较密；茎生叶小，有3片小叶，叶柄短。伞房状聚伞花序顶生，花多，松散，总花梗和花梗具长柔毛，花黄色，直径1～1.7cm；萼片三角卵形；副萼片长圆状披针形；花瓣倒卵形，顶端圆钝或微凹；花柱近顶生，上部大，下部小。瘦果近肾形，表面有脉纹。花期4～6月，果期6～8月。

分布与习性：分布于江西、江苏、浙江、山东、河南。生于沟边、草地、灌丛及疏林下。

园林应用：同多茎委陵菜，观赏效果更佳。

莓叶委陵菜花序

莓叶委陵菜花相

015 淫羊藿 *Epimedium brevicornu* Maxim.

科属：小檗科，淫羊藿属。

淫羊藿种群

形态特征：高 30 ~ 40cm。根茎长，横走，质硬，须根多数。叶为 2 回 3 出复叶，小叶 9 片，有长柄，小叶片卵形至长卵圆形，长 4.5 ~ 9cm，宽 3.5 ~ 7.5cm，先端尖，边缘有细锯齿，锯齿先端成刺状毛，基部深心形，侧生小叶基部斜形，上面幼时有疏毛，下面有长柔毛。花 4 ~ 6 朵成总状花序，花梗长约 1cm；基部有苞片，卵状披针形，膜质；花大，直径约 2cm，黄白色或乳白色；花萼 8 片，卵状披针形，2 轮，外面 4 片小，不同形，内面 4 片较大，同形；花瓣 4 枚，近圆形，具长距；雄蕊 4 枚；雌蕊 1 枚，花柱长。蓇葖果纺锤形，成熟时 2 个裂。花期 4 ~ 5 月，果期 5 ~ 6 月。

分布与习性：分布于黑龙江、吉林、辽宁、山东、河南、江苏、江西、湖南、广西、四川、贵州、陕西、甘肃。生长于多荫蔽的树林及灌丛中。

园林应用：中药材。可作为园林耐阴观花地被材料。

淫羊藿结实貌

淫羊藿植株与根系

016 刻叶紫堇 *Corydalis incisa* (Thunb.) Pers.

刻叶紫堇种群

科属： 罂粟科，紫堇属。

形态特征： 高达60cm；块茎狭椭球形，密生须根；茎直立，分枝，柔软多汁，有纵棱。叶互生，3出2回羽状分裂，裂片长圆形又羽状深裂，小裂片顶端有缺刻。总状花序长达10cm；苞片菱形或楔形，1或2回羽状深裂，小裂片狭披针形或钻形，锐尖；萼片小；花瓣紫蓝色，前端紫色，距长0.7 ~ 1.1cm，末端钝，向下弯曲，下面花瓣稍呈囊状。蒴果椭球状线形，长约1.5cm；种子近球形，黑色。花期4 ~ 5月，果期5 ~ 6月。

分布与习性： 分布于江苏、河北、山西、陕西、河南、安徽、浙江、江西、福建、台湾。生于较阴湿的沟旁、林下、山坡路边或多石处。

园林应用： 耐阴的观花地被。

刻叶紫堇茎叶

刻叶紫堇花序

017 陕西报春 *Primula handeliana* W. W. Sm. & Forrest

陕西报春植株

科属：报春花科，报春属。

形态特征：根状茎短，具多数紫褐色纤维状长根。叶丛生，叶柄叉开；叶片矩圆形、椭圆形或卵圆形，稀为披针形，长 2.5 ~ 8cm，宽 1 ~ 2.5（3.5）cm，先端钝圆，基部阔楔形，边缘具小牙齿，上面绿色，下面灰绿色，中肋明显；叶柄细瘦，具狭翅，与叶片近等长或长于叶片。花葶高 15 ~ 30cm；伞形花序 1 ~ 2 轮，每轮 3 ~ 15 朵花；苞片披针形，长 5 ~ 9mm；花梗长 0.5 ~ 5cm；花萼筒状，长 8 ~ 10mm，分裂达中部，裂片披针形或矩圆状披针形，先端稍渐尖；花冠黄色，高脚碟状，冠筒 12 ~ 18mm，冠檐直径 1.5 ~ 1.8cm，裂片 5 ~ 7 个，矩圆形，长 7 ~ 9mm，宽 3.5 ~ 4mm，全缘。雄蕊 5 个着生于冠筒上下部，花柱细长，与冠筒近等长，花药顶端接近筒口。蒴果长圆柱状，稍长于花萼。花期 5 ~ 7 月，果期 7 ~ 8 月。

分布与习性：分布于陕西、河南。生于山坡疏林下和岩石上，海拔 2 500 ~ 3 600m。

园林应用：可作为高山花卉应用于岩石园温室栽培。

陕西报春花序

陕西报春花相

018 乌饭瑞香 *Daphne myrtilloides* Nitsche

乌饭瑞香花相

科属：瑞香科，瑞香属。

形态特征：草本状落叶矮小灌木，高 10 ～ 25cm；主根粗壮，近于纺锤形，须根纤细，丝毛状；枝一般自基部发出，多而纤细，具白柔毛。叶生于枝顶端近于轮生，倒卵形或广椭圆形，长 1 ～ 3cm，宽 0.5 ～ 1.6cm，先端钝形，基部楔形，边缘全缘，稍反卷，中脉在上面微凹下，下面显著隆起，侧脉 3 ～ 5 对，下面较上面明显隆起；叶柄极短。花簇生于枝顶端；无苞片；无花梗；花萼筒细瘦，管状，长 6 ～ 7mm，直径 1mm，外面疏生淡黄色细柔毛，裂片 5，长圆形，长 4 ～ 5 mm，顶端钝形或圆形，无毛；雄蕊 10 枚，2 轮，分别着生于花萼筒的中部和喉部；花丝短，不伸出喉部；花柱短。果实未见。花期 3 ～ 4 月，果期 5 ～ 7 月。

乌饭瑞香根系

分布与习性：分布于山西、陕西、河南。生于林缘、灌丛中、林下、山坡或向阳草地。

园林应用：植株低矮，花相整齐鲜艳，花期早，是早春不可多见的低矮花卉，宜作为花境花坛推广应用。

乌饭瑞香植株

乌饭瑞香花序

019 黄海棠 *Hypericum ascyron* Linn.

黄海棠花相

科属：藤黄科，金丝桃属。

形态特征：高 0.5 ~ 1.3m。茎直立或在基部上升，单一或数茎丛生，叶无柄，叶片长圆状披针形，或长圆状卵形至椭圆形，或狭长圆形。顶生花序具多花，近伞房状至圆锥状。萼片卵形或披针形至椭圆形或长圆形，全缘。花瓣金黄色，倒披针形，宿存。雄蕊极多数，5 束，每束有雄蕊约 30 枚，花药金黄色。子房宽卵珠形至狭卵珠状三角形，蒴果卵珠形或卵珠状三角形，棕褐色。种子棕色或黄褐色，圆柱形，微弯。花期 6 ~ 7 月，果期 8 ~ 9 月。

分布与习性：除新疆及青海外，全国各地均有分布。生于海拔 0 ~ 2 800m 的山坡林下、林缘、灌丛间、草丛或草甸中、溪旁及河岸湿地等处。

园林应用：已有庭园栽培，作为花篱、花境、花坛植物均可。全株可入药。

黄海棠花朵

黄海棠果序

黄海棠结果

020 糙叶黄耆 *Astragalus scaberrimus* Bunge

糙叶黄耆花相

科属：豆科，黄耆属。

形态特征：茎矮小，蔓生，全株密生白色毛。羽状复叶；小叶 7 ~ 15 片，椭圆形，长 5 ~ 15mm，宽 3 ~ 8mm，先端圆，有短尖，基部圆楔形，无小叶柄；托叶狭三角形，先端长渐尖。总状花序腋生；萼筒状，长 6 ~ 10mm，萼齿披针形，长 2 ~ 4mm；花冠黄色，长达 2.5cm，旗瓣较翼瓣和龙骨瓣长，翼瓣顶端微缺。荚果圆柱形，略弯，密生白色毛，先端有硬尖。花期 4 月。

糙叶黄耆刚发育成的果实

分布与习性：分布于东北、华北及山东、河南、陕西、甘肃。生于向阳的山坡、路旁、滩地、地边。

园林应用：根系发达，作水土保持植物；在园林中的沙质地及河岸沙地、缓坡地作地被。

糙叶黄耆复叶

糙叶黄耆根系

021 河南岩黄蓍 *Hedysarum honanensis* P. K. Hsiao

河南岩黄蓍植株

科属：豆科，岩黄蓍属。

形态特征：灌木状草本，高达1m。奇数羽叶复叶，长约16cm；小叶19 ~ 25片，卵状或卵状披针形，长1.5 ~ 3.2cm，宽6 ~ 14mm，先端尖，基部圆形，无毛；叶轴基部或托叶有毛。总状花序腋生，较叶稍短，花序轴疏生白色柔毛；花梗细，有毛；萼钟状，有毛；花紫红色，花期6月。荚果3 ~ 4节，长1.5 ~ 2.5cm，宽0.7 ~ 1.1cm，浅褐色，有刺及白色柔毛，边缘有牙齿状翅，果熟期9月。

分布与习性：分布于河南伏牛山区。生于山坡草地或山沟林缘。

园林应用：株型丰满，花开鲜艳。可作为花境材料或亚灌木点缀岩石园上。

河南岩黄蓍花相

河南岩黄蓍未成熟果实

022 苦参 *Sophora flavescens* Ait.

苦参群落

科属：豆科，槐属。

形态特征：高 1 ~ 2m。羽状复叶，小叶 13 ~ 25（29）片，椭圆形、卵形或线状披针形，长 3 ~ 4（6）cm，先端钝或急尖，基部宽楔形，上面近无毛，下面被白色平伏柔毛或近无毛；托叶披针状线形，长 5 ~ 8mm。总状花序顶生，长 15 ~ 25cm，疏生多花。花萼斜钟形，长约 7mm，疏被短柔毛；萼齿不明显或呈波状；花冠白或淡黄色，旗瓣倒卵状匙形，长 1.4 ~ 1.5cm，翼瓣单侧生，皱折几达顶部，长约 1.3cm，龙骨瓣与翼瓣近等长；雄蕊 10 枚，花丝分离。荚果线形，长 5 ~ 10cm，种子间稍缢缩，呈不明显串珠状，疏被柔毛，成熟后裂成 4 瓣，具 1 ~ 5 个种子。种子长卵圆形，稍扁，深红褐色或紫褐色。花期 6 ~ 8 月，果期 7 ~ 10 月。

分布与习性：分布于除青海、新疆、广东以外的全国各省区，常生于海拔 1 500m 以下山坡沙地、向阳草坡灌丛中和田野附近。

园林应用：为水土保持改良植物，可作为观花地被。种子含金雀花碱，也可作农药。

苦参花相

苦参花序

苦参果序

023 白头翁 *Pulsatilla chinensis* (Bunge) Regel

白头翁花序

白头翁花

科属： 毛茛科，白头翁属。

形态特征： 高 15 ～ 35cm。根状茎粗。基生叶 4 ～ 5 片，开花时长出地面，有长柄；叶片轮廓宽卵形，3 全裂，长 4.5 ～ 14cm，宽 6.5 ～ 16cm，叶上面疏被毛，后期脱落无毛；叶下面密被长柔毛；叶柄长 7 ～ 15cm，密被长柔毛；3 个全裂片之中央裂片 3 深裂，而侧全裂片不等 3 深裂；中央深裂片楔状倒卵形，少有狭楔形或倒梯形，全缘或有齿；侧深裂片不等 2 浅裂；裂片无柄或近无柄。花葶 1 ～ 2 个，花后生长，高 15 ～ 35cm，苞片 3 片，基部合生，管长 3 ～ 10mm，裂片条形，外面密被长柔毛；花两性，单朵，直立，花梗长 2.5 ～ 5.5cm；萼片 6 片，排成 2 轮，狭卵形或长圆状卵形，长 2.8 ～ 4.4cm，宽 9 ～ 20mm，蓝紫色，外面密被柔毛；花瓣无；雄蕊多数，长约为萼片的 1/2；心皮多数，被毛。瘦果长 3 ～ 4mm，被长柔毛，顶部有羽毛状宿存花柱，长 3.5 ～ 6.5cm。花期 4 ～ 5 月，果期 6 ～ 7 月。

分布与习性： 原产于中国，华中、华北、江苏、东北等地均有分布。多野生，亦可作花卉或药用植物栽培。

园林应用： 在园林中可作自然栽植，用于布置花坛、道路两旁，或点缀于林间空地，极为别致。

白头翁花相

白头翁果实

024 白屈菜 *Chelidonium majus* L.

科属：罂粟科，罂粟属。

白屈菜群落景象

形态特征：主根圆锥状，土黄色。茎直立，高 30 ~ 100cm，多分枝，有白粉，疏生白色柔毛，断之有黄色乳汁。叶互生，1 ~ 2 回单数羽状全裂；基生叶长 10 ~ 15cm，全裂片 2 ~ 5 对，不规则深裂，深裂片边缘具不规则缺刻，顶端裂片广倒卵形，基部楔形而下延，上面近无毛，下面疏生短柔毛，有白粉；茎生叶与基生叶形相同。花数朵，近伞状排列，苞片小，卵形，花柄丝状；萼片 2 片，早落，椭圆形，外面疏生柔毛；花瓣 4 枚，黄色，卵圆形，长约 9mm；雄蕊多数，花丝黄色；雌蕊 1 枚，无毛，花柱短。蒴果条状圆柱形，长达 3.5cm。种子多数，卵形，细小，黑褐色。花期 5 ~ 7 月。果期 6 ~ 8 月。

分布与习性：分布于河南、四川、新疆、华北和东北。生于山坡或山谷林边草地。自播自繁能力强，耐旱耐瘠薄。

园林应用：可植于景区山谷湿地、水沟边，园林草坪或花境中，住宅附近。

白屈菜花序

白屈菜种群景观

白屈菜植株

025 白鲜 *Dictamnus dasycarpus* Turcz.

白鲜复叶

科属：芸香科，白鲜属。

形态特征：高 30 ~ 90cm。根肉质粗长，淡黄白色。茎直立，基部木质。叶互生，通常密集于茎中部，奇数羽状复叶，小叶 9 ~ 13 片，卵形、长圆状卵形至卵状披针形，近无柄，基部广楔形，稍偏斜，边缘有细锯齿，表面密集油点，两面疏生毛，脉上毛较多。花期 5 ~ 7 月。总状花序顶生，长 15 ~ 25cm；花大，花轴及花梗密布黑紫色腺点及白色柔毛；苞片线状披针形或披针形；萼片狭披针形，长 6 ~ 8mm，绿色，宿存；花瓣 5 枚，倒披针形，长 2 ~ 2.5cm，淡红色或紫红色，稀为白色，花瓣有明显的红紫色条纹，基部渐细成爪状，先端钝，背面沿中脉两侧及边缘有腺点和柔毛；雄蕊 10 枚，花丝细长，从下向上弯曲，伸出花瓣外，表面被短柔毛，花药黄色，长圆形；花柱丝状，长约 10mm，较雄蕊短，表面密被短柔毛。蒴果 5 室，成熟时 5 裂，裂瓣顶端具尖喙。种子黑色，近球形，径 3 ~ 5mm。果期 7 ~ 9 月。

分布与习性：分布于陕西、安徽、河南、湖北、四川及东北、华北各省，生于海拔 200 ~ 2 400m 的半阴的山坡林缘、草甸、山谷疏林、沟边。

园林应用：可布置花坛、花境。根皮可入药。

白鲜植株

白鲜花序

026 商陆 *Phytolacca acinosa* Roxb.

科属：商陆科，商陆属。

形态特征：高 70 ~ 100cm。根粗壮，肉质，圆锥形，外皮淡黄色。茎直立，多分枝，具纵沟。叶互生，椭圆形或卵状椭圆形，长 12 ~ 25cm，宽 5 ~ 10cm，先端急尖，基部楔形而下延，全缘，侧脉羽状，主脉粗壮；叶柄长 1.5 ~ 3cm，上面具槽，下面半圆形。总状花序顶生或侧生，长 10 ~ 15cm；花两性，径约 8mm，具小梗，小梗基部有苞片 1 片及小苞片 2 片；萼通常 5 片，偶为 4 片，卵形或长方状椭圆形，初白色，后变淡红色；无花瓣；雄蕊 8 枚，花药淡粉红色；心皮 8 ~ 10 片，离生。浆果扁球形，径约 7mm，通常由 8 个分果组成，熟时紫黑色。种子肾圆形，扁平，黑色。花期 6 ~ 8 月。果期 8 ~ 10 月。

商陆种群

分布与习性：中国大部分地区有分布，主产于河南、湖北、安徽等。生于海拔 500 ~ 3 400m 的沟谷、山坡林下、林缘路旁。喜温暖湿润环境。不耐寒，怕积水。以土层深厚、富含有机质、疏松肥沃的沙质壤土栽培为好。低洼地不宜种植。

园林应用：配植于山坡林下、林缘作园林花境材料，也可栽植于房前屋后及园地中。可作中药栽培，根含商陆皂苷，有镇咳、平喘、抗炎作用。

商陆秋季植株

商陆花序

027 圆叶锦葵 *Malva rotundifolia* L.

圆叶锦葵植株

科属：锦葵科，锦葵属。

形态特征：高25～50cm。成株根深而粗大。茎分枝多而匍生，略有粗毛。叶互生，肾形，长1～3cm，宽1～4cm，先端圆钝，基部心形，常为5～7个浅裂，裂片边缘有细圆齿，两面被柔毛；叶柄长3～12cm；托叶小，卵状渐尖。花在上部3～5朵簇生，在基部单生；花梗长2～5cm；小苞片3片，披针形；花萼钟形，长5～6mm，裂片5片；花梗、小苞片和花萼均被星状柔毛；花冠白色或粉红色，直径约1.5cm，花瓣5枚，倒心形；雄蕊柱被短柔毛。果实扁圆形，直径约6mm，灰褐色，果片背面具网纹，网纹显著突起成脊状。种子近圆形，直径1.5～2mm。花果期4～9月。种子繁殖。

产地分布：广布于各省区。耐干旱，多生长于荒野、路旁和草坡。

园林应用：管理粗放的地被材料。根可作中药材。

圆叶锦葵地被

圆叶锦葵花特写

028 丹参 *Salvia miltiorrhiza* Bunge

丹参片植景观

科属：唇形科，鼠尾草属。

形态特征：根肥厚，外红内白。茎高 40 ~ 80cm，被长柔毛。单数羽状复叶；侧生小叶 1 ~ 2（3）对，卵形或椭圆状卵形，长 1.5 ~ 8cm，两面被疏柔毛。轮伞花序 6 至多花，组成顶生或腋生假总状花序，密被腺毛及长柔毛；苞片披针形，具睫毛；花萼钟状，长约 1.1 厘米，外被腺毛及长柔毛，11 脉，二唇形，上唇三角形，顶端有 3 个聚合小尖头，下唇 2 裂；花冠紫蓝色，长 2 ~ 2.7cm，筒内有斜向毛环，檐部二唇形，下唇中裂片扁心形；花丝长不足 0.5mm，花隔长 1.7 ~ 2.0cm，上臂长 1.4 ~ 1.7cm，下臂短而增粗。药室不育，顶端联合。小坚果椭圆形。

分布与习性：分布于湖北、安徽、江苏、浙江、山西、河北、辽宁、山东、四川、甘肃、陕西、河南、江西等地。生于山坡、林下或溪旁，海拔 120 ~ 1 300m。喜欢在气候温和、光照充足、空气湿润的环境下生长，在肥沃的沙质壤土中生长较好，但对土壤酸碱度适应性较广，中性、微酸、微碱均可。

园林应用：作为园林地被、花境与花坛材料，常作中药材栽培。栽培技术成熟。

丹参植株

丹参花

029 荷青花 *Hylomecon japonica* (Thunb.) Prantl et Kundig

荷青花群落

科属：罂粟科，荷青花属。

形态特征：高15 ~ 40cm，具黄色液汁，幼时疏生柔毛。根茎斜生，白色。茎直立，不分枝，无毛，草质，绿色转红色至紫色。基生叶少数，叶片长10 ~ 20cm，羽状全裂，裂片2 ~ 3对，宽披针状菱形、倒卵状菱形或近椭圆形，长3 ~ 10cm，宽1 ~ 5cm，先端渐尖，基部楔形，边缘具不规则的圆齿状锯齿或重锯齿，表面深绿色，背面淡绿色，两面无毛；具长柄；茎生叶通常2片，稀3片，叶片同基生叶，具短柄。花期4 ~ 6月。花1 ~ 2（3）朵排列成伞房状，顶生；花梗直立，纤细，长3.5 ~ 7cm。花芽卵圆形，长8 ~ 10mm，无毛或疏被毛；萼片卵形，花期脱落，长1 ~ 1.5cm，外面散生卷毛或无毛；花瓣倒卵圆形或近圆形，长1.5 ~ 2cm，基部具短爪；雄蕊黄色，长约6mm，花丝丝状。蒴果长5 ~ 8cm，2瓣裂，具长达1cm的宿存花柱。种子卵形，长约1.5mm。果期6 ~ 7月。

产地分布：分布于四川、湖南、湖北、陕西、山西、河南、安徽、浙江、辽宁、吉林等地。生于海拔300 ~ 1 800（2 400）m的林下、林缘或沟边、高山林下阴湿处。

园林应用：布置花境、花丛、岩石园的材料。

荷青花根

荷青花植株与花相

030 线叶筋骨草 *Ajuga linearifolia* Pamp.

科属：唇形科，筋骨草属。

形态特征：直立，具分枝，全株被白色长柔毛，高 25 ~ 40cm。茎四棱形，淡紫红色，基部木质化；嫩枝绿色，多毛。叶柄极短，具狭翅及槽；叶片线状披针形或线形，长 4 ~ 9cm，宽 0.5 ~ 1.5cm，先端极钝或圆形，基部渐狭，下延，抱茎，边缘具波状齿，具缘毛，上面被疏糙伏毛，下面通常于叶脉上被毛，中脉下面显著。花期 4 ~ 5 月。轮伞花序在茎中部以上着生，向上渐密，排列成穗状花序；苞叶与茎叶同形，无柄。花萼漏斗状，长 6 ~ 7mm，外面在齿上毛最多，内面无毛，萼齿 5 枚，狭三角形或狭披针形，长为花萼的 3/5，整齐，先端渐尖，密具缘毛。花冠白色或淡蓝色，具紫蓝色斑点，筒状，挺直，藏于萼内，两面被疏微柔毛，内面近基部有毛环，冠檐二唇形，上唇极短，直立，圆形，先端微缺，下唇宽大，伸长，长 6 ~ 8mm，3 裂，中裂片扇形，先端圆形或微凹，侧裂片线状长圆形。雄蕊 4 枚，二强，弯曲，伸出，花丝几无毛。花柱粗壮，无毛，与雄蕊等长或略短，先端 2 个浅裂。花盘环状，裂片不明显，前面呈指状膨大。小坚果倒卵状或长倒卵状三棱形，背部具网状皱纹，腹部几为果脐所占。果期 5 ~ 11 月。

线叶筋骨草花相

线叶筋骨草花

分布与习性：分布于辽宁、河北、山西、陕西、河南。生于山地干草坡及沟边，海拔 700 ~ 900m。

园林应用： 布置花坛、花境。用本品提取挥发油杀虫效果显著。

031 山罗花 *Melampyrum roseum* Maxim.

山罗花植株与花

科属：玄参科，山罗花属。

形态特征：一年生半寄生草本，直立，植株全体疏被鳞片状短毛。茎通常多分枝，近于四棱形，高 15 ~ 80cm。叶柄长约 5mm，叶片披针形至卵状披针形，顶端渐尖，基部圆钝或楔形，长 2 ~ 8cm，宽 0.8 ~ 3cm。苞叶与叶同形，基部常有尖齿或刺毛状齿，较少全缘，顶端急尖至长渐尖。花萼长约 4mm，常被糙毛，脉上常生柔毛，萼齿长三角形至钻状三角形，生有短睫毛；花冠紫色、紫红色或红色，长 15 ~ 20mm，筒部长为檐部长的 2 倍左右，上唇内面密被须毛。蒴果卵状渐尖，长 8 ~ 10mm，直或顶端稍向前偏，被鳞片状毛。种子矩圆状，平滑，黑色，长 3mm。花期 8 ~ 9 月。

分布与习性：分布于河北、山西、陕西、甘肃、河南、湖北、湖南及东北、华东各省。生于山坡灌丛及高草丛中。

园林应用：花境材料。

山罗花花相

山罗花苞叶

032 大花糙苏 *Phlomis megalantha* Diels

大花糙苏花

大花糙苏种群

科属：唇形科，糙苏属。

形态特征：高 15 ~ 45cm。茎四棱形，疏被短毛。茎生叶对生；叶柄长 1.5 ~ 10cm；叶片卵圆形或卵状长圆形，长 5 ~ 17.5cm，宽 4.2 ~ 11cm，先端钝尖，基部心形，边缘具深圆齿，苞叶卵形至卵状披针形，超过花序；叶柄长不及 1cm。花期 6 ~ 7 月，轮伞花序多花，1 ~ 2 个生于主茎顶部；苞片线状钻形，较萼为短，边缘密被缘毛；花萼管状钟形，长 1.8 ~ 2.8cm，外面被疏柔毛，具 5 枚齿，萼齿先端微凹，具小刺尖，边缘被微柔毛；唇形花冠淡黄，长 3.7 ~ 5cm，外面疏被短柔毛，内面无毛环，上唇边缘具小齿，下唇较大，外面被短柔毛，3 枚圆齿，中裂片较大，圆卵形，边缘为不整齐的波状，侧裂片三角形；雄蕊 4 枚，二强，前对较长，花丝具长毛，无附属物。小坚果无毛。果期 8 ~ 11 月。

分布与习性：分布于河南、山西、陕西、湖北及四川。生于海拔 2 500 ~ 4 200m 的灌丛草坡或冷杉林下。

园林应用：绿叶黄花十分醒目美丽，可作为地被或花坛用花。

033 糙苏 *Phlomis umbrosa* Turcz.

科属： 唇形科，糙苏属。

糙苏植株

形态特征： 根肥粗，须根肉质。茎高 50 ~ 150cm，直立，多分枝，疏被向下短硬毛。茎叶圆卵形至卵状矩圆形，长 5.2 ~ 12cm，具长 1 ~ 12cm 的柄；苞叶变小，卵形，具短柄；叶片均两面疏被柔毛。轮伞花序多数，生主茎及分枝上，其下有被毛的条状钻形苞片；花萼筒状，长约 10mm，萼齿顶端具小刺尖，边缘被丛毛；花冠通常粉红，长约 1.7cm，上唇边缘有不整齐的小齿，下唇 3 个圆裂，中裂片较大；花丝无毛，无附属器。小坚果无毛。花期 6 ~ 9 月，果期 7 ~ 10 月。

分布与习性： 分布于辽宁、河南、山东、陕西、甘肃、四川、贵州、湖北、广东及华北各省区。生于疏林下或草坡。

园林应用： 园林地被，配置于疏林下，点缀于林缘、草丛、路旁等。

糙苏花序

034 大叶糙苏 *Phlomis maximowiczii* Regel

大叶糙苏叶子与花

科属：唇形科，糙苏属。

形态特征：高 80 ~ 100cm。茎直立，上部具分枝，四棱形，疏被向下的短硬毛。基生叶阔卵形，先端渐尖，基部浅心形，边缘锯齿状或牙齿状；下部的茎生叶同形，变小，长 9 ~ 15cm，宽 8 ~ 10cm，上部的茎叶更小；下部的苞叶卵状披针形，边缘锐锯齿状，最上部的苞叶长 2 ~ 3cm，宽 1 ~ 2cm，全缘或为向上的牙齿状，全部均超过轮伞花序，仅最上部的与之相等。叶片均薄纸质，上面橄榄绿色，被极疏的短硬毛，下面较淡，疏被较长的疏柔毛；下部的茎生叶叶柄长 7 ~ 9cm，上部的长 2 ~ 3cm，苞叶近无柄。花期 7 ~ 8 月。轮伞花序多花，具长 1 ~ 2mm 的总梗；苞片披针形，长 9 ~ 10mm，与花萼等长或超过之，边缘被缘毛。花萼管状，上部略扩展，长 8 ~ 10mm，被刚毛，齿截状，先端具极短的小刺尖。花冠粉红色，长约 2cm，冠筒外面在上部背面被白色疏柔毛，余部无毛，内面具斜向间断的毛环，冠檐二唇形，上唇长约 9mm，外面密被长绵毛及短绒毛，边缘为不整齐的小齿状，自内面密被髯毛，下唇外面被疏柔毛，长约 5mm，宽约 7mm，3 个圆裂，中裂片较大，阔卵形，侧裂片较小，卵形。雄蕊内藏，花丝上部具长毛。花柱先端不等 2 裂。

大叶糙苏花序

分布与习性：分布于吉林、辽宁及河北。生于山地林中、林边灌丛中、河岸、山谷。

园林应用：可植于岩石园，或布置花境。

035 黄芩 *Scutellaria baicalensis* Georgi

科属：唇形科，黄芩属。

形态特征：根茎肥厚，肉质。茎基部伏地，上升，高 30 ~ 120cm，钝四棱形，具细条纹，近无毛，绿色或带紫色，自基部多分枝。叶坚纸质，披针形至线状披针形，长 1.5 ~ 4.5cm，宽 0.3 ~ 1.2cm，顶端钝，基部圆形，全缘，上面暗绿色、无毛或疏被微柔毛，下面色较淡、无毛或沿中脉疏被微柔毛，密被下陷的腺点，侧脉 4 对，与中脉上面下陷下面凸出；叶柄短，长 2mm，腹凹背凸，被微柔毛。花序在茎及枝上顶生，总状，长 7 ~ 15cm，常于茎顶聚成圆锥花序；花梗长 3mm，与序轴均被微柔毛；苞片下部者似叶，上部者远较小，卵圆状披针形至披针形，长 4 ~ 11mm，近于无毛。花萼开花时长 4mm，盾片高 1.5mm，外面密被微柔毛，萼缘被疏柔毛，内面无毛，果时花萼长 5mm，有高 4mm 的盾片。花冠紫、紫红至蓝色，长 2.3 ~ 3cm，外面密被具腺短柔毛，内面在囊状膨大

黄芩花序与花

黄芩花萼

黄芩开花植株

黄芩花瓣

处被短柔毛；冠筒近基部明显膝曲，中部径 1.5mm，至喉部宽达 6mm；冠檐 2 唇形，上唇盔状，先端微缺，下唇中裂片三角状卵圆形，宽 7.5mm，两侧裂片向上唇靠合。雄蕊 4 枚，稍露出，前对较长，后对较短，背部具泡状毛，花丝扁平。花柱细长，先端锐尖，微裂。花盘环状，高 0.75mm，前方稍增大，后方延伸成极短子房柄。子房褐色，无毛。小坚果卵球形，高 1.5mm，径 1mm，黑褐色，具瘤，腹面近基部具果脐。花期 7 ~ 8 月，果期 8 ~ 9 月。

分布与习性：分布于东北、华北及河南、甘肃、陕西、山东、四川等省，江苏有栽培；生于海拔 60 ~ 1 300（1 700 ~ 2 000）m 的向阳草坡地、休荒地上。

园林应用：可作园林花境材料和观花地被。目前栽培药用为多。根茎为清凉性解热消炎药。茎秆可提制芳香油，亦可代茶，称为芩茶。

036 湖北蝇子草 *Silene hupehensis* C. L. Tang

科属：石竹科，蝇子草属。

湖北蝇子草花相

形态特征：高达 30cm。茎丛生。基生叶线形，长 5 ~ 8cm，宽 2 ~ 3.5mm，基部微抱茎，具缘毛；茎生叶少数。二歧聚伞花序分枝不等长，具 2 ~ 5 朵花，稀多数或单生；花直立，径 1.5 ~ 2cm。花梗细，长 2 ~ 5cm；苞片线状披针形，具缘毛；花萼钟形，长 1.2 ~ 1.5cm，径 3.5 ~ 7mm，基部圆，纵脉紫色，萼齿三角状卵形，长 2 ~ 4mm；花瓣淡红色，长 1.5 ~ 2cm，爪倒披针形，长 0.8 ~ 1cm，内藏或微伸出花萼，瓣片倒心形或宽倒卵形，长 7 ~ 9mm，2 浅裂，稀达中部，裂片微波状或具不明显缺刻；副花冠近肾形或披针形，长 1 ~ 3mm，常具不规则裂齿；雄蕊及花柱微伸出。蒴果卵圆形，长 6 ~ 8mm。种子圆肾形，长约 1.5mm，具细瘤，脊具鸡冠状凸起。花期 7 月，果期 8 ~ 9 月。

湖北蝇子草花序

分布与习性：分布于陕西、甘肃、河南、湖北及四川。生于海拔 1 200 ~ 2 700m 草坡或林间石缝中。

园林应用：花大而繁密，作为花坛用花或盆花。全草入药，用于跌打损伤。

湖北蝇子草植株

湖北蝇子草植株结实

037 狗舌草 *Tephroseris kirilowii* (Turcz. ex DC.) Holub

科属：菊科，狗舌草属。

形态特征：根多数，细索状。茎单一，直立，高 20 ~ 65cm，草质，有疏密不等的白色绒毛。基部叶莲座状，具短柄，椭圆形或近乎匙形，长 5 ~ 10cm，宽 1.5 ~ 2.5cm，边缘具浅齿或近乎全缘，两面均有白色绒毛；中部叶卵状椭圆形，无柄，基部半抱茎；顶端叶披针形或线状披针形，先端长尖，基部抱茎。头状花序 3 ~ 9 枚，成伞房状或假伞形排列；总苞筒状，苞片线状披针形，长 8mm，先端渐尖，基部和背部有白色毛，边缘膜质；边缘舌状花，黄色，雌性，舌片长 10mm，宽 4 ~ 5mm，先端 2 ~ 3 个齿裂；中央管状花，黄色，两性，长约 3mm，先端 5 个齿裂。瘦果椭圆形，长约 4mm，两端截形，有纵棱与细毛；冠毛白色。花期 4 ~ 5 月。

狗舌草开花植株

分布与习性：分布于东北以至华东、西南各地。生于塘边、路边湿地。

园林应用：繁殖力很强，只要栽植一朵，一年就可以繁殖成好几万朵。因此其花语是“繁殖”。寓意交友广阔，四海之内皆兄弟。可作切花材料或观花地被。

狗舌草花特写

狗舌草基生叶

038 蒲儿根 *Sinosenecio oldhamianus* (Maxim.) B. Nord.

科属：菊科，蒲儿根属。

蒲儿根群落景观

形态特征：宿根草本，高 30 ～ 70cm。茎直立。基部叶丛生，叶片肾圆形，基部浅心形，长约 2.5cm，宽约 3cm，顶端急尖，边缘有深或浅的重锯齿，两面有毛，有掌状脉，叶柄长约 6cm，基部具鞘；中部叶肾圆形至广卵状心形，先端短尖，有短柄；上部叶渐小，有短柄，三角状卵形，顶端渐尖。头状花序复伞房状排列；常多数，梗细长，有时具细条形苞叶；总苞宽钟状，直径 4 ～ 5mm，长 3 ～ 4mm，总苞片 10 余片，顶端细尖，边缘膜质；舌状花 1 层，舌片黄色，条形；筒状花多数，黄色。瘦果倒卵状圆柱形，长稍超过 1mm；冠毛白色。花期 4 ～ 5 月。

蒲儿根开花植株

分布与习性：广布于我国南部、东部、中部、西部、西南部及西北部。多变异。生于林缘、草坡、荒地及路旁。

园林应用：株型整齐，花色艳丽，适宜作花坛或背景材料。

蒲儿根根系

蒲儿根花相

039 大花金挖耳 *Carpesium macrocephalum* Franch. et Sav.

科属：菊科，天名精属。

大花金挖耳群落

形态特征：茎直立，高 50 ~ 120m，密被短柔毛或下部近无毛。下部叶宽卵形，长达 30 ~ 40cm，宽 10 ~ 15cm，基部下延成具宽翅的叶柄，边缘有不规则的重齿，两面有短柔毛，中上部叶渐小，倒卵状矩圆形或卵状披针形。头状花序生于茎和枝顶端，直径 2.5 ~ 3.5cm，下垂，基部有叶状苞片；总苞杯状；总苞片 3 层，外层与苞片相似，中层矩圆状条形，密生短柔毛，内层条状匙形，有睫毛；外围雌花具 5 裂，中央两性花有 5 裂片。瘦果圆柱状，稍弯。花期 8 月。

分布与习性：分布于东北、华北、内蒙古、陕西、甘肃和四川、河南；东亚地区也有分布。生于林缘、草地。

园林应用：可作园林耐阴地被。花及果实可提芳香油，可用于无公害农药研制。

大花金挖耳开花植株

大花金挖耳花序

040 猫儿菊 *Hypochaeris ciliata* (Thunb.) Makino

科属：菊科，菊属。

猫儿菊群落

形态特征：多年生草本；根垂直直伸，茎直立，有纵沟棱，高20～60cm，不分枝，全长或仅下半部被硬刺毛或光滑无毛，基部被黑褐色枯燥叶柄。基生叶长椭圆形或倒披针形，基部渐狭成长或短翼柄，包括翼柄长9～21cm，宽2～2.5cm，顶端急尖或圆形，边缘有尖锯齿或微尖齿；下部茎生叶与基生叶同形，等大或较小，但通常较宽，宽达5cm；向上的茎叶长椭圆形或长卵形，但较小，全部茎生叶基部平截或圆形，无柄，半抱茎。全部叶两面粗糙，被稠密的硬刺毛。头状花序单生于茎端。总苞宽钟状或半球形，直径2.2～2.5cm；总苞片3～4层，覆瓦状排列，外层卵形或长椭圆状卵形，顶端钝或渐尖，边缘有缘毛，中内层披针形，边缘无缘毛，顶端急尖，总苞片外面沿中脉被白毛。舌状小花多数，金黄色。瘦果圆柱状，浅褐色，长8mm，顶端截形，无喙，有15～16条稍高起的细纵肋。花果期6～9月。

分布与习性：分布于东北、华北各省及北京、河南；东亚各国也有分布。生于海拔850～1 200m的山坡草地、林缘路旁或灌丛中。

园林应用：在日本已作观赏栽培。

猫儿菊开花植株

猫儿菊花相

041 大火草 *Anemone tomentosa* (Maxim.) Pei

大火草开花植株

科属：毛茛科，银莲花属。

形态特征：植株高 40 ~ 150cm。根状茎粗 0.5 ~ 1.8cm。基生叶 3 ~ 4 枚，有长柄，为 3 出复叶，有时有 1 ~ 2 枚叶为单叶；中央小叶有长柄（长 5.2 ~ 7.5cm），小叶片卵形至三角状卵形，长 9 ~ 16cm，宽 7 ~ 12cm，顶端急尖，基部浅心形，心形或圆形，3 个浅裂至 3 个深裂，边缘有不规则小裂片和锯齿，表面有毛，背面密被白色绒毛，侧生小叶稍斜，叶柄长（6）16 ~ 48cm，与花葶都密被白色或淡黄色短绒毛。花葶粗 3 ~ 9mm；聚伞花序长 26 ~ 38cm，2 ~ 3 回分枝；苞片 3 枚，与基生叶相似，不等大；花梗长 3.5 ~ 6.8cm，有短绒毛；萼片 5 枚，淡粉红色或白色，倒卵形、宽倒卵形，长 1.5 ~ 2.2cm，宽 1 ~ 2cm，背面有短绒毛，雄蕊长约为萼片长度的 1/4。聚合果球形，直径约 1cm；瘦果长约 3mm，有细柄，密被绵毛。花期 7 ~ 10 月。

分布与习性：分布于四川、青海、甘肃、陕西、湖北、河南、山西、河北。生于海拔 700 ~ 3 400m 的山地草坡或路边向阳处。

园林应用：适应性较强，适于林缘、草坡、草坪上大面积种植，也可用于布置花境。

大火草种群

大火草花序

042 旋覆花 *Inula japonica* Thunb.

旋覆花种群

科属：菊科，旋覆花属。

形态特征：茎被长伏毛，或下部脱毛。中部叶长圆形、长圆状披针形或披针形，长4 ~ 13cm，基部常有圆形半抱茎小耳，无柄，有小尖头状疏齿或全缘，上下面有疏毛，中脉和侧脉有较密长毛；上部叶线状披针形。头状花序径3 ~ 4cm，排成疏散伞房花序，花序梗细长。总苞半球形，径1.3 ~ 1.7cm，总苞片约5层，线状披针形，近等长，最外层常叶质，较长，内层干膜质，渐尖，有腺点和缘毛。舌状花黄色，是总苞长的2 ~ 2.5倍，舌片线形，长1 ~ 1.3cm；管状花花冠长约5mm，冠毛白色，有20余微糙毛，与管状花近等长。瘦果长1 ~ 1.2mm，圆柱形，有10条浅沟，被疏毛。花期6 ~ 10月，果期9 ~ 11月。

分布与习性：分布于全国大部分省区。生于海拔150 ~ 2 400m山坡、湿润草地、河岸。

园林应用：宜作花境材料植于湿地边、岩石园中。根及叶、花为中药材。

旋覆花花相

旋覆花叶子

043 线叶旋覆花 *Inula lineariaefolia* Turcz.

科属：菊科，旋覆花属。

形态特征：多年生草本。茎被柔毛，兼有腺体。基部叶和下部叶线状披针形，或有椭圆状披针形，长 5 ~ 15cm，下部渐窄成长柄，边缘常反卷，有不明显小齿，上面无毛，下面被毛；中部叶渐无柄，上部叶线状披针形或线形。头状花序径 1.5 ~ 2.5cm，单生枝端或 3 ~ 5 排成伞房状；总苞半球形，长 5 ~ 6mm，总苞片约 4 层，线状披针形，上部叶质，下部革质，背面被腺和柔毛。舌状花较总苞长 2 倍；舌片黄色，长圆状线形，管状花有尖三角形裂片；冠毛白色，与管状花花冠等长，有多数微糙毛。瘦果圆柱形，有细沟，被粗毛。花期 7 ~ 9 月，果期 8 ~ 10 月。

线叶旋覆花种群花相

分布与习性：分布于东北、华北和内蒙古、宁夏、陕西、河北、河南、贵州等省区。广布东亚各国。生于海拔 150 ~ 500m 的山坡、荒地、路旁或河岸。

园林应用：同旋覆花。

线叶旋覆花开花植株

044 华北耧斗菜 *Aquilegia yabeana* Kitagawa

华北耧斗菜种群

科属：毛茛科，耧斗菜属。

形态特征：多年生草本，株高40 ~ 60cm，疏被短柔毛和少数腺毛，茎直立，多分枝，基生叶具长柄，1 ~ 2回3出复叶，茎生叶较小。总状花序顶生，花朵下倾。萼片花瓣状，花瓣、萼片同为紫色。花期5 ~ 6月。

分布与习性：东北、河北、西北、华东各省及河南有分布；生于山坡、林缘及山沟石缝间。

园林应用：花大而美丽，适合在林荫下的花境、草坪边缘、灌木丛下栽植。

华北耧斗菜花序

华北耧斗菜开花植株

华北耧斗菜花相

045 紫斑风铃草 *Campanula punctata* Lam.

科属：桔梗科，风铃草属。

紫斑风铃草群落

形态特征：全体被刚毛，具细长横走的根状茎。茎直立，粗壮，高 20 ~ 100cm，通常上部分枝。基生叶具长柄，叶片心状卵形；茎生叶下部有带翅的长柄，上部的无柄，三角状卵形至披针形，边缘有不整齐钝齿。花顶生于主茎及分枝顶端，下垂；花萼裂片长三角形，裂片间有一个卵形至卵状披针形而反折的附属物，它的边缘有芒状长刺毛；花冠白色，带紫斑，筒状钟形，长 3 ~ 6.5cm，裂片有睫毛。蒴果半球状倒锥形，脉很明显。种子灰褐色，矩圆状，稍扁。花期 6 ~ 9 月。

分布与习性：主要分布于我国东北、华北及河南、陕西、甘肃、四川等地区；东亚地区也有分布。生于山地林中、灌丛及草地，在南方可至海拔 2 300m 处。

园林应用：布置花坛、花境及岩石园。

紫斑风铃草花相

紫斑风铃草开花植株

046 中华花荵 *Polemonium chinense*（Brand） Brand

中华花荵花序

科属：花荵科，花荵属。

形态特征：根匍匐，圆柱状，多纤维状须根。茎直立，高 0.5 ~ 1m，无毛或被疏柔毛。羽状复叶互生，茎下部叶长可达 20cm，茎上部叶长 7 ~ 14cm，小叶互生，11 ~ 21 枚，长卵形至披针形，长 1.5 ~ 4cm，宽 0.5 ~ 1.4cm，顶端锐尖或渐尖，基部近圆形，全缘，两面有疏柔毛或近无毛，无小叶柄；叶柄长 1.5 ~ 8cm，生下部者长，上部具短叶柄或无柄，与叶轴同被疏柔毛或近无毛。疏散聚伞圆锥花序顶生或生于上部叶腋，疏生多花；花梗长 3 ~ 10mm，连同总梗、花萼均具腺毛；花萼钟状，长 5 ~ 8mm，萼裂片长卵形或卵状披针形，顶端锐尖或钝头，与萼筒近相等长；花冠紫蓝色，钟状，长 1 ~ 1.5cm，裂片倒卵形，顶端圆或偶有渐狭或略尖，边缘间或有缘毛；雄蕊着生于花冠筒基部之上，通常与花柱都伸出花冠外，花药卵圆形，花丝基部簇生黄白色柔毛；子房球形。蒴果卵形，长 5 ~ 7mm。种子褐色，纺锤形种皮，干后膜质似种子有翅。花期 6 月

分布与习性：分布于青海、甘肃、陕西、河南、山西、湖北、四川东部和北部。生于海拔 2 000 ~ 3 600m 的潮湿草丛、河边、沟边林下、山谷密林或山坡路旁杂草间。

园林应用：作为疏林下的花坛、花境材料。兼作药材。

中华花荵种群

中华花荵含蕾植株

047 桔梗 *Platycodon grandiflorus* (Jacq.) A. DC.

桔梗花相

科属：桔梗科，桔梗属。

形态特征：茎高20 ~ 120cm，通常无毛，偶密被短毛，不分枝，极少上部分枝。叶全部轮生，部分轮生至全部互生，无柄，叶片卵形，卵状椭圆形至披针形，长2 ~ 7cm，宽0.5 ~ 3.5cm，基部宽楔形至圆钝，急尖，上面无毛而绿色，下面常无毛而有白粉，边缘具细锯齿。花单朵顶生，或集成假总状花序或圆锥花序；花萼筒部半圆球状或圆球状倒锥形，被白粉，裂片三角形或狭三角形，有时齿状；花冠大，长1.5 ~ 4.0cm，蓝色或紫色。蒴果球状，或球状倒圆锥形，或倒卵状，长1 ~ 2.5cm，直径约1cm。花期7 ~ 9月。

桔梗开花植株

分布与习性：分布于东北、华北、华东、华中各省以及广东、广西、贵州、云南、四川、陕西；东北亚地区也有分布。喜光、喜温和湿润凉爽气候。

园林应用：已有栽培应用，可作为花坛、花境素材。又是常用中药材，具有宣肺、祛痰、利咽、排脓等功效，药食两用。

048 裂叶堇菜 *Viola dissecta* Ledeb.

科属：堇菜科，堇菜属。

形态特征：多年生草本，无地上茎，高达30cm。根状茎短而垂直。叶基生，圆形或宽卵形，长1.2 ~ 9cm，宽1.5 ~ 10cm，3（5）全裂，两侧裂片2深裂，中裂片3深裂，裂片线形、长圆形或窄卵状披针形，全缘或疏生缺刻状钝齿，或近羽状浅裂，小裂片全缘；叶柄长1.5 ~ 24cm，幼时与幼叶常被短柔毛，后无毛，托叶约2/3与叶柄合生，离生部分窄披针形，疏生细齿。花较大，淡紫或紫堇色；花梗与叶等长或稍高于叶，果期较叶短，中部以下有2枚线形小苞片；萼片卵形或披针形；上方花瓣长倒卵形，长0.8 ~ 1.3cm，侧瓣长圆状倒卵形，内面基部有长毛或疏生须毛，下瓣连圆筒状距长1.4 ~ 2.2cm；柱头两侧及后方具直展的缘边，前方具短喙，喙具明显的柱头孔。蒴果长圆形或椭圆形，无毛。花期4 ~ 9月，果期5 ~ 10月。

裂叶堇菜花朵特写

分布与习性：分布于东北、华北、华东、河南、湖北、四川、陕西、甘肃及青海；东北亚地区也有分布。生于海拔1 600m以下山地阔叶林下、林缘、溪谷阴湿处、阳坡灌丛或草坡。

园林应用：作林下地被。

裂叶堇菜叶子

裂叶堇菜群落

049 鸡腿堇菜 *Viola acuminata* Ledeb.

鸡腿堇菜地被效果

科属：堇菜科，堇菜属。

形态特征：通常无基生叶。根状茎较粗，密生多条淡褐色根。茎直立，通常 2 ~ 4 条丛生，高 10 ~ 40cm，无毛或上部被白色柔毛。叶片心形、卵状心形或卵形，先端锐尖、短渐尖至长渐尖，基部通常心形，稀截形，边缘具钝锯齿及短缘毛，两面密生褐色腺点，沿叶脉被疏毛；花瓣有褐色腺点，上方花瓣与侧方花瓣近等长，上瓣向上反曲，侧瓣近基部有长须毛，下瓣有紫色脉纹，连距长 0.9 ~ 1.6cm；距通常直，长 1.5 ~ 3.5mm，呈囊状，末端钝；下方 2 枚雄蕊之距短而钝；子房圆锥状，无毛，花柱向上渐增粗，顶部具数列乳头状凸起，先端具短喙，喙端微向上翘，具较大的柱头孔。蒴果椭圆形，长约 1cm，无毛，通常有黄褐色腺点，先端渐尖。花果期 5 ~ 9 月。

鸡腿堇菜花

分布与习性：分布于陕西、甘肃、河南、安徽、湖南及华东、东北、华北等地；东北亚地区也有分布。生长于海拔 50 ~ 2 400m 的地区，见于灌丛、山坡草地、林缘、杂木林下和溪谷湿地。

园林应用：作早春开花的林下地被。药用。嫩茎叶可食用。

鸡腿堇菜花相

鸡腿堇菜种群及叶子

050 双花堇菜 *Viola biflora* Linn.

双花堇菜开花植株

科属：堇菜科，堇菜属。

形态特征：高3～25cm。茎纤细，常具3节。基生叶具长柄；叶肾形、宽卵形或近圆形，长1～3cm，宽1～4.5cm，先端钝圆，基部心形，具钝齿，上下两面或有毛。茎生叶具短柄，叶较小。托叶离生，卵形或卵状披针形，全缘或疏生细齿。花1～3朵，生于茎上部叶腋；花梗细柔，上部有2枚披针形小苞片；萼片5枚，披针形，长3～4mm，基部附属物极短，具膜质缘，无毛或中下部具短缘毛；花瓣淡黄色至黄色，末期有时变淡白色，长圆状倒卵形，长6～8mm，具紫色脉纹，侧瓣无须毛，下瓣连距长约1cm，距短小，微超出萼基部；花柱2深裂，裂片斜展，具明显的柱头孔。蒴果长圆状卵形，长4～7cm，无毛。花果期5～9月。

双花堇菜花萼

分布与习性：分布于东北、华北、西北各省及山东、台湾、河南、四川、云南、西藏。生于海拔2 500～4 000m高山及亚高山地带草甸、灌丛或林缘、岩石缝隙间。

园林应用：花色鲜艳，可盆栽或作林下地被。药用具活血散瘀、止血之功效。

051 斑叶堇菜 *Viola variegata* Fisch ex Link

科属：堇菜科，堇菜属。

形态特征：高 3 ~ 12cm。根状茎短而细，长 4 ~ 15mm，节密生，具数条淡褐色或近白色的长根。叶基生，呈莲座状，叶片圆形或圆卵形，先端圆形或钝，基部心形，边缘具圆钝齿，上面暗绿色或绿色，沿叶脉有明显的白色斑纹，下面通常稍带紫红色，两面通常被毛，或近无毛；花暗紫色，下部色较淡；蒴果椭圆形，长约 7mm，无毛或疏生短毛；幼果球形常被毛。种子淡褐色，小形，长约 1.5mm，附属物短。花期 4 ~ 8 月，果期 6 ~ 9 月。

斑叶堇菜花相

分布与习性：分布于东北、华北及陕西、甘肃、安徽、河南。生于山坡草地、林下、灌丛中或阴处岩石缝隙中。

园林应用：盆栽或用作林下地被、花境材料。全草可入药，具有清热解毒、凉血止血功效。

斑叶堇菜花朵

斑叶堇菜叶子

052 蓝雪花（角柱花）*Ceratostigma plumbaginoides* Bunge

科属：蓝雪科，蓝雪花属。

蓝雪花种群

形态特征：半灌木，高 40 ~ 80cm；新枝，带红色，有棱槽，无毛或疏生硬毛；腋芽裸露。叶倒卵形，长 2 ~ 9cm，宽 1.2 ~ 4.5cm，顶端钝或急尖，基部楔形下延，下面沿叶脉疏生硬毛，边缘具缘毛。花集成顶生和腋生的头状聚伞花序，花基部有 2 ~ 3 枚红色苞片，苞片短于花萼，稍具硬毛；花萼长 11 ~ 14mm，无腺毛，萼筒筒状，长于裂片，萼裂片钻形，褐红色；花冠高脚碟状，长 17 ~ 23mm，深蓝色；雄蕊 5 枚，下位，着生于花冠筒底部；花柱合生，仅上部分离，柱头丝状，子房条状矩圆形。蒴果盖裂。花期 6 ~ 8 月。

分布与习性：分布于河北、河南、山西。生于海拔 1 000m 以上的坡地。长势强健，耐热，较耐高温高湿，病虫害少，管理简单，观赏期长。

园林应用：庭园林缘栽培，或盆栽点缀居室、阳台，更适宜大型容器组合盆栽，用于场馆周边、道路、立交桥等的环境布置。

蓝雪花植株

蓝雪花花序、花萼

053 山丹 *Lilium pumilum* DC.

科属：百合科，百合属。

形态特征：草本，高 30 ~ 60cm。鳞茎圆锥形或长卵形，高 2.5 ~ 4cm，径 1.8 ~ 3.5cm。叶线形，长 3 ~ 10cm，宽 1 ~ 3mm。花 1 ~ 3 朵，下垂，鲜红色或紫红色，花被片长 3 ~ 4.5cm，宽 5 ~ 7mm，反卷，无斑点或有少数斑点；花药具红色花粉。蒴果近球形，直径 1.7 ~ 2.2cm。花期 6 ~ 8 月，果期 8 ~ 9 月。

山丹花朵

分布与习性：分布于东北、华北及河南、陕西、宁夏、甘肃、青海等省区。生于石质山坡、草地、灌丛及疏林下。耐寒，略耐阴，喜微酸性土，忌硬黏土。

园林应用：食用、观赏和药用。

山丹叶子

山丹花序

山丹植株

054 川百合 *Lilium davidii* Duchartre

科属：百合科，百合属。

形态特征：多年生草本。鳞茎为扁球形，白色。茎干绿色，上半部有小突起及稀疏的绵毛。叶片散生，为线状披针形，边缘反卷并有明显的小乳头状突起，中脉明显，往往在上面凹陷，在背面凸出，叶腋有白色绵毛。花下垂，橘红色，花被上有密集的褐色斑点，花被极度反卷，背部疏生白绵毛。花期7月，果期9月。

川百合花序

分布与习性：分布于四川、云南、陕西、甘肃、河南、山西和湖北。生长在海拔850 ~ 3 200m的山坡草地、林下潮湿处或林缘。

川百合花朵特写

园林应用：观赏和食用价值均比较出色，食用栽培较多。

川百合叶子背面

055 房山紫堇 *Corydalis fangshanensis* W. T. Wang ex S. Y. He

科属： 罂粟科，紫堇属。

形态特征： 灰绿色丛生，高 20 ~ 30cm，具主根。根茎多头。茎不分枝，花葶状，无叶，有时基部具 1 ~ 2 枚叶。基生叶多数，约与花葶等长；叶柄稍长于叶片，基部具鞘；叶片披针形，2 回羽状全裂，1 回羽片 5 ~ 7 对，具短柄，末回羽片倒卵形，基部楔形，长 1.5 ~ 2cm，宽 1.3 ~ 2cm，3 个深裂，裂片常 2 ~ 3 个浅裂。总状花序长 5 ~ 8cm，疏具多花。苞片披针形，约与花梗等长。花梗长约 5mm。花淡红紫色至近白色，平展。萼片卵圆形，全缘，长约 2mm。外花瓣宽展，渐尖，具浅鸡冠状突起。上花瓣长约 2cm；距囊状，约占花瓣全长的 1/4；蜜腺体约贯穿距长的 1/2。下花瓣长约 1.6cm，爪约与瓣片等长。内花瓣具高鸡冠状突起，爪约与瓣片等长。雄蕊束披针形。子房线形，为花柱长的 2 倍。蒴果线形，下垂，长约 2cm，具 1 列种子。种子肾形，直径约 1.5mm，种阜柄状，紧贴。花果期 4 ~ 6 月。

房山紫堇种群效果

分布与习性： 分布于北京、河北、山西、河南等地。生于海拔 500 ~ 1 600m 的石灰岩多石山坡。耐阴。

园林应用： 美丽的观叶观花植物，宜盆栽作耐阴地被。根药用，具清热解毒功效。

房山紫堇花序

房山紫堇花特写

056 黄堇 *Corydalis pallida* (Thunb.) Pors.

科属：罂粟科，紫堇属。

黄堇种群花期景观

形态特征：草本，无毛，具直根。茎高18～60cm。叶片下面有白粉，轮廓卵形，长达20cm，2～3回羽状全裂，2回或3回裂片卵形或菱形，浅裂，稀深裂，小裂片卵形或狭卵形。总状花序长达25cm；苞片狭卵形至条形；萼片小；花瓣淡黄色，上面花瓣长1.5～1.8cm，距圆筒形，长6～8mm。蒴果串珠状，长达3cm；种子黑色，扁球形，直径约1.5mm，密生圆锥状小突起。花果期4～6月。

分布与习性：分布于珠江流域和长江流域中、下游各省，北达陕西南部和河南西南部；日本也有分布。生于丘陵、山地林下或沟边潮湿处。

园林应用：作林下、路缘、溪边的耐阴缀花地被。外用具杀虫、解毒、清热、利尿的功效。

黄堇复叶与果序

黄堇花

057 少花米口袋（狭叶米口袋、长柄米口袋）*Gueldenstaedtia verna* (Georgi) Boriss.

科属：豆科，米口袋属。

少花米口袋花相

形态特征：分茎极缩短。托叶卵形或窄三角形，先端渐尖，外面被稀疏白毛，内面无毛；羽状复叶通常长 10 ~ 13cm；小叶 9 ~ 13 枚，卵形或椭圆形，长 0.2 ~ 1.3cm，两面被稀疏白毛，有时近无毛。伞形花序有 4 ~ 8 朵花；花序梗长 10 ~ 23cm；苞片窄三角形，花梗长 2 ~ 3mm；小苞片线形；花萼钟状，绿色，被白毛，具 5 枚不等萼齿，上方 2 枚萼齿较宽大，下方 3 枚萼齿较短窄，只有上方 2 枚萼齿的一半。花冠紫色，旗瓣宽卵形或近圆形，长 1.2cm，翼瓣长倒卵形，先端斜截，长 1.1cm，最宽处 3.5mm，具耳，瓣柄长 2mm，龙骨瓣斜倒卵形，具耳，柄长 2.5mm；子房圆棒状，密被长柔毛，花柱向上卷曲。荚果圆柱形，长 1.7cm，被白毛。种子肾形，具凹点。花期 3 月，果期 5 月。

分布与习性：分布于安徽、湖北、河南、山西及陕西。生于海拔 700 ~ 1 000m 的山地。

园林应用：作为地被或花境材料。全草入药，具清热解毒功效。

少花米口袋花朵特写

少花米口袋复叶

058 蒙古芯芭 *Cymbaria mongolica* Maxim.

蒙古芯芭夏季种群

科属：玄参科，芯芭属。

形态特征：丛生，高 5 ～ 20cm。茎基部密被短柔毛。叶无柄，对生或在茎上部近互生，矩圆状披针形至条状披针形，长 23 ～ 42mm，宽 3 ～ 4mm。花少数，生叶腋，每茎 1 ～ 4 朵；花梗长 3 ～ 10mm；小苞片 2 枚，全缘或有 1 ～ 2 枚小齿；花萼长 15 ～ 30mm，萼齿 5 ～ 6 枚，钻形，齿间有 1 ～ 3 枚线形小齿；花冠黄色，长 25 ～ 35mm，上唇略盔状，裂片向前外侧反卷，下唇 3 裂，开展；雄蕊 2 枚强，花药长 3 ～ 3.5mm，顶端无毛或偶有柔毛；子房矩圆形。蒴果长卵状；种子长卵形，周围有一圈狭翅。花果期 4 ～ 5 月。

蒙古芯芭开花植株

分布与习性：分布于内蒙古、山西、陕西、河南、甘肃、青海。常生于干旱黄土坡上。

园林应用：作干旱黄土坡地被。是特种蒙药，具祛风除湿、清热利尿、凉血止血之效。

蒙古芯芭果实

蒙古芯芭花相

059 藓生马先蒿 *Pedicularis muscicola* Maxim.

科属：玄参科，马先蒿属。

形态特征：多毛。茎丛生，长达 25cm。叶柄长达 1.5cm；叶片椭圆形至披针形，长达 5cm，羽状全裂；裂片每边 4 ~ 9 片，有短柄，有锐重锯齿，上面有毛。花腋生，梗长达 1.5cm；花萼圆筒状，长达 11mm，齿 5 枚，上部卵形而有锯齿；

藓生马先蒿开花植株

花冠玫瑰色，管长 4 ~ 7.5cm，盔直立部分很短，几在基部即向左方扭折使其顶部向下，前方渐细为 S 形的长喙，喙反向上方卷曲，长 10mm 或更多，下唇极大，长、宽均达 2cm，中裂较侧裂小，矩圆形；花丝均无毛；花柱稍伸出喙端。蒴果偏卵状，为宿存萼所包。花期 4 月。

藓生马先蒿花朵特写

分布与习性：分布于山西、陕西、河南、甘肃、青海和湖北西部。生于海拔 1 750 ~ 2 650m 的杂林、冷杉林的苔藓层中或其他阴湿处。

园林应用：林下观花地被。全草药用，具大补元气、生津安神、强心之功效。

藓生马先蒿果实

藓生马先蒿花相

060 山西马先蒿 *Pedicularis shansiensis* Tsoong

山西马先蒿花序

科属：玄参科，马先蒿属。

形态特征：多年生草本，高达70cm。茎有条纹，沟中有长毛。叶互生，披针状条形，长5 ~ 12cm，宽0.8 ~ 4.5cm，羽状深裂；小裂片9 ~ 15对，三角状卵形至披针状矩圆形。花序总状；苞片叶状，有重锯齿，远长于花；花浅黄色；花萼长约14mm，具5枚齿，其中1枚较小；花冠长约45mm，密生腺毛，下唇椭圆形，中裂宽心形，叠置于侧裂之下，两侧后方有两条褶襞趋向花喉，侧裂似肾形，盔上半部稍膝屈，端钝，无小凸尖，长20mm；花丝两对均无毛。蒴果矩圆状卵圆形，端锐尖。花期6月。

分布与习性：分布于河南、山西、陕西。生于海拔1 160 ~ 2 400m的草坡或灌丛草原中。

园林应用：作为阴生地被。药用有祛风利湿、杀虫的功效。

山西马先蒿花

山西马先蒿植株

061 长蕊石头花 *Gypsophila oldhamiana* Miq.

科属：石竹科，石头花属。

长蕊石头花群落季相

形态特征：多年生，高 0.6 ~ 1m，全株无毛，粉绿色。根粗壮。茎多数，上部分枝。叶矩圆状披针形，长 4 ~ 8cm，宽 5 ~ 15mm，有 3 条纵脉，近顶生的较狭，条形。聚伞花序顶生，稍扩展；花梗长约 5mm；花萼钟状，裂片 5，矩圆形，钝头，边缘白色；花瓣 5 枚，粉红色或白色，倒卵形，超出花萼外；雄蕊 10 枚；子房卵圆形，花柱 2 枚，伸出花冠外。蒴果比萼稍长；种子近肾形。花期 8 月。

长蕊石头花花相

分布与习性：主要分布于华中、华北和东北。生于海拔 1 000 ~ 2 000m 的山地草原。

园林应用：可作缀花地被，嫩叶可食。根药用，有清热、凉血功效。

长蕊石头花种群花相

长蕊石头花植株

062 缬草 *Valeriana officinalis* L.

缬草种群景观

科属：败酱科，缬草属。

形态特征：高达 1.5cm。茎中空，有纵棱，被粗白毛。根状茎浓香，粗短。叶对生，2 ~ 9 对羽状深裂，中央裂片与两侧裂片近同形同大，但常与第 1 对侧裂片合生成 3 裂状，裂片披针形或条形，顶端渐窄，基部下延，全缘或有极疏锯齿。花成伞房状三出聚伞圆锥花序，果时疏大；苞片羽裂，长 1 ~ 2cm；小苞片条形，长约 1cm；花萼内卷；花冠淡紫红或白色，筒状，长约 5mm，上部稍宽，5 裂；雄蕊 3 枚；子房下位。瘦果卵形，基部近平截，顶端宿萼多条，羽毛状。花期 5 月。

分布与习性：除广西、广东、香港、海南、福建、江苏外，全国均有分布，生于海拔 2 500m 以下山坡草地、林下或沟边。耐寒，耐阴。

园林应用：各地药圃常栽培。北美有栽培。花浓香。可作园林花境与地被。根茎及根供药用，可祛风、镇痉，治跌打损伤等。亦可作为膳食补充剂。

缬草复叶

缬草花相

063 糙叶败酱 *Patrinia rupestris* subsp. *scabra* (Bunge) H. J. Wang

糙叶败酱花相

科属：败酱科，败酱属。

形态特征：多年生草本，高 0.6 ～ 1m。茎丛生，连同花序梗被糙毛。基生叶花时枯萎，倒卵状长圆形、长圆形、卵形或倒卵形，长 2 ～ 7cm，羽状浅裂、深裂至全裂或不裂而有缺刻状钝齿，顶生裂片常具缺刻状钝齿或浅裂至深裂，柄长 2 ～ 4cm 或几无柄；茎生叶较坚挺，长圆形或椭圆形，长 3 ～ 7cm，1 回羽状深裂或全裂，具 3 ～ 6 对侧生裂片，裂片疏具缺刻状钝齿或全缘，顶裂片与侧裂片常全裂成 3 个线形裂片或羽状分裂，叶柄短，上部叶无柄。花密生，伞房状聚伞花序具 3 ～ 7 级对生分枝，最下分枝处总苞片羽状全裂，具 3 ～ 5 对线形裂片，上部分枝总苞叶线形或具 1 ～ 2 对侧裂片。萼齿平截、波状或卵圆形，长 0.1 ～ 0.2mm；花冠黄色，漏斗

糙叶败酱种群花相

状钟形，长 6.5 ~ 7.5mm，径达 5 ~ 6.5mm，基部一侧有浅囊肿，花冠裂片长 1.2 ~ 2mm；近蜜囊 4 枚花丝。瘦果倒卵圆柱状，果柄与下面增大干膜质苞片贴生。花期 7 ~ 9 月，果期 8 ~ 10 月。

分布与习性：分布于东北、华北、山东、河南、西北东部。生于海拔（250）500 ~ 1700（2340）m 的草原带、森林草原带的石质丘陵坡地石缝或较干燥的阳坡草丛中。

园林应用：用于岩石园或阳坡绿化美化。

糙叶败酱盛开的植株

糙叶败酱未成熟果序

糙叶败酱叶子

064 沼生柳叶菜 *Epilobium palustre* L.

沼生柳叶菜植株

科属：柳叶菜科，柳叶菜属。

形态特征：直立，自茎基部生出纤细的越冬匍匐枝，长 5 ~ 50cm，稀疏的节上生成对的叶，顶生肉质鳞芽，次年鳞叶变褐色，生茎基部。茎高 15 ~ 70cm，不分枝或分枝。叶对生，花序上的互生，近线形至狭披针形，长 1.2 ~ 7cm，宽 0.3 ~ 1.2（~ 1.9）cm，先端锐尖或渐尖，有时稍钝，基部近圆形或楔形，边缘全缘或有浅齿，不明显，下面脉上与边缘疏生毛。花序花前直立或稍下垂，密被曲柔毛。花近直立；花柄长 0.8 ~ 1.5cm；花管长 1 ~ 1.2mm，径 1.3 ~ 2mm，喉部近无毛；萼片长圆状披针形，先端锐尖，密被毛；花瓣白色至粉红色或玫瑰紫色，倒心形，先端凹缺；花药长圆状；花丝外轮长，内轮较短；花柱直立，无毛；柱头棍棒状至近圆柱状，开花时稍伸出外轮花药。蒴果长 3 ~ 9cm，被毛；果梗长 1 ~ 5cm。种子棱形至狭倒卵状，褐色，表面具细小乳突。花期 6 ~ 8 月，果期 8 ~ 9 月。

分布与习性：分布于东北、华北、西北及河南、四川、云南、西藏各省区。生于湖塘、沼泽、河谷、溪沟旁、亚高山与高山草地湿润处，海拔在北方 200 ~ 2 500m。广布于北半球温带与寒带地区湿地。

园林应用：作湿生花卉。全草入药，具清热消炎、镇咳、疏风功效。

沼生柳叶菜花朵

沼生柳叶菜花序

065 蓝刺头 *Echinops sphaerocephalus* Linn.

科属：菊科，蓝刺头属。

形态特征：多年生草本。茎单生，上部分枝，茎枝被毛。叶宽披针形，长 15 ～ 25cm，向上渐小，均羽状半裂；叶纸质，两面被毛，沿脉有长毛。复头状花序单生茎枝顶端，径 4 ～ 5.5cm，基毛长 1cm，长为总苞之半，白色。总苞片 14 ～ 18 枚，外层长倒披针形，上部褐色，背面被糙毛及腺点，边缘有稍长缘毛，先端针芒状长渐尖，中层倒披针形或长椭圆形，内层披针形。小花淡蓝或白色。瘦果倒圆锥状，密被黄毛。冠毛杯状，膜片线形，边缘糙毛状。花果期 8 ～ 9 月。

蓝刺头植株

分布与习性：分布于新疆北部及东北部，中北亚广布。常见于海拔 1 200 ～ 2 200m 山坡草地及山坡疏林下。生态适应性广，耐干旱，耐瘠薄，耐寒，喜凉爽气候和排水良好的沙质土，忌炎热、湿涝。

园林应用：优良的花境材料，亦可作鲜切花和干花，或蜜源与药用植物。

蓝刺头花特写

蓝刺头花相

066 蛇莓 *Duchesnea indica* (Andr.) Focke

科属：蔷薇科，蛇莓属。

形态特征：多年生宿根草本，矮小，具长匍匐茎，有柔毛。3出复叶，小叶片近无柄，菱状卵形或倒卵形，长1.5～3cm，宽1.2～2cm，边缘具钝锯齿，两面具毛或上面无毛；叶柄长1～5cm；托叶卵披针形，有时3裂，有柔毛。花单生于叶腋，直径1～1.8cm，花梗长3～6cm，有柔毛；花托扁平，果期膨大成半圆形，海绵质，红色；副萼片5枚，先端3裂，稀5裂；萼裂片卵状披针形，比副萼片小，均有柔毛；花瓣黄色，矩圆形或倒卵形。瘦果小，矩圆状卵形，暗红色。花期4～8月，果期5～10月。

蛇莓片植效果

蛇莓果和花

分布与习性：分布于辽宁以南各省区；广泛分布于亚洲、欧洲、中美、南美地区。生于山坡、路旁、草丛、阴湿处。在半阴处开花良好。

园林应用：耐阴、返青早、生长迅速、覆盖地面能力强、抗逆能力强、花期较长、绿色期长、管理粗放简单，无须修剪。宜栽在斜坡、林下、庭园等地，形成较具特色的绿化景观，增强都市野趣，是不可多得的优良地被植物。全株药用，具有活血散结、收敛止血、清热解毒的功效。

067 蒲公英 *Taraxacum mongolicum* Hand.-Mazz.

蒲公英与委陵菜混交效果

科属：菊科，蒲公英属。

形态特征：根垂直。叶莲座状平展，矩圆状倒披针形或倒披针形，长 5 ~ 15cm，宽 1 ~ 5.5cm，羽状深裂，侧裂片 4 ~ 5 对，矩圆状披针形或三角形，具齿，顶裂片较大，戟状矩圆形，羽状浅裂或仅具波状齿，基部狭成短叶柄，被疏毛。花葶数个，空心，与叶近等长，上端被毛。总苞淡绿色，外层总苞片卵状披针形至披针形，边缘膜质，被白毛，内层条状披针形，长为外层的 1.5 ~ 2 倍，顶端有小角；舌状花黄色。瘦果褐色，长 4mm，上半部有尖小瘤，喙长 6 ~ 8mm；冠毛白色。花期 3 ~ 8 月。

分布与习性：广布于东北、华北、华东、华中、西北、西南各省区。广泛生于中、低海拔地区的山坡草地、路边、田野、河滩。

园林应用：有保健食用、药用、观赏等价值。可布置花境、点缀草地等。

蒲公英植株

蒲公英果实

068 萱草 *Hemerocallis fulva* (L.) L.

科属：百合科，萱草属。

萱草种群效果

形态特征：根近肉质，中下部有纺锤状膨大；叶条形，一般较宽。花葶粗壮，高 0.6 ~ 1m；圆锥花序具 6 ~ 12 朵花或更多，苞片卵状披针形。无香味，橘红色至橘黄色。外轮花被裂片长圆状披针形，宽 1.2 ~ 1.8cm，具平行脉，内轮裂片长圆形，下部有 A 形彩斑，宽达 2.5cm，具分枝脉，边缘波状皱褶，盛开时裂片反曲；雄蕊伸出，上弯，比花被裂片短；花柱伸出，上弯，比雄蕊长。蒴果长圆形。花果期为 5 ~ 7 月。

分布与习性：在辽宁、河北、甘肃、陕西、河南及华东、西南等省有野生。多药用栽培。喜温暖和阳光，耐半阴和寒冷，对土壤要求不严，以肥沃疏松、地势较高、排水良好的沙质壤土为好。中性壤土或微碱性适宜。

园林应用：花大色艳，适用于作花境，布置花坛、草坪、坡地林缘或条植路边。

萱草开花植株

萱草花相

069 活血丹 *Glechoma longituba* (Nakai) Kupr.

活血丹群落

科属：唇形科，活血丹属。

形态特征：具匍匐茎。茎高 10 ~ 20cm，幼嫩部分被柔毛。茎下部叶较小，心形或近肾形，上部者较大，心形，长 1.8 ~ 2.6cm，上被毛，下面常带紫色，被毛；叶柄长为叶片的 1 ~ 2 倍。花着生于叶腋，2 ~ 6 朵轮生形成轮伞花序；苞片刺芒状；花萼筒状，长 0.9 ~ 1.1cm，齿 5 枚，长披针形，顶端芒状，呈 3/2 式唇形，上唇 3 枚齿较长；花冠淡蓝色至紫色，下唇具深色斑点，筒有长短两型，长者 1.7 ~ 2.2cm，短者 1 ~ 1.4cm，檐部 2 唇形，下唇中裂片肾形。小坚果矩圆状卵形。花期 3 ~ 4 月。

分布与习性：除西北及内蒙古外，全国各地均有分布；朝鲜也有分布。属于虫媒传粉，种子成熟后可自然落地。生于疏林下、路旁、溪边，喜阴湿环境。现有园艺品种花叶活血丹。

园林应用：耐阴性强，可作疏林下、河岸溪边的地被，可填补早春大部分草种还未返青的不足。

活血丹匍匐茎逐节生根，无性繁殖较为容易。人工建坪时可对匍匐茎切段扦插，一般 2 ~ 3 节为一段，不少于 2 节。夏季保证土壤水分，10 天可生根，1 个月左右即可成景。

活血丹花特写

活血丹植株

070 白透骨消 *Glechoma biondiana* (Diels) C. Y. Wu et C. Chen

科属：唇形科，活血丹属。

白透骨消植株

形态特征：茎高15～30cm，被长柔毛。叶柄长1.2～2.5cm；叶片心形，长2～4.2cm，顶端一齿常针状尖，两面被长柔毛。轮伞花序少花；苞片刺芒状；花萼筒状，长1～1.2cm，15条脉，齿5枚，近等大，狭三角形，长4～5mm，顶端刺芒状，呈不明显的3/2式二唇形，上唇3枚齿略长，花冠粉红至淡紫色，长2～2.4cm，内无毛环，上唇直立，顶端微凹，下唇3裂，中裂片扇形，顶端微凹；雄蕊4枚，内藏。小坚果矩圆形，具小凹点。

白透骨消花序

分布与习性：分布于陕西、河南。多生于海拔1 000～1 700m的溪边、林缘。

园林应用：同活血丹。全草治筋骨痛，消肿。

白透骨消叶子与花

白透骨消地被近观

071 漏芦 *Stemmacantha uniflora* (L.) Dittrich

科属：菊科，漏芦属。

形态特征：多年生草本，高20～60cm。主根粗壮，圆柱形，外皮黑褐色，通常不分枝。茎直立，不分枝，被白毛，基部有残留叶柄。基生叶与茎下部叶长椭圆形，长10～30cm，宽4～10cm，羽状深裂至全裂，裂片椭圆形、矩圆形或卵形，先端尖或钝，边缘具不规则齿，两面疏被毛，叶柄较长，被毛；上部叶渐小，具短柄或无柄。头状花序单生于茎顶端，直径3～5cm；总苞宽钟状，基部凹入；总苞片多层，上部干膜质，外

漏芦花相

漏芦植株与叶子

层与中层为卵形或宽卵形，顶端掌状撕裂，内层披针形；管状花的花冠淡紫红色，狭管部与檐部近等长。瘦果矩圆形，具4条棱，棕褐色；冠毛羽毛状，淡褐色，不等长。花果期4～9月。

漏芦果实

分布与习性：分布于东北、华北各省及山东、河南、陕西、甘肃、青海、四川，生于海拔390～2 700m的山坡丘陵地、松林下或桦木林下。

园林应用：是十分别致的花坛花卉，可用于岩石园中。

漏芦花特写

漏芦植株

072 马兰 *Kalimeris indica* (L.) Sch. ~ Bip.

科属： 菊科，马兰属。

马兰植株

形态特征： 茎直立，高30 ~ 70cm，上部有短毛，有分枝。基部叶在花期枯萎；茎部叶倒披针形或倒卵状矩圆形，长3 ~ 10cm，宽0.8 ~ 5cm，顶端钝或尖，基部渐狭成具翅的长柄，边缘从中部以上具有小尖头的钝或尖齿或有羽状裂片，上部叶小，全缘，基部急狭无柄，全部叶稍薄质，两面或上面有疏微毛或近无毛，边缘及下面沿脉有短粗毛，中脉在下面凸起。头状花序单生于枝端并排列成疏伞房状。总苞半球形，径6 ~ 9mm，长4 ~ 5mm；总苞片2 ~ 3层，覆瓦状排列；外层倒披针形，内层倒披针状矩圆形，顶端钝或稍尖，上部草质，有疏短毛，边缘膜质，有缘毛。花托圆锥形。舌状花1层，15 ~ 20朵，管部长1.5 ~ 1.7mm；舌片浅紫色，长达10mm，宽1.5 ~ 2mm；管状花长3.5mm，管部长

马兰花特写

1.5mm，被短密毛。瘦果倒卵状矩圆形，极扁，长 1.5 ~ 2mm，宽 1mm，褐色，边缘浅色而有厚肋，上部被腺及短柔毛。冠毛长 0.1 ~ 0.8mm，弱而易脱落，不等长。花期 5 ~ 9 月，果期 8 ~ 10 月。

马兰花相

分布与习性：广布于亚洲南部及东部。多生于向阳田边、路边和山谷土壤深厚处，长势强健。

园林应用：植株丰满高大，花相整齐，是优良的观花地被植物。全草药用，有清热解毒，消食积，利小便，散瘀止血之效。幼叶食用，俗称“马兰头”。

马兰群落

马兰茎叶

073 甘菊 *Chrysanthemum Lavandulifolium* (Fischer ex Trautvetter) Makino

甘菊

科属： 菊科，菊属。

形态特征： 茎密被柔毛，下部毛渐稀至无毛。基生及中部茎生叶菱形、扇形或近肾形，长 0.5 ~ 2.5cm，两面绿或淡绿色，2 回掌状或掌式羽状分裂，1 ~ 2 回全裂；最上部及接花序下部的叶羽裂或 3 裂，小裂片线形或宽线形，宽 0.5 ~ 2mm；叶下面疏被柔毛，有柄。头状花序径 2 ~ 4cm，单生茎顶，稀茎生 2 ~ 3 头状花序；总苞浅碟状，径 1.5 ~ 3.5cm，总苞片 4 层，边缘棕褐或黑褐色宽膜质，外层线形、长椭圆形或卵形，中内层长卵形、倒披针形，中外层背面疏被长柔毛。舌状花白、粉红色，舌片先端 3 枚齿或微凹。瘦果长约 2mm。花果期 6 ~ 8 月。

分布与习性： 分布于除新疆、西藏、海南以外的全国各省区，印度及东亚也有分布。生于海拔 1 800 ~ 3 000m 的草甸。

园林应用： 作为坡地绿化或灌木丛镶边，花境材料，可用于岩石园。

甘菊花朵及叶子背面

甘菊花相

074 野菊 *Dendranthema indicum* (L.) Des Moul.

科属：菊科，菊属。

野菊种群

形态特征：高 25 ~ 100cm。根状茎粗厚分枝，有长或短的地下匍匐枝。茎直立或基部铺展。基生叶脱落。茎生叶卵形或矩圆状卵形，长达 6 ~ 7cm，宽达 1 ~ 2.5cm，羽状深裂，顶裂片大，侧裂片常 2 对，卵形或矩圆形，全部裂片边缘浅裂或有锯齿；上部叶渐小；全部叶上面有腺体及疏柔毛，下面灰绿色，毛较多，下部渐狭成具翅的叶柄，基部有具齿的托叶。头状花序直径 2.5 ~ 4（5）cm，在茎枝顶成伞房状圆锥花序；总苞直径 8 ~ 20mm，长 5 ~ 6mm；总苞片边缘宽膜质；舌状花黄色，雌性；盘花两性，筒状。瘦果全部同型，有 5 条极细及明显的纵肋，无冠状冠毛。

分布与习性：除新疆外，广布于全国各地。野生或栽培。有许多变种和杂交种；栽培类型花色多变化，红白都有。生长强壮。

园林应用：可用于坡地绿化或灌木丛镶边，作花坛、花境材料。

野菊花

野菊花相

075 华北蓝盆花 *Scabiosa tschiliensis* Grün.

华北蓝盆花群落

科属：川续断科，蓝盆花属。

形态特征：多年生草本，高 30 ~ 80cm。不育叶丛生，叶片卵状披针形或窄卵形，有圆齿或成圆齿状浅裂片，叶柄长 4 ~ 12cm，多较叶片稍长；茎生叶羽裂，下部叶中裂宽或窄，长 3 ~ 7cm，宽 5 ~ 15mm，上部叶裂片常较窄成条状披针形，柄渐短。花序扁圆头状，在茎顶成 3 出聚伞排列，直径 3 ~ 5cm，总苞片、苞片均为窄披针形，较花稍短；边花较大；花萼 5 裂，刺毛状；花冠蓝紫色，筒状，先端 5 裂，裂片 3 大 2 小；雄蕊 4 枚；子房包于杯状小总苞内。果序椭圆形或近圆形，小总苞略呈方柱状，每面有中棱一条，被白毛，顶端有干膜质冠檐，萼针由冠檐外伸。

分布与习性：分布于东北、华北各省及陕西、甘肃、宁夏、河南。生于海拔 300 ~ 1 500m 山坡草地或荒坡上。

园林应用：花大色艳，适宜作花坛、花境材料。

华北蓝盆花叶子

华北蓝盆花花特写

03 灌木类野生花卉

076 四川樱桃（盘腺樱桃）*Cerasus szechuanica*（Batal.）Yü et Li

四川樱桃叶子

科属：蔷薇科，樱属。

形态特征：乔木或灌木，高 3 ～ 7m。小枝灰色或红褐色。叶片卵状椭圆形，倒卵状椭圆形或长椭圆形，长 5 ～ 9cm，宽 2.5 ～ 4cm，先端尾尖或骤尖，基部圆形或宽楔形，边有重锯齿或单锯齿，齿端有小盘状、圆头状或锥状腺体，上面绿色，无毛，下面淡绿色，与叶柄、花轴、花梗、花萼一样无毛或被疏柔毛，侧脉 7 ～ 9 对；叶柄长 1 ～ 1.8cm，先端常有一对盘状或头状腺体；托叶卵形至宽卵形，绿色，有缺刻状锯齿，齿尖有圆头状腺体。花序近伞房总状，长 4 ～ 9cm，有花 2 ～ 5 朵，下部苞片大多不孕或仅顶端 1 ～ 3 枚苞片腋内着花；总苞片褐色，倒卵状长圆形，长 1 ～ 1.5cm，先端最宽 5 ～ 6mm，几无毛，边有圆头状腺体；苞片近圆形、宽卵形至长卵形，绿色，长 0.5 ～ 2.5cm，宽 0.5 ～ 1.2cm，先端圆钝，边有盘状腺体；花梗长 1 ～ 2cm；萼筒钟状，长约 5mm，先端最宽处 4 ～ 5mm，萼片三角披针形，先端渐尖，边有头状腺体，与萼筒近等长或稍短；花瓣白色或淡红色，近圆形，先端啮蚀状；雄蕊 40 ～ 47 枚；花柱与雄蕊近等长，柱头盘状。核果紫红色，椭球形；核表面有棱纹。花期 4 ～ 6 月，果期 6 ～ 8 月。

四川樱桃花序

分布与习性：分布于陕西、河南、湖北、四川。生于海拔 1 500 ～ 2 600m 的林中或林缘。

园林应用：作为庭园观花灌木。

077 长腺樱桃 *Cerasus claviculata* Yü et Li

科属：蔷薇科，樱属。

形态特征：叶片宽椭圆形或倒卵状长圆形，长 4 ~ 9cm，宽 3 ~ 5cm，先端骤狭成短尾尖，基部阔楔形、圆形或微心形，边有尖锐重锯齿，齿端腺体细长，呈芒状，上面深绿色，下面绿色，上下均被稀疏柔毛，侧脉 8 ~ 12 对；叶柄长 0.8 ~ 2cm，被疏柔毛，顶端有时具有一对有柄腺体或无腺体；托叶长约 6mm，羽状细裂，托叶齿端、总苞片与苞片边缘有棒状腺体。花序伞形总状，长 4 ~ 9cm，有花 4 ~ 5 朵，基部有 1 ~ 2 枚绿色苞片不孕，花叶同开；总苞片褐色，倒卵状长圆形，长 1 ~ 1.2cm，上部最宽约 5mm，外面无毛，内面被稀疏长柔毛；花轴被疏柔毛，苞片绿色，圆形或卵圆形，长 0.7 ~ 1.2cm，宽 0.5 ~ 1cm，果时宿存，上面有稀疏短柔毛；花梗长 1 ~ 2.5cm，被疏柔毛；萼筒管形钟状，基部稍膨大，长约 7mm，顶端最宽约 6mm，外面基部被疏柔毛或几无毛；萼片阔三角形，长 1.5 ~ 2mm，顶端急尖，边全缘，有稀疏缘毛；花瓣白色或粉红色，阔椭圆形，直径 7 ~ 8mm，长略甚于宽；雄蕊约 36 枚，长短极不相等；花柱几与雄蕊等长，柱头扩大。核果椭圆状卵形；核表面有棱纹。花期 5 月，果期 7 ~ 8 月。

长腺樱桃花序及叶背面

长腺樱桃花序及苞叶

长腺樱桃植株

分布与习性：分布于山西、河南、陕西。生于山谷阴处或山坡密林中，海拔 1 400 ~ 2 300m。

园林应用：作庭园观花灌木。

078 多毛樱桃 *Cerasus polytricha* (Koehne) Yü et Li

科属：蔷薇科，樱属。

多毛樱桃植株

多毛樱桃花序

形态特征：乔木或灌木，高 2 ~ 10m，树皮黑色或灰褐色。小枝灰红褐色，密被长柔毛。叶片倒卵形或倒卵长圆形，长 4 ~ 8cm，宽 2 ~ 4cm，先端渐尖，基部近圆形，边有单锯齿或重锯齿，齿端有小腺体，上面绿色，被疏短柔毛，下面淡绿色，密被长柔毛，侧脉 7 ~ 11 对；叶柄长 0.8 ~ 1cm，密被开展长柔毛，顶端常有 1 ~ 3 个腺体；托叶长圆披针形，边有羽裂腺齿，疏被长柔毛。花序伞形或近伞形，有花 2 ~ 4 朵；总苞片倒卵状椭圆形，长 6 ~ 8mm，宽 4 ~ 5mm，外面几无毛，内面疏被长柔毛；总梗长 2 ~ 10mm，被开展疏柔毛；苞片绿色，果期宿存，卵形或近圆形，长 4 ~ 8mm，边有腺齿，腺体圆球形；永存；花梗长 1 ~ 2cm，密被柔毛；萼筒钟状，长宽近相等，4 ~ 5mm，密被柔毛，萼片卵状三角形，先端圆钝或急尖，边有腺齿；花瓣白色或粉色，卵形；雄蕊 20 ~ 30 枚；花柱柱头头状。核果红色，椭球形。花期 4 ~ 5 月，果期 6 ~ 7 月。

分布与习性：分布于陕西、甘肃、四川、湖北、河南。生于山坡林中或溪边林缘，海拔 1 100 ~ 3 300m。

园林应用：作做庭园观花灌木。

多毛樱桃幼叶特写

多毛樱桃果实

079 毛樱桃 *Cerasus tomentosa*（**Thunb.**）**Wall.**

毛樱桃花序特写

科属：蔷薇科，樱属。

形态特征：灌木，稀小乔木状，一般株高 2 ~ 3m，冠径 3 ~ 3.5m。嫩枝密被绒毛至无毛。叶芽着生枝条顶端及叶腋间，花芽为纯花芽，与叶芽复生。叶卵状椭圆形或倒卵状椭圆形，长 2 ~ 7cm，有急尖或粗锐锯齿，上面被疏柔毛，下面灰绿色，密被灰色绒毛至稀疏，侧脉 4 ~ 7 对；叶柄长 2 ~ 8mm，被绒毛至稀疏，托叶线形，长 3 ~ 6mm，被长柔毛。花单生或 2 朵簇生，花叶同放，近先叶开放或先叶开放。花梗长达 2.5mm 或近无梗；萼筒管状或杯状，长 4 ~ 5mm，外被柔毛，萼片三角状卵形，长 2 ~ 3mm，内外被柔毛；花瓣白或粉红色，倒卵形；雄蕊短于花瓣；花柱伸出与雄蕊近等长或稍长。核果近球形，熟时红色，径 0.5 ~ 1.2cm；核棱脊两侧有纵沟。

毛樱桃幼果

花期4～5月，果期6～9月。是早熟的水果之一。

分布与习性：分布于全国各地，主产于华北、东北。生于海拔100～3 200m的山坡林中、林缘、灌丛中或草地。性喜光，也很耐阴、耐寒、耐旱，也耐高温，适应性极强，寿命较长。

园林应用：栽培较多。田埂、果园周边均可生长，能充分利用耕地美化周边环境。果微酸甜，可食用及酿酒。

毛樱桃花相

毛樱桃花萼

毛樱桃可食果实

080 欧李 *Cerasus humilis* Bge

科属： 蔷薇科，樱属。

形态特征： 灌木，高0.4～1.5m。小枝灰褐色或棕褐色，被短柔毛。叶片倒卵状长椭圆形或倒卵状披针形，长2.5～5cm，宽1～2cm，中部以上最宽，先端急尖或短渐尖，基部楔形，边有单锯齿或重锯齿，侧脉6～8对；叶柄长2～4mm，无毛或被稀疏短柔毛；托叶线形，长5～6mm，边有腺体。花期4～5月。花单生或2～3朵簇生，花叶同开；花梗长5～10mm，被稀疏短柔毛；萼筒长宽近相等，约3mm，外面被稀疏柔毛，萼片三角卵圆形，先端急尖或圆钝；花瓣白色或粉红色，长圆形或倒卵形；雄蕊30～35枚；花柱与雄蕊近等长，无毛。果期6～10月。核果成熟后近球形，直径1.5～1.8cm，熟时鲜红色，核表面除背部两侧外无棱纹；果实可食，被誉为“钙果”。

欧李种群地被效果

欧李种群花相

欧李幼果

分布与习性： 分布于东北三省、内蒙古、河北、山东、河南。生于海拔100～1 800m的阳坡沙地、山地灌丛中。喜较湿润环境，耐严寒，在肥沃的沙质壤土或轻黏壤土种植为宜。种子繁殖，也可分根繁殖。

园林应用： 作为观赏灌木应用于瘠薄地、土坡边，美化效果良好，又是干旱或半干旱地区非常有希望的观赏兼食用的水果。

081 毛叶欧李 *Cerasus dictyoneura* Yu

毛叶欧李花

科属：蔷薇科，樱属。

形态特征：灌木，高0.3 ~ 1m，高大者可达2m。小枝灰褐色，嫩枝密被短柔毛。叶片倒卵状椭圆形，通常长2 ~ 4cm，宽1 ~ 2.5cm，中部以上最宽，先端圆形或急尖，基部楔形，边有单锯齿或重锯齿，上面常有皱纹，下面密被褐色硬毛，网脉明显突出，侧脉5 ~ 8对；叶柄通常长2 ~ 3mm，密被短柔毛；托叶线形，长3 ~ 4mm，边有腺齿。花单生或2 ~ 3朵簇生，先叶开放；花梗长4 ~ 8mm，密被短柔毛；萼筒钟状，长宽近相等，约3mm，外被短柔毛，萼片卵形，长约3mm，先端急尖；花瓣粉红色或白色，倒卵形；雄蕊30 ~ 35枚；花柱与雄蕊近等长。核果球形，红色，直径1 ~ 1.5cm；核除棱背两侧外，无棱纹。花期4 ~ 5月，果期7 ~ 9月。

产地分布：主要分布于河北、山西、河南、陕西、甘肃等地区。生于海拔400 ~ 1 600m的山坡阳处灌丛中或荒草地上，常有栽培。

园林应用：同欧李。

毛叶欧李群落花相

082 黄蔷薇 *Rosa hugonis* Hemsl.

科属：蔷薇科，蔷薇属。

黄蔷薇花朵特写

黄蔷薇复叶

形态特征：矮小灌木，高约2.5m。小枝上皮刺扁平，常混生细密针刺。小叶5～13枚，卵形、椭圆形或倒卵形，长8～20mm，宽5～12mm，先端圆钝或急尖，边缘有锐锯齿，两面无毛、上面中脉下陷，下面中脉突起；托叶狭长，大部贴生于叶柄，离生部分极短，呈耳状，无毛，边缘有稀疏腺毛。花单生于叶腋，无苞片；花梗长1～2cm，无毛；花直径4～5.5cm；萼筒、萼片外面无毛，萼片披针形，先端渐尖，全缘，有明显的中脉，内面有稀疏柔毛；花瓣黄色，宽倒卵形，先端微凹，基部宽楔形；雄蕊多数，着生在坛状萼筒口的周围；花柱离生，被白色长柔毛，稍伸出萼筒口外面，比雄蕊短。果实扁球形，直径12～15mm，紫红色至黑褐色，无毛，有光泽，萼片宿存反折。花期5～6月，果期7～8月。

分布与习性：分布于山西、陕西、甘肃、青海、四川，河南小秦岭亦有分布。生于海拔600～2 300m的山坡向阳处、林边灌丛中。

园林应用：宜布置于花架、花格、大门、花墙等处，夏日花繁叶茂，确有“密叶翠幄重，浓花红锦张”的景色。

黄蔷薇花萼及枝刺

黄蔷薇花相

083 伞房蔷薇 *Rosa corymbulosa* Rolfe

伞房蔷薇花萼及小叶

科属：蔷薇科，蔷薇属。

形态特征：小灌木，高 1.3 ~ 2m；小枝圆柱形，直立或稍弯曲，无毛，无刺或有散生小皮刺。小叶 3 ~ 5 枚，稀 7 枚，卵状长圆形或椭圆形，长 2.5 ~ 6cm，宽 1.5 ~ 3.5cm，先端圆钝，基部楔形或近圆形，边缘有重锯齿或单锯齿，叶下面有柔毛，沿中脉和侧脉较密；叶柄和叶轴有稀疏短柔毛和腺毛，有散生小皮刺；托叶扁平，大部贴生于叶柄，离生部分卵形，边缘有腺毛。伞房花序近伞形，花稀单生；苞片卵形或卵状披针形，先端长渐尖，边缘有腺毛；花梗长 2 ~ 4cm，有柔毛和腺毛；花直径 2 ~ 2.5cm；萼片卵状披针形，先端扩展成叶状，全缘或有不明显锯齿和腺毛，内外两面均有柔毛，内面较密；花瓣红色，基部白色，宽倒心形，先端有凹缺；花柱密被长柔毛，与雄蕊近等长。果近球形或卵球形，直径约 8mm，猩红色或暗红色，萼片直立宿存。花期 6 ~ 7 月，果期 8 ~ 10 月。

分布与习性：分布于河南小秦岭。产于湖北、四川、陕西、甘肃。多生于海拔 1 600 ~ 2 000m 的灌丛中、山坡、林下或河边等处。

园林应用：作庭园中观花灌木，或沿墙垣带植，可作花墙。

伞房蔷薇花相

伞房蔷薇复叶及花序

084 秦岭蔷薇 *Rosa tsinglingensis* Pax. et Hoffm

秦岭蔷薇花萼及复叶

科属：蔷薇科，蔷薇属。

形态特征：小灌木，高2～3m。小枝无毛，散生浅色皮刺。小叶椭圆形或长圆形，长1～2cm，11～13枚，稀9枚，连叶柄长5～11cm，有重锯齿或单锯齿，上面无毛，叶脉下陷，下面无毛或近无毛，常沿中脉有腺毛；叶轴、叶柄有散生皮刺和腺毛，托叶大部贴生叶柄，顶端离生部分耳状。花单生叶腋，径2.5～3cm，无苞片；花梗长1.5～2cm，无毛；花萼外面无毛，萼片三角状披针形，全缘或有锯齿，内面密被柔毛；花瓣白色，倒卵形；花柱离生，稍伸出，密被柔毛。蔷薇果倒卵圆形或长圆状倒卵圆形，长2～3cm，红褐色，宿萼直立。花期7～8月，果期9月。

分布与习性：分布于河南、陕西及甘肃。生于海拔2 800～3 700m的桦木林下或灌丛中。

园林应用：作疏林下灌丛或山坡路旁或沟边等灌丛。

秦岭蔷薇花特写

秦岭蔷薇花萼及复叶

085 粉团蔷薇 *Rosa multiflora* var. *cathayensis*

粉团蔷薇花相

科属： 蔷薇科，蔷薇属。

形态特征： 攀缘灌木。小枝无毛，有粗短稍弯曲皮刺。小叶倒卵形、长圆形或卵形，长 1.5 ~ 5cm，5 ~ 9 枚，有尖锐单锯齿，上面无毛，下面有柔毛；小叶柄和叶轴有柔毛或无毛，有散生腺毛，托叶篦齿状，大部贴生叶柄。圆锥花序。花梗长 1.5 ~ 2.5cm，无毛或有腺毛，有时基部有篦齿状小苞片；花径 1.5 ~ 2cm；萼片披针形，有时中部具 2 个线形裂片，外面无毛，内面有柔毛；花单瓣，粉红色，宽倒卵形，先端微凹；花柱结合成束，无毛，稍长于雄蕊。蔷薇果近球形，径 6 ~ 8mm，熟时红褐色或紫褐色，有光泽，无毛，萼片脱落。

分布与习性： 分布于甘肃、陕西、河北、河南、山东、安徽、浙江、福建、江西、湖北、湖南及广东，生于海拔 1 300m 的山坡、灌丛或河边。

园林应用： 鲜花含芳香油，可提取香精，作芳香花卉；根、叶、花和种子均入药。可栽培作绿篱、护坡及庭园美化绿化。

粉团蔷薇花特写

粉团蔷薇花序

086 甘肃山楂 *Crataegus kansuensis* Wils.

甘肃山楂叶子

科属：蔷薇科，山楂属。

形态特征：灌木或乔木，高 2.5 ~ 8m；枝刺多，锥形，长 7 ~ 15mm；小枝细，圆柱形，无毛，绿带红色，二年生枝光亮，紫褐色。叶片宽卵形，长 4 ~ 6cm，宽 3 ~ 4cm，基部截形或宽楔形，边缘有尖锐重锯齿和 5 ~ 7 对不规则羽状浅裂片，裂片三角卵形，先端急尖或短渐尖，叶柄细，长 1.8 ~ 2.5cm，无毛；托叶膜质，卵状披针形。花期 5 ~ 6 月，果期 8 ~ 9 月。

分布与习性：分布于甘肃、山西、河北、河南、陕西、贵州、四川。生于海拔 1 000 ~ 3 000 m 杂木林中、山坡阴处及山沟旁。

园林应用：作庭园观花观果灌木。

甘肃山楂花序

甘肃山楂果实

087 中华绣线梅 *Neillia sinensis* Oliv.

中华绣线梅花相

科属：蔷薇科，绣线梅属。

形态特征：灌木，高达2m；小枝圆柱形，无毛，幼时紫褐色，老时暗灰褐色；冬芽卵形，红褐色。叶片卵形至卵状长椭圆形，长5～11cm，宽3～6cm，先端长渐尖，基部圆形或近心形，稀宽楔形，边缘有重锯齿，常不规则分裂，下面脉腋有柔毛；叶柄长7～15mm，微被毛；托叶线状披针形或卵状披针形，先端渐尖或急尖，全缘，长0.8～1cm，早落。顶生总状花序，长4～9cm，花梗长3～10mm，无毛；花直径6～8mm；萼筒筒状，长1～1.2cm，外面无毛，内面被短柔毛；萼片三角形，先端尾尖，全缘，长3～4mm；花瓣倒卵形，长约3mm，宽约2mm，先端圆钝，淡粉色；雄蕊10～15枚，花丝不等长，着生于萼筒边缘，排成不规则的2轮；花柱直立。蓇葖果长椭圆形，萼筒宿存，外被疏生长腺毛。花期5～6月，果期8～9月。

中华绣线梅花序

分布与习性：分布于河南、陕西、甘肃、湖北、湖南、江西、广东、广西、四川、云南、贵州。生于海拔1 000～2 500m的山坡、山谷或沟边杂木林中。

园林应用：观花观叶兼备的花灌木。

中华绣线梅花朵

中华绣线梅枝叶

088 山杏 *Armeniaca sibirica* (Linn.) Lam.

科属：蔷薇科，杏属。

形态特征：落叶灌木或小乔木，高2～5m。枝条灰褐色或红褐色，无毛。单叶互生，卵圆形，边缘具细锯齿，前端渐尖，长尾状。花单生，先叶开放，色稍带粉色，花径3cm，花萼红色，5裂，花瓣白色，5枚。核果，稍扁平，有明显纵沟，成熟时为黄色或橙黄色，果肉较薄，味酸涩，种仁味苦。花期3～4月，果期6～7月。

山杏花序

分布与习性：分布于辽宁、陕西、河南、新疆及华北各省区。生长在海拔300～1 500m的山地丘陵的阳坡或半阴坡上。抗低温能力强。根系发达，抗旱，耐瘠薄，耐盐碱，不耐涝。

山杏果实

园林应用：先花后叶，花期早，是优良的庭园观赏花灌木。

山杏先花后叶的花相

山杏植株

089 陕西荚蒾 *Viburnum schensianum* Maxim.

陕西荚蒾花特写

科属：忍冬科，荚蒾属。

形态特征：高达3m；幼枝、叶下面及花序均被黄白色星状毛，老枝灰黑色，冬芽不具鳞片。叶卵状椭圆形，长3～6cm，顶端钝或略尖，边有浅齿，侧脉5～7对，近叶缘前网结或部分伸至齿端。聚伞花序有多花，直径5～8cm，第一级辐枝通常5条；萼筒圆筒形，长3.5～4mm，无毛，萼檐长约1mm，具5微齿；花冠白色，辐状，长约6mm，花冠筒长约1mm，裂片圆卵形；雄蕊5枚，稍长于花冠。核果椭圆形，长约8mm，先红熟黑；核背部略隆起，腹具3浅槽。花期5～7月，果熟8～9月。

分布与习性：分布于四川、甘肃、陕西、山西、河南、河北。生于海拔900～2200m的山坡、灌丛。

园林应用：作庭园观花灌木。

陕西荚蒾花序

陕西荚蒾

090 广椭绣线菊 *Spiraea ovalis* Rehd.

广椭绣线菊花相

科属：蔷薇科，绣线菊属。

形态特征：灌木，高 2 ~ 3m；小枝圆柱形，暗红褐色，老时稍带棕褐色。叶片广椭圆形、长圆形、稀倒卵形，长 1.5 ~ 3.5cm，宽 1 ~ 2cm，先端圆钝，基部宽楔形或近圆形，全缘，稀先端有少数浅锯齿，上面暗绿色，下面浅绿色，两面无毛或仅下面沿叶脉被疏毛；叶柄长 3 ~ 5mm，无毛或微被毛。复伞房花序着生在侧生小枝顶端，直径 3.5 ~ 5.5cm，多花，无毛；花梗长 4 ~ 7mm；苞片椭圆形至披针形，无毛；花直径约 5mm；萼筒钟状，外面无毛，内面被短柔毛；萼片卵状三角形，先端急尖，内面先端有短毛；花瓣宽卵形或近圆形，先端圆钝，长 1.5mm，宽 2mm，白色；雄蕊 20 枚，稍长于花瓣或与花瓣近等长；花盘圆环形，有 10 个肥厚裂片；子房被短柔毛，花柱短于雄蕊。蓇葖果开张，微具短柔毛。花期 5 ~ 6 月，果期 8 月。

广椭绣线菊花序

分布与习性：分布于河南、陕西、甘肃、湖北、四川、西藏。生于海拔 900 ~ 2 500m 的山坡阔叶混交林中、山谷灌丛或山顶草地中。

园林应用：用于山谷阳坡栽植或点缀。

091 粉花绣线菊 *Spiraea japonica*（L. f.）

科属：蔷薇科，绣线菊属。

粉花绣线菊花特写

形态特征：直立灌木，高达 1.5m；枝条细长。冬芽卵形，先端急尖，有数个鳞片。叶片卵形至卵状椭圆形，长 2 ~ 8cm，宽 1 ~ 3cm，先端急尖至短渐尖，基部楔形，边缘有缺刻状重锯齿或单锯齿，上面暗绿色，下面色浅或有白霜，两面无毛或沿叶脉有短柔毛，叶柄短，具短柔毛。复伞房花序生于当年生的直立新枝顶端，花朵密集，密被短柔毛；花梗长 4 ~ 6mm；苞片针形至线状披针形，下面微被柔毛；花直径 4 ~ 7mm；花萼外面有稀疏短柔毛，萼筒钟状，内面有短柔毛；萼片三角形，先端急尖，内面近先端有短柔毛。花瓣卵形至圆形，先端通常圆钝，长 2.5 ~ 3.5mm，宽 2 ~ 3mm，粉红色；雄蕊 25 ~ 30 枚，远较花瓣长；花柱顶生，花盘圆环形，约有 10 个不整齐的裂片。蓇葖果半开张，无毛或沿腹缝有稀疏柔毛。花期 6 ~ 7 月，果期 8 ~ 9 月。

分布与习性：在辽宁、河北、河南等地有分布。性强健，适应性强，喜光，略耐阴，抗寒，耐旱，耐瘠薄。

园林应用：作花篱、花境，可丛植。可成片植于草坪及园路角隅、门庭两侧，或丛植庭园等处构成夏日佳景，亦可作基础种植或绿篱。

粉花绣线菊花蕾

粉花绣线菊株型

092 华北珍珠梅 *Sorbaria kirilowii* (Regel) Maxim.

华北珍珠梅盛开景观

华北珍珠梅花特写

科属：蔷薇科，珍珠梅属。

形态特征：落叶灌木。奇数羽状复叶互生，小叶片对生，披针形至长圆披针形，先端渐尖，基部圆形至宽楔形，边缘有尖锐重锯齿，羽状网脉，侧脉15～23对近平行；小叶柄短或近无柄；托叶线状披针形，长8～15mm，先端钝或尖，全缘或顶端稍有锯齿。顶生大型密集的圆锥花序，分枝斜出；花小，直径5～7mm；萼筒浅钟状，内外两面均无毛；萼片长圆形，先端圆钝或截形，全缘，萼片与萼筒近等长；白色花瓣倒卵形或宽卵形，先端圆钝，基部宽楔形，长4～5mm；雄蕊20枚，与花瓣等长或稍短于花瓣，着生在花盘边缘；花盘圆杯状；花柱稍短于雄蕊。蓇葖果长圆柱形；萼片宿存，反折。花期6～8月，果期9～10月。

分布与习性：北方各省广布。性喜阳光且耐阴性很强，耐寒、耐湿又耐旱。对土壤要求不严，在一般土壤中即能正常生长。

园林应用：华北应用普遍。通常多丛植于草坪角隅，路旁、池边，起装饰点缀的作用或作基础栽植，也可作切花或桩景。

华北珍珠梅花相

华北珍珠梅花序近观

093 水栒子 *Cotoneaster multiflorus* Bge.

科属： 蔷薇科，栒子属。

水栒子树型与花相

形态特征： 落叶灌木，高达 4m。枝条细瘦，常呈弓形弯曲，红褐色或棕褐色，无毛。叶片卵形或宽卵形，长 2 ~ 4cm，宽 1.5 ~ 3cm，先端急尖或圆钝，基部宽楔形或圆形；叶柄长 3 ~ 8mm；托叶线形。花多数，5 ~ 21 朵，成疏松的聚伞花序，总花梗和花梗无毛，稀微具柔毛；花梗长 4 ~ 6mm；苞片线形，无毛或微具柔毛；花直径 1 ~ 1.2cm；萼筒钟状，内外两面均无毛；萼片三角形，先端急尖，通常除先端边缘外，内外两面均无毛；花瓣平展，近圆形，直径 4 ~ 5mm，先端圆钝或微缺，基部有短爪，白色；雄蕊约 20 枚，稍短于花瓣；花柱通常 2 枚，离生，比雄蕊短；子房先端有柔毛。果实近球形或倒卵形，直径 8mm，红色，有 1 个由 2 枚心皮合生而成的小核。花期 5 ~ 6 月，果期 8 ~ 9 月。

分布与习性： 分布于河南、西藏、四川、黑龙江、云南、辽宁及西北、华北等地。生于海拔 1 200 ~ 3 500m 的地区，一般生长在沟谷及山坡杂木林中。

园林应用： 花洁白，果艳丽繁盛，是北方地区常见的观花、观果树种；宜丛植于草坪边缘、园路转角、坡地，为优良的园林观赏树种，又是保持水土、涵养水源的重要树种。

水栒子花序

水栒子枝叶与花

094 白鹃梅 *Exochorda racemosa* (Lindl.) Rehd.

白鹃梅花瓣

科属：蔷薇科，白鹃梅属。

形态特征：灌木，高达3～5m，全体无毛。叶椭圆形或倒卵状椭圆形，长3.5～6.5cm，全缘或上部疏钝齿，先端钝或具短尖，背面粉蓝色。基部楔形或宽楔形，全缘，稀中部以上有钝锯齿，两面均无毛；叶柄长5～15mm，或近于无柄；无托叶。6～10朵成顶生总状花序，无毛，花白色，直径3～4cm，花瓣较宽倒卵形，基部突然收缩成爪；萼筒浅钟状，无毛，裂片宽三角形，无毛；雄蕊15～20枚，3～4枚一束，着生在花盘边缘，与花瓣对生；心皮5枚，花柱分离雄蕊15～25枚，花梗长3～5mm；4～5月与叶同放。蒴果倒卵形，具5个棱脊。

白鹃梅开花植株

分布与习性：分布于河南、江苏、浙江、江西等地。喜光，耐半阴，生于海拔250～500m的山坡阴地。

园林应用：花洁白如雪，可作庭园观赏树种。

白鹃梅枝叶

白鹃梅蒴果

095 华中栒子 *Cotoneaster silvestrii* Pamp.

华中栒子秋季树型

科属：蔷薇科，栒子属。

形态特征：落叶灌木，高1～2m。枝条开张，小枝细瘦，呈拱形弯曲，棕红色，嫩时具短柔毛。叶片椭圆形至卵形，长1.5～3.5cm，宽1～1.8cm，先端急尖或圆钝，稀微凹。基部圆形或宽楔形，上面无毛或幼时微具毛，下面被灰色毛；侧脉4～5对，上面微陷，下面突起；叶柄细，长3～5mm，具茸毛；托叶线形，微具细柔毛，早落。聚伞花序有花3～9朵，总花梗和花梗被细柔毛；总花梗长1～2cm，花梗长1～3mm；花直径9～10mm；萼筒钟状，外被细长柔毛，内面无毛，萼片三角形，先端急尖，外面有细柔毛，内面近无毛；花瓣平展，近圆形，直径4～5mm，先端微凹，基部有短爪，内面近基部有白毛，白色；雄蕊20枚，稍短于花瓣，花药黄色；花柱2枚，离生，比雄蕊短；子房先端有白毛。果实近球形，直径8mm，红色，通常2个小核连合为1个。花期6月，果期9月。

分布与习性：分布于河南、湖北、安徽、江西、江苏、四川、甘肃。生于海拔500～2 600m的杂木林内。

华中栒子果实特写

园林应用：作园林观花观果灌木。其株型美观，夏花密集，秋果艳丽，可作绿篱，或作为岩石地面植被或堤岸植物。

096 野花椒 *Zanthoxylum simulans* Hance

野花椒果序

科属：芸香科，花椒属。

形态特征：灌木或小乔木。枝干散生基部宽而扁的锐刺，嫩枝及小叶背面沿中脉均被短柔毛，或无毛。小叶 5 ~ 15 枚；叶轴有狭窄的叶质边缘，腹面呈沟状凹陷；小叶对生，无柄或极短，卵形、卵状椭圆形或披针形，长 2.5 ~ 7cm，宽 1.5 ~ 4cm，两侧略不对称，顶部急尖或短尖，常有凹口，油点多，叶面常有刚毛状细刺，中脉凹陷，叶缘有浅钝裂齿。花序顶生，长 1 ~ 5cm；花被片 5 ~ 8 片，狭披针形、宽卵形或近三角形，大小及形状有时不相同，长约 2mm，淡黄绿色；雄花的雄蕊 5 ~ 8（10）枚，花丝及半圆形凸起的退化雌蕊均淡绿色，药隔顶端有 1 油点；雌花的花被片为狭长披针形；心皮 2 ~ 3 枚，花柱斜向背弯。果红褐色，分果瓣基部变狭窄且略延长呈柄状，油点多，微凸起，单个分果瓣径约 5mm；种子长 4 ~ 4.5mm。花期 3 ~ 5 月，果期 7 ~ 9 月。

野花椒树型及果相

分布与习性：分布于青海、甘肃、山东、河南及华东、长江流域各省。生于平地、低丘陵或略高的山地疏或密林下，喜阳光，耐干旱。

园林应用：园林观果灌木，也可作篱笆，美化边界。果、叶、根，为散寒健胃药。

097 芫花 *Daphne genkwa* Sieb. et Zucc.

科属：瑞香科，瑞香属。

形态特征：落叶灌木，高达1m。茎多分枝，幼枝有淡黄色柔毛，老枝褐色或带紫红色，无毛或有疏柔毛。叶对生，偶互生，长椭圆形或椭圆形，长3 ~ 4.5cm，宽0.9 ~ 1.5cm，背面有柔毛，叶脉上尤密；先叶开花，紫色或粉红色，3 ~ 5朵，簇生于叶腋；花萼外面有白毛，花瓣状；花瓣缺；雄蕊8枚，排成2轮；子房有白色柔毛；柱头红色。核果长圆形，肉质，白色。花期3 ~ 5月，果期6 ~ 7月。

芫花花序及花萼

分布与习性：分布于华东及河北、陕西、河南、湖北、湖南、四川、贵州等地。生于山坡路边或疏林中。耐干旱。

园林应用：优良的耐旱观花灌木。茎皮是高级文化用纸的原料；花蕾为泻下利尿药；枝皮能活血、解毒，可治乳腺炎等；全株亦可作土农药。

芫花花序特写

芫花花相

098 华北香薷（木本香薷）*Elsholtzia stauntoni* Benth.

科属：唇形科，香薷属。

华北香薷开花植株

形态特征：直立半灌木，高0.7～1.7m。茎上部多分枝，具槽及细条纹，带紫红色，被灰白色毛。叶披针形至椭圆状披针形，长8～12cm，宽2.5～4cm，先端渐尖，基部渐狭至叶柄，叶中下部边缘具锯齿状圆齿，上面绿色，除边缘及中脉被毛外余部无毛，下面白绿色，除中脉及侧脉略被微柔毛外余部无毛但密布细小腺点，侧脉6～8对，与中脉在上面凹陷下面隆起；叶柄长4～6mm，腹凹背凸，常带紫色，被毛。穗状花序伸长，长3～12cm，生于茎枝及侧生小花枝顶上，位于茎枝上者较长，因而在茎或枝上如圆锥状，由具5～10朵花、近偏向于一侧的轮伞花序所组成；苞叶除花序最下方一对叶状且十分超出轮伞花序外，均呈苞片状，披针形或线状披针形，长2～3mm，紫色；花梗长0.5mm，与总梗、序轴被灰白微柔毛。花萼管状钟形，长约2mm，外密被灰白毛，内面除萼齿被灰白色绒毛外，余部无毛，萼齿5枚，卵状披针形，长约0.5mm，近等大；果时花萼伸长，明显管状，长达4mm，宽1.5mm。花冠玫瑰红紫色，长约9mm，外面被白毛，冠筒长约6mm，基部宽约1mm，向上渐

华北香薷花序及花

宽，至喉部宽达 2.5mm，冠檐二唇形，上唇直立，长约 2mm，先端微缺，下唇开展，3 裂，中裂片近圆形，长约 3mm，侧裂片近卵圆，先端圆，较中裂片稍短。雄蕊 4 枚，前对较长，伸出，花丝丝状，无毛，花药卵圆形，2 室。花柱与雄蕊等长或略超出，先端近相等 2 深裂，裂片线形。子房无毛。小坚果椭圆形，光滑。花果期 7 ~ 10 月。

华北香薷种群景观

分布与习性：分布于河北、山西、河南、陕西、甘肃。生于河滩、溪边、草坡及石山上。海拔 700 ~ 1 600m。耐寒耐旱耐瘠薄，抗性强。

园林应用：可作为香料植物栽植，开花时能吸引蜜蜂和蝴蝶前来采蜜。可作花篱或丛植于草坪中，适宜在公园、庭园湖畔、溪边及林缘栽植。

华北香薷花相

华北香薷果穗

099 毛掌叶锦鸡儿 *Caragana leveillei* Kom.

科属：豆科，锦鸡儿属。

毛掌叶锦鸡儿树型与花相

毛掌叶锦鸡儿叶子

形态特征：假掌状复叶有4枚小叶；托叶狭，具短刺尖，长2～6mm，硬化成针刺；叶柄被灰白色毛，脱落或宿存，长4～12mm；小叶楔状倒卵形，长5～30mm，宽2～15mm，先端圆形，近截形或具浅凹，有刺尖，基部楔形，上面绿色，下面灰绿色，密被柔毛，叶脉明显。花梗单生，长8～12mm，关节在下部；花萼基部具囊，表面被柔毛，萼齿三角状；花冠长2.5～2.8cm，黄色或浅红色，旗瓣倒卵状楔形，宽约10mm，先端圆钝或稍凹，瓣柄长约5mm，翼瓣狭长圆形，瓣柄长与瓣片近等长，耳细短，龙骨瓣先端钝，瓣柄与瓣片近等长，耳短小；子房密被长柔毛。荚果圆筒状，长2～3(4)cm，具短尖头，密被长柔毛。花期4～5月，果期6月。

分布与习性：分布于河北、山西、山东、陕西、河南等地。生于山坡。耐干旱瘠薄。

园林应用：花灌木，丛植或片植于山坡、沙地、荒漠作为地被植物。

毛掌叶锦鸡儿花朵

毛掌叶锦鸡儿花序及花萼

100 山槐 *Albizia kalkora* (Roxb.) Prain

山槐植株

山槐花序

科属：豆科，合欢属。

形态特征：落叶小乔木或灌木，高3～8m。枝条暗褐色，被短柔毛，有显著皮孔。2回羽状复叶；羽片2～4对；小叶5～14对，长圆形或长圆状卵形，长1.8～3.5cm，宽7～17mm，先端圆钝而有细尖头，基部不等侧，两面均被柔毛。头状花序2～7枚生于叶腋，或于枝顶排成圆锥花序；花初白色，后变黄，具明显的小花梗；花萼管状，5齿裂；花冠长6～8mm，中部以下连合呈管状，裂片披针形，花萼、花冠均密被长柔毛；雄蕊长2.5～3.5cm，基部连合呈管状。荚果带状，长7～17cm，深棕色，嫩荚密被短柔毛，老时无毛；种子4～12颗，倒卵形。花期5～6月，果期8～10月。

分布与习性：分布于除东北三省和青海、新疆以外的各省区，生于山坡灌丛、疏林中。生长快，耐干旱及瘠薄。

园林应用：庭园观赏树或风景树。花能安神舒郁、理气活络。

山槐花序及复叶

山槐花相

101 杭子梢 *Campylotropis macrocarpa* (Bunge) Rehd.

杭子梢花相

科属：豆科，杭子梢属。

形态特征：小灌木，高达2m；幼枝密生白色短毛。3枚小叶，顶生小叶椭圆形或卵形，长3 ~ 6.5cm，宽1.5 ~ 4cm，顶端圆或微凹，有短尖，基部圆形，表面无毛，脉纹明显，背面有淡黄色柔毛，侧生小叶较小。总状花序腋生；花梗细，长可达1cm，有关节和绢毛；花萼阔钟状，萼齿4枚，中间2枚萼齿三角形，有柔毛；花冠紫色。荚果斜椭圆形，长约1.2cm，脉纹明显，边缘有毛。花果期6 ~ 9月。

杭子梢花序

分布与习性：各地均有分布，生于山坡、山沟、林缘或疏林下，植株强健，喜光也略耐阴。根系发达，萌芽力强。

园林应用：观赏及作水土保持植物。嫩叶可做牲畜饲料及绿肥。

杭子梢幼果特写

杭子梢花特写

102 短梗胡枝子 *Lespedeza cyrtobotrya* Miq.

短梗胡枝子植株

科属： 豆科，胡枝子属。

形态特征： 灌木，高 1 ~ 3m，多分枝。小枝褐色或灰褐色，具棱，贴生疏柔毛。羽状复叶具 3 小叶；托叶 2 枚，线状披针形，长 2 ~ 5mm，暗褐色；叶柄长 1 ~ 2.5cm；小叶宽卵形、卵状椭圆形或倒卵形，长 1.5 ~ 4.5cm，宽 1 ~ 3cm，先端圆或微凹，具小刺尖，上面绿色，无毛，下面贴生疏毛，侧生小叶比顶生小叶稍小。总状花序腋生，比叶短，稀与叶近等长；总花梗短缩近无，密被白毛；苞片小，卵状渐尖，暗褐色；花梗短，被白毛；花萼筒状钟形，长 2 ~ 2.5mm，5 裂至中部，裂片披针形，渐尖，表面密被毛；花冠红紫色，长约 11mm，旗瓣倒卵形，先端圆或微凹，基部具短柄，翼瓣长圆形，比旗瓣和龙骨瓣短约 1/3，先端圆，基部具耳和瓣柄，龙骨瓣，与旗瓣近等长，基部具耳和柄。荚果斜卵形，稍扁，长 6 ~ 7mm，表面具网纹，且密被毛。花期 7 ~ 8 月，果期 9 月。

分布与习性： 分布于黑龙江、吉林及华北、西北、华东、华中及华南，东北亚也有分布。生于山坡灌丛间或杂木林下。耐旱、耐瘠薄、耐盐碱，喜阴喜温，适应性、抗逆性强，根系浅且发达，萌芽性强，耐割，耐踏，速生，具有显著水土保持效果。

园林应用： 北方瘠薄地造园美化的首选材料。

短梗胡枝子花序与叶子背面

短梗胡枝子花序

103美丽胡枝子 *Lespedeza thunbergii* subsp. *formosa* (Vogel) H. Ohashi

美丽胡枝子叶子

科属：豆科，胡枝子属。

形态特征：落叶灌木，高达 2m 以上。干皮黑褐色，有细纵棱，密被白毛，托叶常宿存；3 枚小叶复叶，叶轴长 3 ~ 7cm，小叶椭圆状或卵状椭圆形，先端急尖或钝圆，背面密被白毛，小叶叶柄粗壮，长约 2mm，总状花序较叶轴长，单生或排成圆锥状，总花梗及小花梗均被白毛，花紫红色，花两性，长约 1cm，花萼被毛，萼裂长于萼筒，花盛开时龙骨瓣与旗瓣近等长，荚果卵形或矩圆形，长 5 ~ 12cm，稍偏斜，先端有短尖，被锈毛。花期 7 ~ 9 月，果期 9 ~ 10 月。

分布与习性：河北、山西、山东、河南以及华东、华南、西南各省区均有分布。喜光，喜肥，较耐寒，较耐干旱，但在温厚湿润肥沃土壤中生长尤显良好。

园林应用：根系发达，有水土保持作用；夏花密集繁芜，花期长达 90 天，是良好的观花植物。叶可做饲料，根可入药。山东青岛、淄博等地已有良种栽培。

美丽胡枝子花序

美丽胡枝子花相

104 多花胡枝子 *Lespedeza floribunda* Bunge

多花胡枝子花序与枝叶

科属：豆科，胡枝子属。

形态特征：小灌木，高 60 ~ 100cm。分枝有白色柔毛。小叶 3 枚，倒卵形或倒卵状矩圆形，长 10 ~ 25mm，宽 4 ~ 10mm，先端微凹，有短尖，基部宽楔形，上面无毛，下面有白色柔毛，侧生小叶较小；叶柄长约 7mm；托叶条形，长约 5mm。总状花序腋生，花梗无关节；无瓣花簇生叶腋，无花梗；小苞片与萼筒贴生，卵形；花萼宽钟状，萼齿 5 枚，披针形，疏生白色柔毛；花冠紫色，旗瓣长约 8mm，翼瓣略短，龙骨瓣长于旗瓣。荚果卵状菱形，长约 5mm，宽约 3mm，有柔毛。

分布与习性：分布于东北、华中、华北、西北各省及浙江、安徽、湖北。生于山坡丛林中。

园林应用：可植于庭园观赏，颇具野趣。宜作水土保持及防护林下层树种，也可做家畜饲料和绿肥。

多花胡枝子花相

多花胡枝子花特写

105 尖叶铁扫帚 *Lespedeza juncea* (Linn. f.) Pers.

尖叶铁扫帚花

科属：豆科，胡枝子属。

形态特征：小灌木，高可达1m。全株被伏毛，分枝或上部分枝呈扫帚状。托叶线形，长约2mm；叶柄长0.5 ~ 1cm；羽状复叶具3枚小叶；小叶倒披针形、线状长圆形，长1.5 ~ 3.5cm，宽2 ~ 7mm，先端稍尖或钝圆，有小刺尖，基部渐狭，边缘稍反卷，上面近无毛，下面密被伏毛。总状花序腋生，稍超出叶，有3 ~ 7朵排列较密集的花，近似伞形花序；总花梗长；苞片及小苞片卵状披针形或狭披针形，长约1mm；花萼狭钟状，长3 ~ 4mm，5深裂，裂片披针形，先端锐尖，外面被白色伏毛，花开后具明显3条脉；花冠白色或淡黄色，旗瓣基部带紫斑，龙骨瓣先端带紫色，旗瓣、翼瓣与龙骨瓣近等长，有时旗瓣较短；闭锁花簇生于叶腋，近无梗。荚果宽卵形，两面被白色伏毛，稍超出宿存萼。花期7 ~ 9月，果期9 ~ 10月。

尖叶铁扫帚花相

分布与习性：分布于东北、华北各省和河南、甘肃及山东等地。东北亚也有分布。生于海拔1 500m以下的山坡灌丛间。

园林应用：作园林地被植物。

106 雀儿舌头 *Leptopus chinensis* (Bunge) Pojark.

科属：大戟科，雀儿舌头属。

雀儿舌头种群地被景观

雀儿舌头叶子、花与果实

形态特征：直立灌木，高达3m。茎上部和小枝条具棱；除枝条、叶片、叶柄和萼片均在幼时被疏短柔毛外，其余无毛。叶片膜质至薄纸质，卵形、近圆形、椭圆形或披针形，长1 ~ 5cm，宽0.4 ~ 2.5cm，顶端钝或急尖，基部圆或宽楔形，叶面深绿色，叶背浅绿色；侧脉每边4 ~ 6条，在叶背微凸起；叶柄长2 ~ 8mm；托叶小，卵状三角形，边缘被睫毛。花小，雌雄同株，单生或2 ~ 4朵簇生于叶腋；萼片、花瓣和雄蕊均为5枚。雄花：花梗丝状，长6 ~ 10mm；萼片卵形或宽卵形，长2 ~ 4mm，浅绿色，具有脉纹；花瓣白色，匙形，长1 ~ 1.5mm；花盘腺体5枚，分离，顶端2深裂；雄蕊离生，花丝丝状，花药卵圆形。雌花：花梗长1.5 ~ 2.5cm；花瓣倒卵形，长1.5mm，宽0.7mm；萼片与雄花的相同；花盘环状，10裂至中部，裂片长圆形；子房近球形，花柱3枚，2深裂。蒴果扁球形，直径6 ~ 8mm，基部有宿存的萼片。花期2 ~ 8月，果期6 ~ 10月。

分布与习性：全国各省区均有分布。生于海拔500 ~ 1 000m的山地灌丛、林缘、路旁、岩崖或石缝中。喜光，耐干旱、土层瘠薄环境，水分少的石灰岩山地亦能生长。

园林应用：为水土保持林或林下地被，或作庭园点缀。叶可做杀虫农药。

107 大花溲疏 *deutzia grandifiora* Bunge

大花溲疏花相

科属：虎耳草科，溲疏属。

形态特征：灌木，高 1 ~ 2m。小枝褐色或灰褐色，光滑，老枝灰色，皮不剥落。叶对生，叶柄长 2 ~ 4mm；叶片卵形或卵状披针形，长 2 ~ 5cm，宽 1 ~ 2.5cm，基部广楔形或圆形，先端短渐尖或锐尖，边缘有细锯齿，表面有 4 ~ 6 条放射状星状毛，背面灰白色，密生 6 ~ 9（12）条放射状星状毛，质粗糙。聚伞花序，1 ~ 3 朵花生于枝顶。萼筒长 2 ~ 3mm，密被毛，裂片 5 枚，披针状线形，花瓣 5 枚，白色，长圆形或长圆状倒卵形，长 1 ~ 2cm，雄蕊 10 枚，花丝上部具 2 齿，子房下位，花柱 3 ~ 5 枚。蒴果半球形，直径 4 ~ 5mm，具宿存花柱。花期 4 月下旬，果熟期 6 月。

分布与习性：分布于湖北、河南、内蒙古、辽宁等省区。多生于丘陵或低山坡灌丛中，较溲疏耐寒。

园林应用：水土保持树种兼园林观赏树种。可植于草坪、路边、山坡及林缘，也可作花篱，花枝可瓶插观赏，果可入药。

大花溲疏花及枝干

大花溲疏枝叶

108 河朔荛花 *Wikstroemia chamaedaphne* Meisn.

河朔荛花种群花相

科属：瑞香科，荛花属。

形态特征：灌木，高约 1m。幼枝近四棱形，绿色，后变为褐色。叶对生，无毛，近革质，披针形，长 2.5 ～ 5.5cm，宽 0.2 ～ 1cm，先端尖，基部楔形，上面绿色，下面灰绿色，光滑，侧脉不明显；叶柄极短，近于无。花黄色，花序穗状或由穗状花序组成的圆锥花序，顶生或腋生，密被灰色短柔毛；花梗极短，具关节，花后残留；花萼长 8 ～ 10mm，外面被灰色柔毛，裂片 4 枚，2 大 2 小，卵形至长圆形，端圆，约等于花萼长的 1/3；雄蕊 8 枚，2 列，着生于花萼筒的中部以上；花药长圆形，花丝短，近于无；子房棒状，花柱短，柱头圆珠形，具乳突；花盘鳞片 1 枚，线状披针形。果卵形。花期 6 ～ 8 月，果期 9 月。

河朔荛花花序与枝叶

分布与习性：分布于河北、河南、山西、陕西、甘肃、四川、湖北、江苏等省。生于海拔 500 ～ 1 900m 的山坡及路旁。

园林应用：作园林花木。有毒，可驱虫。

河朔荛花花特写

河朔荛花种群

109 四照花 *Cornus kousa* subsp. *chinensis* (Osborn) Q. Y. Xiang

科属：山茱萸科，四照花属。

形态特征：灌木，高可达9m。小枝细，绿色，后变褐色，光滑，嫩枝被白色短绒毛。叶纸质，对生，卵形或卵状椭圆形，表面浓绿色，疏生白柔毛，叶背粉绿色，有白柔毛，并在脉腋簇生。白色的总苞片4枚；花瓣状，卵形或卵状披针形；光彩四照。核果聚为球形的聚合果，后变为紫红色，俗称“鸡素果”。5～6月开花，9～10月成熟。

四照花植株花相

分布与习性：分布于长江流域诸省及河南、陕西、甘肃等地。多生于海拔600～2 200m的林内及阴湿溪边。喜温暖气候和阴湿环境，适生于肥沃而排水良好的土壤。适应性强，能耐一定程度的寒、旱、瘠薄。

园林应用：观花观叶两宜，可用于绿化、美化荒山荒地与城乡园林绿化。

四照花花序

四照花叶子

110 太平花 *philadelphus pekinensis* Rupr.

科属：虎耳草科，山梅花属。

形态特征：丛生落叶灌木，可高达2m。树皮栗褐色，薄片状剥落，枝条对生，小枝光滑无毛，常带紫褐色。叶卵状椭圆形，3条主脉，先端渐尖或长渐尖，边缘疏生疏小齿，基部圆形，两面无毛、

太平花花相

太平花花序

叶脉上疏被毛，或有时背面脉腋有簇毛，边缘疏生细锯齿；花乳白色，5 ~ 9朵成总状花序，有香气。蒴果椭圆形。花期4 ~ 6月，果期8 ~ 10月。

分布与习性：分布于东北南部、华中、华北、西北地区。生长于海拔1 500m以下的山坡、林地、沟谷或溪边向阳处。

园林应用：宜丛植于草地、林缘、园路拐角和建筑物前，也可作自然式花篱或大型花坛之中心。

太平花花萼及叶子背面

太平花花特写

111 山梅花 *Philadelphus incanus* Koehne

山梅花花序

科属： 虎耳草科，山梅花属。

形态特征： 植株高达 3 ~ 5m，树皮褐色，薄片状剥落，小枝幼时密生柔毛，后渐脱落。叶卵形至卵状长椭圆形，长 3 ~ 10cm，缘具细尖齿，表面疏生短毛，背面密生柔毛，脉上毛尤多，花白色，径 2.5 ~ 3.0cm，无香味，萼外有柔毛，花柱无毛，5 ~ 11 朵成总状花序。花期 5 ~ 7 月，果期 8 ~ 9 月。

分布与习性： 原产于陕西、河南、广东一带，甘肃南部、四川西部均有自然分布。生于海拔 1 200 ~ 1 700m 的林缘灌丛中。

园林应用： 河南已有栽培。宜栽植于庭园、风景区。亦可作切花材料。

山梅花花相

112 郁香忍冬 *Lonicera fragrantissima* Lindl. et Paxt.

科属：忍冬科，忍冬属。

形态特征：落叶灌木，高达2m。幼枝无毛或疏被毛，毛脱落后留有小瘤状突起，老枝灰褐色。叶厚纸质或革质，形态变异很大，从倒卵状椭圆形、椭圆形、圆卵形、卵形至卵状矩圆形，长3～8.5cm，顶端短尖或具凸尖，基部圆形或阔楔形，两面无毛或仅下面中脉有毛，有时上面中脉有伏毛，边缘几无毛；叶柄长2～5mm，有刚毛。花期2～4月，果熟期4～5月。

郁香忍冬幼枝与叶

分布与习性：分布于河北、河南、湖北、安徽、浙江及江西。喜光，也耐阴、耐寒，忌涝，喜肥沃湿润土壤。

郁香忍冬果期

园林应用：适宜庭园、草坪边缘、园路旁、转角一隅、假山前后及亭际附近栽植。上海、杭州有栽培。

郁香忍冬花特写

郁香忍冬果实

113 金银忍冬 *Lonicera maackii* (Rupr.) Maxim.

科属：忍冬科，忍冬属。

形态特征：落叶小乔木，常丛生成灌木状，株型圆满，高可达6m。小枝中空，单叶对生；叶呈卵状椭圆形至披针形；先端渐尖，叶两面疏生柔毛。花成对腋生，2唇形花冠。花开之时初为白色，后变为黄色，故得名“金银木”。浆果球形亮红色。花期5～6月，果熟期8～10月。

金银忍冬开花植株

金银忍冬花相

分布与习性：广布于华北、华东、华中及陕西、甘肃、四川、云南。性强健，喜光，耐半阴，耐寒，耐旱，管理简单。

园林应用：庭园观花、观果树种。

金银忍冬花与叶

金银忍冬果实特写

114 红花金银忍冬 *Lonicera maackii* (Rupr.) Maxim. var. *erubescens* Rehd.

红花金银忍冬花相

红花金银忍冬花序与叶子

科属：忍冬科，忍冬属。

形态特征：落叶灌木，高达6m。幼枝、叶两面脉上、叶柄、苞片、小苞片及萼檐外面都被短柔毛和微腺毛；花冠、小苞片和幼叶均带淡紫红色。冬芽小，卵圆形，有5～6对或更多鳞片。叶纸质，形状变化较大，通常卵状椭圆形至卵状披针形，长5～8cm，顶端渐尖或长渐尖，基部宽楔形至圆形；叶柄长2～8mm。花芳香，生于幼枝叶腋，总花梗长1～2mm，短于叶柄；苞片条形，有时条状倒披针形而呈叶状，长3～6mm；小苞片多少连合成对，长为萼筒的1/2至几相等，顶端截形；相邻两萼筒分离，长约2mm，无毛或疏生毛，萼檐钟状，为萼筒长的2/3至相等，干膜质，萼齿宽三角形或披针形，不相等，顶尖，裂隙约达萼檐之半；花冠先白色后变黄色，长1～2cm，外被毛或无毛，唇形，筒长约为唇瓣的1/2，内被毛；雄蕊与花柱长约达花冠的2/3，花丝中部以下和花柱均具毛。果实暗红色，圆形，直径5～6mm。花期5～6月，果熟期8～10月。

分布与习性：分布于甘肃、江苏（南京、江浦、句容）、安徽（滁县琅琊山）和河南（鸡公山）。习性同金银忍冬。

园林应用：同金银忍冬。

115 蕊被忍冬 *Lonicera gynochlamydea* Hemsl.

科属：忍冬科，忍冬属。

蕊被忍冬花相

形态特征：灌木，高达 3m。幼枝常紫色，后变灰色。叶矩圆状披针形至狭披针形，长 4 ~ 12cm，顶端渐尖至长渐尖，基部楔形至圆形，两面中脉上有毛或上面疏生柔毛。总花梗短或稍长于叶柄，上举；苞片钻形，等长至倍长于萼齿；小苞片合生成杯状壳斗，与萼檐下延的帽边状突起相接；萼齿小而钝，具睫毛；花冠长 8 ~ 12mm，白色带粉红色或紫色，外面有毛，唇形，上唇具 4 枚裂片，稍长于花冠筒，后者基部具深囊；雄蕊 5 枚，稍伸出；花柱全部有毛，短于雄蕊。浆果白色至紫色，邻生的两个分离，直径 4 ~ 5mm，具 1 ~ 2（4）颗种子。

蕊被忍冬花和叶子

分布与习性：分布于河南、陕西、湖北、四川、湖南、贵州。生于海拔 1 200 ~ 2 200m 的林中或灌丛中。

园林应用：庭园观花、观果树种。

蕊被忍冬花特写

蕊被忍冬果实未成熟

116 南方六道木 *Zabelia dielsii* (Graebn.) Makino

科属：忍冬科，六道木属。

形态特征：落叶灌木，高 2 ~ 3m。当年小枝红褐色，老枝灰白色。叶长卵形、矩圆形、倒卵形、椭圆形至披针形，变化很大，长 3 ~ 8cm，宽 0.5 ~ 3cm，嫩时上面散生柔毛，下面除叶脉基部被白毛外，无毛，顶端尖或长渐尖，基部楔形或宽楔形，全缘或有齿牙，具缘毛；叶柄基部膨大，散生硬毛。花期 4 ~ 6 月，果熟期 8 ~ 9 月。

分布与习性：分布于河北、山西、陕西、宁夏、甘肃、江西、湖北、河南、西藏及华东、西南各省区。生于海拔 800 ~ 3 700m 的山坡灌丛、路边林下及草地。

园林应用：庭园观花灌木。

南方六道木开花植株与花相

南方六道木枝叶、花近观

南方六道木花序与叶子

117 蝟实 *Kolkwitzia amabilis* Graebn.

科属：忍冬科，蝟实属。

形态特征：落叶灌木，高3m。幼枝被柔毛，老枝皮剥落。叶椭圆形至卵状矩圆形，叶面疏生短柔毛，花期5～6月。花粉红至紫红色，花冠钟状。果实卵形，两个合生，其中一个不发育。5～6月开花，着花繁密，粉红至紫色，非常艳丽。果实密被毛刺，8～9月成熟。

分布与习性：分布于中国中部至西北部。喜光，耐寒，耐旱，北京地区陆地可以越冬；喜欢排水良好、肥沃土壤，怕水涝和高温。

园林应用：多丛植于草坪、路边及假山旁，也可盆栽或做切花用。

蝟实花相

蝟实秋季果实

蝟实花序

蝟实花后幼果

118 河南杜鹃 *Rhododendron henanense* Fang

河南杜鹃枝叶与花

科属： 杜鹃花科，杜鹃花属。

形态特征： 灌木，高 3 ~ 5m。小枝粗壮，嫩绿色或淡褐色，光滑无毛。叶多密生于枝端，革质，长圆状椭圆形，长 7 ~ 9cm，宽 3 ~ 5cm，先端圆形，有小尖头，基部浅心形或圆形，边缘向下反卷，上面深绿色，下面淡黄绿色，两面无毛，中脉在上面微有浅沟纹，在下面微隆起，侧脉 14 ~ 18 对；叶柄细长，上面平坦，下面圆柱状。总状伞形花序，有 12 ~ 13 朵花，总轴长 1.5 ~ 2cm，有淡黄色绒毛；花梗长 2cm，有分枝的硬毛；花萼小，5 裂，裂片三角形，长约 1. 5mm，外面有硬毛；花冠钟状漏斗形，长 2.5 ~ 3cm，白色有紫红色斑点，基部狭窄，5 裂，裂片近于圆形，长 1cm，宽 1.5cm;雄蕊 10 枚，长 1.5 ~ 2cm，不等长，花丝基部有毛；子房圆锥状，长约 6mm，密被硬毛；花柱长 2cm，光滑无毛；柱头微膨大。蒴果圆柱状，长 1.5 ~ 2cm，直径 5 ~ 6mm，常弯曲。花期 5 月。

分布与习性： 分布于河南中部。生于海拔 1 830m 的针阔叶混交林下。

园林应用： 高山花卉，宜将现有群落保护开发为景区供科学考察和观赏，可作为重要的杜鹃基因库。

河南杜鹃花序

河南杜鹃花特写

119 满山红 *Rhododendron mariesii* Hemsl. et Wils.

科属：杜鹃花科，杜鹃花属。

形态特征：落叶灌木，高 1 ~ 4m。枝轮生，幼时被淡黄棕色柔毛，成长时无毛。叶厚纸质或近于革质，常 2 ~ 3 枚集生枝顶，椭圆形，卵状披针形或三角状卵形，长 4 ~ 7.5cm，宽 2 ~ 4cm，先端锐尖，具短尖头，基部钝或近于圆形，边缘微反卷，初时具细钝齿，后不明显，上面深绿色，下面淡绿色，幼时两面均被淡黄棕色长柔毛，后无毛或近于无毛，叶脉在上面凹陷，下面凸出，细脉与中脉或侧脉间的夹角近于 90° ；叶柄长 5 ~ 7mm，近于无毛。花芽卵球形，鳞片阔卵形，外面沿中脊以上被淡黄棕色绢状柔毛，边缘具睫毛。花通常 2 朵顶生，先花后叶；花萼环状，5 浅裂，密被黄褐色柔毛；花冠漏斗形，淡紫红色或紫红色，长 3 ~ 3.5cm，花冠管长约 1cm，裂片 5 枚，深裂，长圆形，先端钝圆，上方裂片具紫红色斑点；雄蕊 8 ~ 10 枚，不等长，比花冠短，花丝扁平，花药紫红色；子房卵球形，密被淡黄棕色长柔毛，花柱比雄蕊长，无毛。花期 4 ~ 5 月，果期 6 ~ 11 月。

满山红花序

满山红枝叶

满山红花特写

分布与习性：分布于河北、陕西、江苏、安徽、浙江、江西、福建、台湾、河南、湖北、湖南、广东、广西、四川和贵州。生于海拔 600 ~ 1 500m 的山地稀疏灌丛中。喜阳光，于土壤及空气湿润的环境中生长较良好。

园林应用：已有栽培，具有较高的园艺观赏价值，应在河南引种推广。

120 杜鹃 *Rhododendron simsii* Planch.

杜鹃植株花相

科属：杜鹃花科，杜鹃花属。

形态特征：落叶灌木，高2～5m。分枝多而纤细，密被棕褐色扁平糙伏毛。叶革质，常集生枝端，卵形、椭圆状卵形或倒卵形或倒卵形至倒披针形，长1.5～5cm，宽0.5～3cm，先端短渐尖，基部楔形或宽楔形，边缘具细齿，上面深绿色，疏被糙伏毛，下面淡白色，密被褐色糙伏毛，中脉在上面凹陷，下面凸出；叶柄长2～6mm，密被亮棕褐色扁平糙伏毛。花芽卵球形，鳞片外面中部以上被糙伏毛，边缘具睫毛。花2～6朵簇生枝顶；花梗长8mm，密被棕褐色糙伏毛；花萼5深裂，裂片三角状长卵形，长5mm，被糙伏毛，边缘具睫毛；花冠阔漏斗形，玫瑰色、鲜红色或暗红色，长3.5～4cm，宽1.5～2cm，裂片5枚，倒卵形，长2.5～3cm，上部裂片具深红色斑点；雄蕊10枚，长约与花冠相等，花丝线状；子房卵球形，密被棕褐色糙伏毛，花柱伸出花冠外。蒴果卵球形，长达1cm，密被糙伏毛；花萼宿存。花期4～5月，果期6～8月。

杜鹃花特写

分布与习性：分布于高海拔地区，喜凉爽湿润的气候，恶酷热干燥。要求富含腐殖质、疏松、湿润及pH在5.5～6.5的酸性土壤。在黏重或通透性差的土壤中，生长不良。

园林应用：作花篱、盆景材料皆可。园林中最宜在林缘、溪边、池畔及岩石旁成丛成片栽植。

121 三花莸 *Caryopteris terniflora* Maxim.

三花莸种群

科属：马鞭草科，莸属。

形态特征：亚灌木，自基部丛生，高 20 ~ 40cm。茎直立，方形，密被灰色卷曲柔毛。叶纸质，卵圆形，长 1.5 ~ 4cm，宽 1 ~ 3cm，急尖，基部心形至截圆形，边缘有圆齿 6 ~ 10 对，两面被伏柔毛，疏生腺点；叶柄长 0.2 ~ 1.5cm。聚伞花序腋生，通常 3 朵花，被灰色柔毛，花序总梗长 1 ~ 1.5cm，花梗长 1cm，有极小的苞片和小苞片。萼 5 裂，裂片披针形，长 4mm，长渐尖，果期增大 1 倍，两面被柔毛并疏生腺点，花冠粉红色至紫色，长 1.1cm，花冠管长 7mm，5 裂，最大的裂片圆形，全缘，雄蕊伸出 1.3cm，无毛，花柱特长，超过雄蕊 1cm，顶端 2 裂；子房被毛。蒴果 4 瓣裂，背面密被粗硬毛。花期 4 月。

分布与习性：分布于河北、河南、山西、陕西、甘肃、四川、湖北、江西、广西。生于海拔 1 500 ~ 2 400m 的山坡灌丛，路旁。

园林应用：片植、丛植十分美观，是地被型的观花灌木。

三花莸植株开花

三花莸花特写

122 枳 *Citrus trifoliata* (L.) L.

科属：芸香科，枳属。

形态特征：枝绿色，嫩枝扁，有纵棱，刺长达 4cm，刺尖干枯状，红褐色，基部扁平。指状 3 出叶，稀 4 ~ 5 枚小叶，叶柄有狭长的翼叶，小叶等长或中间的一枚较大，叶缘有细钝裂齿或全缘。花单朵或成对腋生，先叶开放，花有大、小二型，花径 3.5 ~ 8cm；萼片长 5 ~ 7mm；花瓣白色，匙形，长 1.5 ~ 3cm；雄蕊通常 20 枚，花丝不等长。果扁圆形，通常纵横径（5.1 ~ 6.1）cm ×（6.1 ~ 7.8）cm，中央凹，有浅放射沟，果皮暗黄色，粗糙；种子 20 ~ 50 粒，阔卵形，乳白或乳黄色，有黏腋，长 9 ~ 12mm。花期 5 ~ 6 月，果期 10 ~ 11 月。

枳群落

分布与习性：分布于山东、山西、陕西、甘肃及华东、华南、西南各省区。喜光，耐热，稍耐阴，较耐寒，耐修剪。喜生于肥沃、深厚之微酸性土壤。对二氧化硫、氯气抗性强，对氟化氢抗性差。

园林应用：枝条绿色多刺，先花后叶，秋果累累，是良好的观花观果观叶花卉植物。可栽作绿篱或屏障树。

枳果实

枳花特写

枳叶与花

123 海州常山 *Clerodendrum trichotomum* Thunb.

科属：马鞭草科，大青属。

海州常山植株

形态特征：落叶灌木或小乔木，嫩枝棕色短柔毛，单叶对生，叶卵圆形，长5～16cm，先端渐尖，基部多截形，全缘或有波状齿，两面近无毛，叶柄2～8cm，伞房状聚伞花序着生顶部或腋间，萼紫红色5个裂至基部。花冠细长筒状，顶端5裂，白色或粉红色。核果球状，蓝紫色，整个花序可同时出现红萼、白花和蓝紫色果实的丰富色彩。花期6～9月，果期9～11月。

海州常山种群花后

分布与习性：原产于华东、华中至东北地区，北京、天津、河北已有引种。多生于海拔2 400m以下的山坡、路旁和溪边、村旁。

园林应用：花序大，花果色泽亮丽，花果期长，植株繁茂，为良好的观赏花木。

海州常山果实

海州常山花与叶子

124 细叶小檗 *Berberis poiretii* Schneid.var.*biseminalis* P. Y. Li

科属：小檗科，小檗属。

形态特征：落叶灌木，高1～2m。枝灰褐色，有槽及疣状突起，刺三分叉，或不分叉。叶簇生于刺腋，狭倒披针形，总状花序近伞形，鲜黄色花，直径约6mm。浆果红色，矩球形。花期5～6月，果期8～9月。

分布与习性：分布于河南、吉林、辽宁及华北等省区。生于山地灌丛、砾质地、草原化荒漠、山沟河岸或林下。

园林应用：点缀用的观花观果灌木。

细叶小檗植株

细叶小檗花序

细叶小檗果序与枝叶

细叶小檗果实成熟

125 直穗小檗（长穗小檗 *Berberis dolichobotrys* fedde）*Berberis dasystachya* Maxim.

科属：小檗科，小檗属。

形态特征：落叶灌木，高1～2m。幼枝常带红色，老枝灰黄色，圆柱形，光滑无毛，有稀疏细小疣状突起；刺有时单生。叶纸质，厚，近圆形、矩圆形或宽椭圆形至长圆状倒卵形，先端圆钝，基部圆形，边缘有25～50个刺状细锯齿，刺长约1mm，齿距约1.5mm，两面网脉明显，背面中脉明显隆起；两面均无毛。叶柄通常长2～3cm。总状花序有花15～30朵，连总花梗长3.5～6cm；花黄色，直径5～6mm；花梗长4～7mm；萼片2轮排列；花瓣倒卵形，全缘，长3mm，宽2mm；子房有1～2个胚珠。果序直立，浆果椭圆形，长6～7mm，直径约5mm，红色，顶端无宿存花柱，无白粉。花期4～5月，果期6～9月。

直穗小檗花序

直穗小檗枝叶与花序

分布与习性：分布于甘肃、宁夏、青海、湖北、陕西、四川、河南、河北、山西等海拔800～3 000m的山地沟边、路边灌丛中或林缘。

园林应用：点缀用的观花观果灌木。根和树皮含小檗碱，可供药用。

126 苏木蓝 *Indigofera carlesii* Craib.

科属：豆科，木蓝属。

苏木蓝植株

形态特征：灌木，高达 0.5m。茎直立，幼时密生白色毛。奇数羽状复叶长 7 ~ 20cm；叶柄长 1.5 ~ 3.5cm，叶轴上面有浅槽，被紧贴白色丁字毛，后变无毛；托叶线状披针形，早落；小叶 5 ~ 9 个，坚纸质，椭圆形或卵状椭圆形，稀阔卵形，长 2 ~ 4cm，宽 1 ~ 2.5cm，先端钝圆，有针状尖，基部圆钝或阔楔形，两面密被白色短丁字毛，中脉上凹下凸，侧脉 6 ~ 9 对；小叶柄与钻形小托叶等长，均被白色毛。总状花序长 10 ~ 20cm；总花梗长约 1.5cm，花序轴有棱，被丁字毛；花梗长 2 ~ 4mm；花萼杯状，长 4 ~ 4.5mm，外面被白色丁字毛，萼齿披针形，下萼齿与萼筒等长；花冠粉红色或玫瑰红色，旗瓣背面被密毛，翼瓣与龙骨瓣边缘有纤毛。荚果褐色，线状圆柱形，长 4 ~ 6cm。花期 4 ~ 6 月，果期 8 ~ 9 月。

分布与习性：分布于陕西、江苏、安徽、江西、河南、湖北。生于海拔 500 ~ 1000m 山坡路旁及丘陵灌丛中。

园林应用：花色鲜艳的地被材料。根供药用，有清热补虚的效果。

苏木蓝花序

苏木蓝叶序与小叶

127 大叶醉鱼草 *Buddleja davidii* Fr.

大叶醉鱼草花特写

科属：马钱科，醉鱼草属。

形态特征：灌木，高 1 ～ 5m。小枝外展而下弯，略呈四棱形；幼枝、叶片下面、叶柄和花序均密被灰白色星状短绒毛。叶对生，叶片膜质至薄纸质，狭卵形、狭椭圆形至卵状披针形，稀宽卵形，长 1 ～ 20cm，宽 0.3 ～ 7.5cm，顶端渐尖，基部宽楔形，边缘具细锯；侧脉每边 9 ～ 14 条；叶柄短；叶柄间具有 2 枚卵形或半圆形的托叶。总状或圆锥状聚伞花序顶生，长 4 ～ 30cm；小苞片线状披针形，长 2 ～ 5mm；花萼钟状，长 2 ～ 3mm，外面被短绒毛，萼裂片披针形，长 1 ～ 2mm；花冠淡紫色，后变黄白色至白色，喉部橙黄色，芳香，长 7.5 ～ 14mm，外面被疏毛及鳞片，后变无毛，花冠管细长，长 6 ～ 11mm，直径 1 ～ 1.5mm，内面被星状短柔毛；花冠裂片近圆形，长和宽 1.5 ～ 3mm，内面无毛，边缘全缘或具不整齐的齿；雄蕊着生于花冠管内壁中部。蒴果狭椭圆形或狭卵形，长 5 ～ 9mm，直径 1.5 ～ 2mm，2 瓣裂，淡褐色，无毛，基部有宿存花萼；种子长椭圆形，长 2 ～ 4mm，直径约 0.5mm，两端具尖翅。花期 5 ～ 10 月，果期 9 ～ 12 月。

分布与习性：分布于陕西、甘肃及华中、华东、华南、西南各省区。生于海拔 800 ～ 3 000m 山坡、沟边灌木丛中。

园林应用：花美丽而芳香，是优良的庭园观赏植物。全株可供药用。花可提制芳香油。

大叶醉鱼草种群

大叶醉鱼草花相

128 文冠果 *Xanthoceras sorbifolia* Bunge

科属：无患子科，文冠果属。

形态特征：落叶灌木或小乔木，高 2 ~ 5m。小枝粗壮，褐红色，无毛，顶芽和侧芽有覆瓦状排列的芽鳞。叶连柄长 15 ~ 30cm；小叶 4 ~ 8 对，膜质或纸质，披针形或近卵形，两侧稍不对称，长 2.5 ~ 6cm，宽 1.2 ~ 2cm，顶端渐尖，基部楔形，边缘有锐利锯齿，顶生小叶通常 3 深裂，上面深绿色，无毛，背面鲜绿色，嫩时被绒毛和成束的星状毛。总状花序先叶抽出或与叶同时抽出，长 12 ~ 20cm，直立，总花梗短；花梗长 1.2 ~ 2cm；苞片长 0.5 ~ 1cm；萼片长 6 ~ 7mm，两面被灰色绒毛；花瓣白色，基部

文冠果黄色花

文冠果红色花

紫红色或黄色，有清晰的脉纹，长约 2cm，宽 7 ~ 10mm，爪之两侧有须毛；花盘的角状附属体橙黄色，长 4 ~ 5mm；雄蕊长约 1.5cm，花丝无毛。蒴果长达 6cm；种子长达 1.8cm，黑色而有光泽。花期 3 月，果期 7 ~ 8 月。

分布与习性： 分布于宁夏、甘肃、山西、陕西、辽宁、内蒙古、河南等省区。生于丘陵山坡等处。喜光，耐严寒，耐干旱，耐瘠薄，耐盐碱，抗病虫害能力强。深根性，主根发达，萌蘖性强，寿命可达数百年。

园林应用： 十分美丽的观花观果灌木，可在园林中大量应用。果实可食。

文冠果花序

文冠果紫色花

文冠果花特写

文冠果果实

129 流苏树 *Chionanthus retusus* Lindl. et Paxt.

科属：木樨科，流苏树属。

流苏树花相

形态特征：落叶灌木或乔木。小枝灰褐色或黑灰色，幼枝淡黄色或褐色。叶片革质，长圆形、椭圆形或圆形，有时卵形或倒卵形，长 3 ~ 12cm，宽 2 ~ 6.5cm，先端圆钝，有时凹入或锐尖，基部圆或宽楔形至楔形，稀浅心形，全缘或有小锯齿，叶缘稍反卷，幼时上面沿脉被长柔毛，下面密被或疏被长柔毛，叶缘具睫毛，老时上面沿脉被柔毛，下面沿脉密被长柔毛，稀被疏柔毛，其余部分疏被长柔毛或近无毛，中脉在上面凹入，下面凸起，侧脉 3 ~ 5 对，两面微凸起或上面微凹入，细脉在两面常明显微凸起；叶柄长 0.5 ~ 2cm，密被黄色卷曲柔毛。聚伞状圆锥花序，长 3 ~ 12cm，顶生于枝端，近无毛；苞片线形，长 2 ~ 10mm，疏被或密被柔毛，花长 1.2 ~ 2.5cm，单性而雌雄异株或为两性花；花梗长 0.5 ~ 2cm，纤细，无毛；花萼长 1 ~ 3mm，4 深裂，裂片尖三角形或披针形，长 0.5 ~ 2.5mm；花冠白色，4 深裂，裂片线状倒披针形，长（1 ~ ）1.5 ~

流苏树花特写

流苏树叶子背面

2.5cm，宽0.5 ~ 3.5mm，花冠管短，长1.5 ~ 4mm；雄蕊藏于管内或稍伸出，花丝长在0.5mm之下，花药长卵形，长1.5 ~ 2mm，药隔突出；子房卵形，长1.5 ~ 2mm，柱头球形，稍2裂。果椭球形，被白粉，长1 ~ 1.5cm，径6 ~ 10mm，呈蓝黑色或黑色。花期3 ~ 6月，果期6 ~ 11月。

分布与习性：分布于甘肃、陕西、山西、山东、河北、河南以及南至云南、广东、福建、台湾等省。喜光，也较耐阴。喜温暖气候，也颇耐寒。喜中性及微酸性土壤，耐干旱瘠薄，不耐水涝。

园林应用：适应性强，寿命长，成年树高大优美、枝叶繁茂，花期如雪压树，且花形纤细，秀丽可爱，气味芳香，是优良的园林观赏树种。花、嫩叶晒干可代茶；果可榨芳香油。

流苏树花序

04 小乔木类野生花卉

130 望春玉兰 *Yulania biondii* (Pamp.) D. L. Fu

科属：木兰科，木兰属。

形态特征：落叶乔木，高可达 12m，胸径达 1m。树皮淡灰色，光滑；小枝细长，灰绿色，直径 3 ~ 4mm，无毛；顶芽卵圆形或宽卵圆形，长 1.7 ~ 3cm，密被淡黄色长柔毛。叶卵状披针形、狭倒卵形或卵形，长 10 ~ 18cm，宽 3.5 ~ 6.5cm，先端急尖，基部阔楔形，或圆钝，边缘干膜质，下延至叶柄，上面暗绿色，下面浅绿色；侧脉每边 10 ~ 15 条；叶柄长 1 ~ 2cm，托叶痕为叶柄长的 1/5 ~ 1/3。花先叶开放，直径 6 ~ 8cm，芳香；花梗顶端膨大，长约 1cm，具 3 个苞片脱落痕；花被 9 枚，外轮 3 枚紫红色，近狭倒卵状条形，长约 1cm，中内两轮近匙形，白色，外面基部常紫红色，长 4 ~ 5cm，宽 1.3 ~ 2.5cm，内轮的较狭小；雄蕊长 8 ~ 10mm，花药长 4 ~ 5mm，花丝长 3 ~ 4mm，紫色；雌蕊群长 1.5 ~ 2cm。聚合果圆柱形，长 8 ~ 14cm，常

望春玉兰花

望春玉兰花萼与枝条

因部分不育而扭曲；果梗长约1cm，径约7mm，残留长绢毛；蓇葖浅褐色，近球形，侧扁，具凸起瘤点；种子心形，外种皮鲜红色，内种皮深黑色，顶端凹陷，具V形槽，中部凸起，腹部具深沟，末端短尖不明显。花期3月，果期9月。

分布与习性： 分布在河南、湖北、四川、青岛、陕西、山东、甘肃等地。生长于海拔600～2 100m的地区，多生于林间。

园林应用： 古时多在亭、台、楼、阁前栽植。是药用、香料、用材、观赏兼用的优良珍贵观赏树种。

望春玉兰果实

131 微毛樱桃 *Cerasus clarofolia*（Schneid.）Yü et Li

科属：蔷薇科，樱属。

微毛樱桃花序与花萼

形态特征：灌木或乔木，高达20m。叶卵形、卵状椭圆形或倒卵状椭圆形，长3～6cm，先端渐尖或骤尖，基部圆，有单锯齿或重锯齿，齿渐尖，齿端有不明显小腺体，叶面、叶柄、总苞片、花序梗、花梗等疏柔毛或无毛，侧脉7～12对；叶柄长0.8～1cm，托叶披针形，边有腺齿或有羽状分裂腺齿。花序伞形或近伞形，有2～4朵花，花叶同放；总苞片褐色，匙形；花序梗长0.4～1cm，苞片绿色，果时宿存，近卵形、卵状长圆形或近圆形，径2～5mm，有锯齿，齿端有锥状或头状腺体。花梗长1～2cm；萼筒钟状，几无毛，萼片卵状三角形或披针状三角形；花瓣白色或粉红色，倒卵形或近圆形。核果熟时红色，长椭球形，长7～8mm；核微具棱纹。花期4～6月，果期6～7月。

微毛樱桃花相

分布与习性：分布于河北南部、河南、山西、陕西、甘肃、四川、西藏东部、云南、贵州、湖南西南部、湖北、安徽东南部及浙江西部。生于海拔800～3 600m的山坡林中或灌丛中。

园林应用：同华中樱桃。

132 桔红山楂 *Crataegus aurantia* Pojark.

桔红山楂花特写

桔红山楂叶子

科属：蔷薇科，山楂属。

形态特征：落叶灌木至小乔木，高达5m。无刺或有刺，刺长1～2cm。小枝深褐色，幼时被柔毛，老时灰褐色。叶宽卵形，长4～7cm，先端急尖，基部圆、平截或宽楔形，有2～3对浅裂片，裂片卵圆形，具不整齐尖锯齿，上面疏生短柔毛，下面被柔毛,沿脉较密；叶柄长1.5～2cm，密被柔毛。复伞房花序有多花，径3～4cm。花梗长5～8mm，和花序梗密被柔毛；花径约1cm；被丝托钟状，外被柔毛，萼片宽三角形，全缘或先端有齿，花后反折；花瓣白色，近圆形；雄蕊18～20枚，约与花瓣等长；花柱4枚。果幼时长圆形，成熟时近球形，径约1cm，橘红色；小核2～3枚，核背面隆起,腹面有凹痕。花期5～6月，果期8～9月。

桔红山楂花与叶

分布与习性：分布于河南、河北西部、山西南部、陕西南部及甘肃东南部。生于海拔1 000～1 800m的山坡林中。

园林应用：观花赏果兼备的小乔木。

133 山楂 *Crataegus pinnatifida* Bunge

山楂植株

科属：蔷薇科，山楂属。

形态特征：落叶小乔木。枝密生，有细刺，幼枝有柔毛。小枝紫褐色，老枝灰褐色。叶片三角状卵形至棱状卵形，长2 ~ 6cm，宽0.8 ~ 2.5cm，基部截形或宽楔形，两侧各有3 ~ 5枚羽状深裂片，基部1对裂片分裂较深，边缘有不规则锐锯齿。复伞房花序，花序梗、花柄都有长柔毛；花白色，有独特气味，直径约1.5cm；萼筒外有长柔毛。梨果深红色，近球形。花期5 ~ 6月，果期9 ~ 10月。

分布与习性：主产于河南、河北、山东和辽宁、吉林等地。生于山谷或山地灌木丛中，适应能力强。

园林应用：观花赏果、食用保健兼备的庭园观赏小乔木。

山楂花序

山楂幼果

134 三叶海棠 *Malus sieboldii* (Regel) Rehd.

三叶海棠花与叶

三叶海棠果实与叶子

科属：蔷薇科，苹果属。

形态特征：灌木，高2 ~ 6m。枝条开展，小枝圆柱形，暗紫色或紫褐色。叶片卵形、椭圆形或长椭圆形，长3 ~ 7.5cm，宽2 ~ 4cm，先端急尖，基部圆形或宽楔形，边缘有尖锐锯齿，在新枝上的叶片锯齿粗锐，常3个浅裂，稀5个浅裂，幼叶上下两面均被短柔毛，老叶上面近于无毛，下面沿中肋及侧脉有短柔毛；叶柄长1 ~ 2.5cm，有短柔毛；托叶草质，窄披针形，先端渐尖，全缘，微被短柔毛。花4 ~ 8朵，集生于小枝顶端；花梗长2 ~ 2.5cm，有柔毛或近于无毛；苞片膜质，线状披针形，先端渐尖，全缘，内面被柔毛，早落；花直径2 ~ 3cm；萼筒外面近无毛或有柔毛；萼片三角卵形，先端尾状渐尖，全缘，长5 ~ 6mm，外面无毛，内面密被绒毛，约与萼筒等长或稍长；花瓣长椭倒卵形，长1.5 ~ 1.8cm，基部有短爪，淡粉红色，在花蕾时颜色较深；雄蕊20枚，花丝长短不齐；约为花瓣之半；花柱3 ~ 5枚，基部有长柔毛；较雄蕊稍长。果实近球形，直径6 ~ 8mm，红色或褐黄色，萼片脱落，果梗长2 ~ 3cm。花期4 ~ 5月，果期8 ~ 9月。

分布与习性：分布于辽宁、山东、陕西、甘肃、河南、江西、浙江、湖北、湖南、四川、贵州、福建、广东、广西。生于海拔150 ~ 2 000m的山坡杂木林或灌木丛中。

园林应用：庭园观赏。

135 李 *Prunus salicina* Lindl.

科属：蔷薇科，李属。

形态特征：落叶乔木，高9～12m。树皮灰褐色，起伏不平；老枝紫褐色或红褐色，无毛；小枝黄红色，无毛；冬芽卵圆形，红紫色，有数枚覆瓦状排列鳞片。叶片长圆倒卵形、长椭圆形，稀长圆卵形，长6～8（12）cm，宽3～5cm，先端渐尖、急尖或短尾尖，基部楔形，边缘有圆钝重锯齿，常混有单锯齿，幼时齿尖带腺，上面深绿色，有光泽，侧脉6～10对，不达到叶片边缘，与主脉成45°，两面均无毛；托叶膜质，线形，先端渐尖，边缘有腺，早落；叶柄长1～2cm，通常无毛，顶端有2个腺体或无，有时在叶片基部边缘有腺体。花通常3朵并生；花梗1～2cm，通常无毛；花直径1.5～2.2cm；萼筒钟状，无毛；萼片长圆卵形，长约5mm，边有疏齿，与萼筒近等长，无毛；花瓣白色，长圆倒卵形，先端啮蚀状，基部楔形，有

李花序与幼枝

李花序、花萼

李花相近观

明显带紫色脉纹，具短爪，着生在萼筒边缘，比萼筒长 2 ~ 3 倍；雄蕊多数，排成不规则 2 轮，比花瓣短；雌蕊 1 枚，柱头盘状。核果球形、卵球形或近圆锥形，直径 3.5 ~ 5cm，黄色或红色，或绿色或紫色，梗凹陷入，顶端微尖，基部有纵沟，外被蜡粉；核卵球形或长球形，有皱纹。花期 4 月，果期 7 ~ 8 月。

分布与习性：分布于辽宁、陕西、河南、甘肃、四川、云南、贵州、湖南、湖北、江苏、浙江、江西、福建、广东、广西和台湾。生于海拔 400 ~ 2 600m 的山坡灌丛中、山谷疏林中或水边、沟底、路旁等处。

园林应用：作为园林观赏树种，植于山坡、路旁、水边等。

李先花后叶的花相

136 杏李 *Prunus simonii* Carr.

杏李先花后叶的植株

科属：蔷薇科，李属。

形态特征：乔木，高 5 ~ 8m。直立分枝；老枝紫红色；树皮常有裂痕；小枝浅红色，粗壮，节间短，无毛。叶互生；叶片长 1 ~ 1.3cm，通常在先端两侧各有 1 ~ 2 个腺体；托叶，线形，边缘有腺，早落；叶片长圆倒卵形或长圆披针形，长 7 ~ 10cm，宽 3 ~ 5cm，先端急尖或渐尖，基部楔形或宽楔形，边缘有细密圆钝锯齿，两面无毛；侧脉直出呈弧形，基部与主脉呈锐角。花两性；花 1 ~ 3 朵簇生，花梗无毛；花直径 1.5 ~ 2cm；萼筒钟状，萼片 5 枚，长圆形，边缘有腺细齿；花瓣白色，先端圆钝，基部有爪，着生在萼筒边缘；雄蕊多数，花丝长短不等，排成 2 轮；雌蕊 1 枚。核果扁球形，直径 3 ~ 6cm，红色，果肉淡黄色，有浓香味，黏核；核小，扁球形，有纵沟。果期 6 ~ 7 月。

分布与习性：分布于华中、华北浅山丘陵区。适应性比较强，耐旱，耐瘠薄。

园林应用：具有良好的水土保持效果，是观赏与食用兼有的观赏树种。

杏李花序与花

杏李花萼

137 山荆子 *Malus baccata* (L.) Borkn.

科属：蔷薇科，苹果属。

形态特征：乔木。树干灰褐色，光滑，不易开裂。新梢黄褐色，无毛，嫩梢绿色微带红褐；叶片椭圆形，先端渐尖，基部楔形，叶缘锯齿细锐；花白色，花柱5枚或4枚，基部有长柔毛；果实近球形，直径0.8～1cm，红或黄色，脱萼，萼洼有圆形锈斑，果柄长为果实的3～4倍。6月开花，果实9月中下旬成熟。

山荆子近观花相

分布与习性：原产于东北、华中、华北、西北及内蒙古东部地区，多生于山区杂木林中。喜光，耐寒，耐瘠薄，不耐盐，深根性，寿命长，多生长于海拔800～2 550m的山区，花岗岩、片麻岩山地和淋溶褐土地带。

山荆子花序、果实

园林应用：为花大色艳的观赏树种，应大力推广应用。

山荆子花特写

138 杜梨 *Pyrus betulifolia* Bunge

科属：蔷薇科，梨属。

杜梨花特写

形态特征：乔木，高达10m。枝常有刺，小枝嫩时密被绒毛，紫褐色。叶片菱状卵形或长卵形，长4～8cm，宽2～4cm，先端渐尖，基部宽楔形或圆形，边缘有粗锐锯齿，嫩叶两面被毛，老叶上面无毛；托叶被毛，早落；叶柄长2～4cm，被毛。花期4月，果期8～9月。

分布与习性：在我国分布较广，华中、华北、西北、长江中下游流域及东北南部均有栽培。适生性强，喜光，耐寒，耐旱，耐涝，耐瘠薄，在中性土及盐碱土中均能正常生长。

园林应用：是贫瘠土地上的首选园林景观树种。

杜梨果实成熟

杜梨幼叶

139 稠李 *Padus avium* Mill.

科属：蔷薇科，稠李属。

形态特征：乔木。树干皮灰褐色或黑褐色，浅纵裂，小枝紫褐色，有棱，幼枝灰绿色，近无毛，单叶互生，叶椭圆形、倒卵形或长圆状倒卵形，长 6 ~ 14cm，宽 3 ~ 5cm，先端突渐尖，基部宽楔形或圆形，缘具尖细锯齿，有侧脉 8 ~ 11 对，叶表绿色，叶背灰绿色仅脉腋有簇毛，叶柄长 1cm 以上，近叶片基部有 2 腺体，两性花，腋生总状花序，下垂，基部常有叶片，长达 7 ~ 15cm，有花 10 ~ 20 朵，花部无毛，花瓣白色，略有异味，雄蕊多数，短于花瓣，核果近球形，黑紫红色，径约 1cm。花期 4 ~ 6 月，果期 8 ~ 9 月。

稠李花特写

稠李花序

稠李植株叶子

分布与习性：分布于东北、华北、西北、华中。喜光也耐阴，抗寒力较强，怕积水涝洼，不耐干旱瘠薄，在湿润肥沃的沙质壤土上生长良好，萌蘖力强，病虫害少。

园林应用：花白如雪，入秋叶色黄带微红，衬以紫黑果穗，是良好的观花、观叶、观果的树种，也是一种蜜源植物。

140 膀胱果 *Staphylea holocarpa* Hemsl.

膀胱果先花后叶

科属：省沽油科，省沽油属。

形态特征：灌木或小乔木，高达5m。树皮暗紫红色，枝条淡绿色，有皮孔。复叶由3枚小叶组成，叶顶端渐尖，基部圆形或楔形，边缘有细锯齿，表面深绿色，背面苍白色，主脉及侧脉有短毛，托叶小，早落。花序疏松，长5～7cm，萼片黄白色；花瓣白色，较萼片为大；心皮2～3枚，表面有粗毛，下部合生，上半部2叉状，各有1枚花柱。果膀胱状，膜质、膨大、扁平；种子椭圆形而扁，黄色，有光泽，有较大而明显的种脐。花期4～5月，果期8～9月。

分布与习性：分布于陕西、甘肃、河南、湖北、湖南、广东、广西、贵州、四川、西藏东部等地。为中性偏阴树种，喜湿润气候，要求肥沃而排水良好的土壤。其根系发达，耐干旱，耐瘠薄，抗寒性强，适宜在林下种植。

园林应用：优良的观花园林树种，适宜在林缘、路旁、角隅及池边种植。花及嫩叶富含19种益于人体健康的氨基酸和丰富的维生素，营养价值很高，是难得的无污染绿色食品。

膀胱果花叶同放

膀胱果果实

141 楝 *Melia azedarach* L.

科属：楝科，楝属。

形态特征：落叶乔木。2 ~ 3回奇数羽状复叶，长20 ~ 40cm；小叶卵形、椭圆形或披针形，长3 ~ 7cm，宽2 ~ 3cm，先端渐尖，基部楔形或圆，具钝齿，幼时被毛，后脱落，侧脉12 ~ 16对。圆锥花序与叶近等长。花芳香；花萼5深裂，裂片卵形或长圆状卵形；花瓣淡紫色，倒卵状匙形，长约1cm，两面均被毛；花丝筒紫色，长7 ~ 8mm，具10枚窄裂片，每裂片2 ~ 3个齿裂，花药10枚，着生于裂片内侧：子房5 ~ 6室。核果近球形，长1 ~ 2cm，径0.8 ~ 1.5cm。花期4 ~ 5月，果期10 ~ 11月。

楝花相

楝花特写

楝开花植株

分布与习性：山东、河南、河北、山西、江西、陕西、甘肃、台湾、四川、云南、海南等省均有分布。

园林应用：耐烟尘，抗二氧化硫能力强，并能杀菌，是良好的抗污树种。适宜作庭荫树和行道树。

142 湖北紫荆 *Cercis glabra* Pampan.

湖北紫荆花特写

科属：豆科，紫荆属。

形态特征：乔木，高 6 ~ 16m。茎皮及小枝灰黑色，具皮孔。叶宽卵形或近圆形，长 5.5 ~ 13.5cm，宽 5.2 ~ 13cm，先端锐尖或钝，基部心形或近心形，叶面绿色，无毛，背面淡绿色或淡的锈绿色，基部脉腋间簇生柔毛，脉 5 ~ 7 条；叶柄长 2 ~ 4.5cm，无毛。总状花序较短，总轴长 0.5 ~ 1cm，花 8 ~ 24 朵；花梗长 9 ~ 22mm，无毛；花粉红至深红色，下垂，先叶开放；花萼长 4mm，宽 6mm，5 裂，裂片先端圆，具缘毛；旗瓣长 15mm，宽 1mm；翼瓣长 11mm，宽 5mm，龙骨瓣长 12mm，宽 7mm，先端圆，基部近耳形；雄蕊离生，无毛；子房线形，长约 14mm，无毛。荚果长圆形，扁平，长 9 ~ 14cm，宽 1.2 ~ 1.5cm，两端狭，紫红色，翅宽约 2mm。种子 1 ~ 8 粒，近圆形，扁平，长 6 ~ 7mm，宽 5 ~ 6mm。花期 3 ~ 4 月，果期 9 ~ 11 月。

湖北紫荆植株果实累累

分布与习性：云南、河南、湖北、陕西、四川、贵州、

湖北紫荆花相

广西、广东及湖南、浙江、安徽等省区均有分布。生于海拔 600 ~ 1 900m 的山坡疏林或密林中、山谷或岩石隙。

园林应用：先花后叶，花繁密似锦，为不可多得的观赏花木。

湖北紫荆果实

湖北紫荆叶子

湖北紫荆枝叶与花

143 玉玲花 *Styrax obassia* Sieb. et Zucc.

科属：野茉莉科，安息香属。

形态特征：小乔木，高 4 ~ 10m；树皮灰褐色。叶两型，小枝下部两叶较小，近对生，上部的叶互生，宽椭圆形至近圆形，长 10 ~ 14cm，宽 8 ~ 10cm，顶端急尖或渐尖，基部圆形或宽楔形，边缘具粗锯齿，叶柄基部膨大成鞘状而包着冬芽，背面密被灰白色绒毛。花白色或略带粉色，芳香，长约 2cm，单生上部叶腋和顶生成总状花序，花序长约 10cm；花冠裂片 5，长约 16mm，在花蕾中作覆瓦状排列。果卵形至球状卵形，长 14 ~ 18mm，顶具凸尖；种子表面近平滑。花期 5 ~ 7 月，果期 8 ~ 9 月。

玉玲花植株

分布与习性：主产于辽宁（东南部）、山东、浙江、安徽（南部）、江西、湖北、河南等省；朝鲜，日本也有分布。生于温带坡地林中。喜温暖湿润环境，有一定的耐旱能力。

园林应用：花芳香美丽，可在庭园、公园内孤植、丛植。中药材。

玉玲花花

玉玲花叶与花

144 山茱萸 *Cornus officinalis* Sieb. et Zucc.

科属：山茱萸科，山茱萸属。

形态特征：落叶乔木，高达10m。树皮灰褐色老枝黑褐色，嫩枝绿色；叶对生，卵状椭圆形或卵形，稀卵状披针形，长5 ~ 12cm，宽约7.5cm，先端渐尖，基部浑圆或楔形，上面疏被平伏毛，下面被白色平伏毛，脉腋有褐色簇生毛，侧脉6 ~ 8对；叶柄长约1cm，有平贴毛。伞形花序腋生，有花15 ~ 35朵，有4个小型苞片，黄绿色，椭圆形；花瓣舌状披针形，黄色；花萼4裂，裂片宽三角形；花盘环状，肉质。果实椭圆形，长1.2 ~ 1.7cm，成熟时红色或紫红色。花期3月，果期8 ~ 10月。

山茱萸花序

山茱萸片林花相

分布与习性：分布于山西、陕西、甘肃、山东、江苏、浙江、安徽、江西、河南、湖南等省，朝鲜、日本也有分布。生于海拔400 ~ 1 500m的林缘或森林中。适宜温暖湿润气候，具有耐阴、喜光、怕湿的特性。海拔600 ~ 1 000m的区域是最佳生长区。

园林应用：先花后叶，红果累累，为秋冬季观果佳品，是不可多得的观花观果兼备的庭园花木。盆栽观果可达3个月之久。

山茱萸结果植株

山茱萸果实特写

145 光皮梾木 *Cornus wilsoniana* Wangerin

光皮梾木花特写

科属： 山茱萸科，梾木属。

形态特征： 落叶乔木，高5 ~ 18m。树皮灰色至青灰色，块状剥落；幼枝灰绿色，被灰色柔毛，小枝圆柱形，深绿色，老时棕褐色，无毛，具黄褐色长圆形皮孔。冬芽密被灰白色柔毛。叶对生，纸质，椭圆形或卵状椭圆形，长6 ~ 12cm，宽2 ~ 5.5cm，先端渐尖或突尖，基部楔形或宽楔形，边缘波状，微反卷，上面深绿色，有散生柔毛，下面灰绿色，密被白色乳头状突起及平贴短柔毛，主脉在上面稍显明，下面凸出，侧脉3 ~ 4对，弓形内弯，下面微凸起；叶柄细圆柱形，长0.8 ~ 2cm，幼时密被柔毛，老后无毛，上面有浅沟，下面圆形。顶生圆锥状聚伞花序，宽6 ~ 10cm，被灰白色毛；总花梗细圆柱形，长2 ~ 3cm，被柔毛；花小，白色，直径约7mm；花萼裂片4枚，三角形，长0.4 ~ 0.5mm，长于花盘，外侧被白色柔毛；

光皮梾木花相

花瓣4枚，长披针形，长约5mm，上面无毛，下面密被灰白柔毛；雄蕊4枚，长6.2 ~ 6.8mm，花丝线形，长5mm，与花瓣近等长，无毛，花药线状长圆形，黄色，长约2mm，丁字形着生；花盘垫状，无毛；花柱圆柱形，长3.5 ~ 4mm，柱头小，头状。核果球形，直径6 ~ 7mm，成熟时紫黑色至黑色；核骨质，球形，直径4 ~ 4.5mm，肋纹不显明。花期5月，果期10 ~ 11月。

光皮梾木层层花序

光皮梾木叶背面

分布与习性：河南、浙江、江西、福建、湖北、湖南、广东、广西、重庆、四川、贵州都有分布。生于海拔1 000 ~ 1 400m的山沟、潮湿地、疏林地中，喜生于石灰岩的林间。较喜光，耐寒，亦耐热。在排水良好、湿润肥沃的土壤中生长旺盛。深根性，萌芽力强。

园林应用：叶茂荫浓，繁花如积雪，为良好的庭园观赏树、行道树、庭荫树。又是一种木本油料植物。

146 红椋子 *Cornus hemsleyi* C. K. Schnetder & Wangerin

红椋子花特写

科属：山茱萸科，梾木属。

形态特征：灌木或小乔木，高 2 ~ 5m。树皮红褐色或黑灰色；幼枝红色，被毛；老枝紫红色，有圆形黄褐色皮孔。冬芽顶生和腋生，狭圆锥形。叶对生；叶片细长，长 0.7 ~ 1.8cm，淡红色；叶纸质，卵状椭圆形，长 4.5 ~ 9.3cm，宽 1.8 ~ 4.8cm，先端渐尖或短渐尖，基部圆形，边缘微波状，上面深绿色，有柔毛，下面灰绿色，微粗糙，密被白色柔毛及乳头状突起，沿叶脉有短柔毛，中脉在上面凹下，下面凸起，侧脉 6 ~ 7 对，弓形内弯，在上面凹下，下面凸出，脉腋具丛毛，细脉网状，在上面稍凹下，下面略显明。伞房状聚伞花序顶生，微扁平，宽 5 ~ 8cm；总花梗长 3 ~ 4cm，花序梗长达 4mm，被淡红褐色贴生短柔毛；花小，白色，直径 6mm；花瓣 4 枚，卵状至长圆状舌形，长 2.5 ~ 4mm，宽 1.1 ~ 1.6mm；雄蕊 4 枚，与花瓣互生，长 4 ~ 6.5mm，伸出花外；花盘垫状，无毛或略有小柔毛，边缘波状，厚 0.3 ~ 0.4mm，花柱圆柱形，长

红椋子花序

1.8 ~ 3mm，柱头盘状扁头形，稍宽于药柱，略有4浅裂，花托倒卵形，长0.8 ~ 1.2mm，宽0.7 ~ 1mm，密被短柔毛；核果近于球形，直径4mm，黑色；核骨质，扁球形，有一明显的肋纹8条。花期6月，果期9月。

红椋子果实

分布与习性：分布于山西、陕西、甘肃、青海、河南、湖北、四川、贵州、云南及西藏等省区。生于海拔1 350 ~ 3 700m的溪边或杂木林中。

园林应用：观花观果兼备的庭园花木。

红椋子枝叶与花序

05 藤本类野生花卉

147 打碗花 *Calystegia pellita* (L.) G. Don

打碗花花特写

科属：旋花科，打碗花属。

形态特征：一年生蔓性草本，全株无毛。叶互生，具长柄，基部叶全缘，近椭圆形；茎上部叶三角状戟形，侧裂片开展，通常2裂，中裂片披针形或卵状三角形，顶端钝尖，基部心形。花单生叶腋；卵圆形大苞片2枚包住花萼；萼片5枚，矩圆形，具小尖凸；花冠喇叭状，粉红色或白色，长2～2.5cm；雄蕊5枚；柱头2裂。蒴果卵圆形；种子卵圆形，黑褐色。花期7～9月，果期8～10月。

分布与习性：广布于全国各地；非洲和亚洲其他地区也有分布。多生于海拔100～3 500m的田野、路旁及草丛中。

园林应用：花境材料或作草坪地被中的缀花材料。全草入药。

打碗花花相

打碗花种群与群落

148 盘叶忍冬 *Lonicera tragophylla* Hemsl.

科属：忍冬科，忍冬属。

盘叶忍冬植株

形态特征：落叶缠绕藤本，长达6m。小枝无毛。叶对生，叶具短柄，矩圆形至椭圆形、长椭圆形，长5 ~ 12cm，先端钝尖，表面光滑，背面至少脉上有毛，具白粉，基部楔形。花在枝端轮生，每轮具3 ~ 6朵花，1 ~ 2轮；花冠黄色或橙黄色，长筒状，二唇形，长7 ~ 9cm；筒部2 ~ 3倍长于裂片，裂片唇形，上唇直立而顶略反转，具4裂片，下唇反转；雄蕊5枚，伸出花冠之外；花柱等长至稍长于雄蕊。花序下1（2）对叶基部合生成盘状。果黄色或红色，后变深红色，近球形，直径约1cm。花期6 ~ 7月，果熟期9 ~ 10月。

盘叶忍冬花特写

分布与习性：产于我国沿秦岭诸省山地，分布于四川、河南、湖北、安徽、浙江。生于林下或灌丛中，或河滩旁岩缝中。

园林应用：花大而美丽，果也可观，宜植于庭园观赏，或作垂直绿化材料。

盘叶忍冬花序特写

盘叶忍冬未成熟果实

149 络石 *Trachelospermum jasminoides* (Lindl.) Lem.

科属：夹竹桃科，络石属。

形态特征：常绿木质藤本，茎具气生根，常攀缘在树木、岩石墙垣上生长。单叶对生，椭圆形至阔披针形，长2.5 ~ 6cm，先端尖，革质，叶面光滑，叶背有毛，叶柄很短。聚伞花序腋生，具长总梗，有花9 ~ 15朵，花萼极小，筒状，花瓣5枚，白色，呈片状螺旋形排列，有芳香。花期6 ~ 7月，果期8 ~ 12月。

分布与习性：分布于山东、山西、河南、江苏等地。喜半阴湿润的环境，耐旱也耐湿，对土壤要求不严，以排水良好的沙壤土最为适宜。

园林应用：常用于垂直绿化。也可作林下铺地绿化。

络石地被效果

络石冬季叶子

络石花特写

络石种群景观

150 钝萼铁线莲 *Clematis peterae* Hand.–Mazz.

科属： 毛茛科，铁线莲属。

形态特征： 藤本。1回羽状复叶，有5枚小叶，偶尔基部1对为3枚小叶；小叶片卵形或长卵形、卵状披针形，长3 ~ 9cm，宽2 ~ 4.5cm，顶端常锐尖或短渐尖，少数长渐尖，基部圆形或浅心形，边缘疏生锯齿状牙齿或全缘，两面近无毛。圆锥状聚伞花序多花；花序梗、花梗密生短柔毛，花序梗基部常有1对叶状苞片；花直径1.5 ~ 2cm，萼片4枚，开展，白色，倒卵形至椭圆形，长0.7 ~ 1.1cm，顶端钝，两面有短柔毛，外面边缘密生短绒毛；雄蕊无毛；子房无毛。瘦果卵形，稍扁平，无毛或近花柱处稍有柔毛，长约4mm，宿存花柱长达3cm。花期6 ~ 8月，果期9 ~ 12月。

钝萼铁线莲花特写

钝萼铁线莲果实

分布与习性： 分布于河南、云南、贵州、四川、湖北、甘肃、陕西、山西、河北。生于海拔500 ~ 2 000m的山坡、山谷林下或沟边杂木林中、路边。

园林应用： 良好的观花藤本植物。适宜与各种不同乔木、灌木搭配，或点缀花柱、拱门、凉亭、花架等。

钝萼铁线莲植株

151 探春花（黄素馨）*Jasminum floridum* Bunge

科属：木樨科，素馨属。

形态特征：常绿藤状灌木。小枝无毛，四方形，具浅棱。叶对生，小叶3枚，长椭圆状披针形，顶端1枚较大，基部渐狭成一短柄，侧生2枚小而无柄。花单生，淡黄色，具暗色斑点，花瓣较花筒长，常近复瓣，有香气。花期3～4月。

探春花枝叶与花序

探春花开花植株

分布与习性：原产于中国云南、四川、贵州，暖带树种，喜温暖向阳，要求空气湿润，稍耐阴，畏严寒。萌蘖力强。

园林应用：株型优美，枝叶青绿，明黄色的花朵给人以灿烂夺目之感，最适宜植于假山、堤岸、岩边、台地、阶前边缘，在林缘坡地片植，可防止泥土流失。现各地均有栽培。常做大、中型盆栽，陈设于客厅的几架、台面等显眼处。

探春花花特写

探春花叶子背面

152 大芽南蛇藤（哥兰叶）*Celastrus gemmatus* Loes.

科属： 卫矛科，南蛇藤属。

形态特征： 落叶藤本，长达5m。小枝褐色，近圆柱形，具多数棕灰白色突起皮孔。冬芽大而长，褐色，长1～2mm。叶长圆形或椭圆形，长6～16cm，宽4～8cm，先端突尖，基部阔形或近圆形，边缘有疏锯齿，表面有光泽，背面网脉明显，沿中脉有棕色毛；叶柄长1～2cm，聚伞花序顶生或腋生，总花梗短；花黄绿色，5数。蒴果近球形，直径约1cm，每室有1～2个种子，有红色假种皮。花期4～6月，果熟期8～9月。

大芽南蛇藤枝叶与花序

大芽南蛇藤在黄土崖边的植株

分布与习性： 分布于河南、陕西、山西、甘肃、华东、华中、西南、华南各省区。生于山坡灌丛或丛林中。

园林应用： 生长强健，为黄土陡坎坡地的覆盖性绿化材料，是垂直绿化的优良材料。

大芽南蛇藤枝叶覆被陡坎

大芽南蛇藤果实

153 苦皮藤 *Celastrus angulatus* Maxim.

科属：卫矛科，南蛇藤属。

形态特征：藤状灌木。小枝常有 4 ~ 6 锐棱，皮孔明显。叶大形，革质，矩圆状宽卵形或近圆形，长 9 ~ 16cm，宽 6 ~ 11cm，先端常短尖尾；叶柄粗壮，长达 3cm。聚伞状圆锥花序顶生，下部分枝较上部的长；花梗粗壮有棱；花黄绿色，直径约 5mm，5 数。果序长达 20cm，果梗粗短；蒴果黄色，近球形，直径达 1.2cm；种子每室 2 粒，有红色假种皮。

苦皮藤植株

分布与习性：分布于甘肃、陕西、河北及华北、华中、西南各省。生长于海拔 1 000 ~ 2 500m 山地丛林及山坡上。

园林应用：南蛇藤植株姿态优美，茎、蔓、叶、果都具有较高的观赏价值，是城市垂直绿化的优良树种。种植于坡地、林缘及假山、石隙等处颇具野趣。若剪取成熟果枝瓶插，装点居室，也能满室生辉。

苦皮藤果序

苦皮藤植株

154 乌头叶蛇葡萄 *Ampelopsis aconitifolia* Bge.

科属：葡萄科，蛇葡萄属。

形态特征：木质藤本。小枝有纵棱纹，被疏柔毛。卷须2～3叉分枝。5枚掌状小叶；小叶3～5羽裂或呈粗锯齿状，披针形或菱状披针形，长4～9cm，先端渐尖，基部楔形，两面无毛或下面被疏柔毛，侧脉3～6对；叶柄长1.5～2.5cm，小叶几无柄；托叶褐色膜质。伞房状复二歧聚伞花序疏散，花序梗长1.5～4cm。花萼碟形，波状浅裂或近全缘；花瓣宽卵形；花盘发达，边缘波状。果近球形，径6～8mm，有种子2～3粒。花期5～6月，果期8～9月。

乌头叶蛇葡萄种群景观

乌头叶蛇葡萄茎叶与果实

分布与习性：分布于辽宁及华北、华中、西北东部各省。生于海拔600～1 800m的沟边、山坡灌丛或草地。

园林应用：为优美轻巧的护坡绿化材料。

乌头叶蛇葡萄花序

乌头叶蛇葡萄茎叶

06 观赏草

155 荻 *Triarrhena sacchariflora* (Maxim.) Nakai in Journ. Jap. Bot.

科属： 禾本科，荻属。

荻种群

形态特征： 多年生，具发达被鳞片的长匍匐根状茎，节处生有粗根与幼芽。秆直立，高 1 ~ 1.5m，直径约 5mm，具 10 多节，节生柔毛。叶鞘无毛，长于或上部者稍短于其节间；叶舌短，具纤毛；叶片扁平，宽线形，长 20 ~ 50cm，宽 5 ~ 18mm，上面基部密生柔毛，边缘锯齿状粗糙，基部常收缩成柄，顶端长渐尖，中脉白色，粗壮。圆锥花序疏展成伞房状，长 10 ~ 20cm，宽约 10cm；主轴无毛，具 10 ~ 20 枚较细弱的分枝，腋间生柔

荻植株

毛，直立而后开展；总状花序轴节间长4～8mm，或具短柔毛；小穗柄顶端稍膨大，基部腋间常生有柔毛，短柄长1～2mm，长柄长3～5mm；小穗线状披针形，长5～5.5mm，成熟后带褐色，基盘具长为小穗2倍的丝状柔毛；第一颖2脊间具1脉或无脉，顶端膜质长边缘和背部具长柔毛；第二颖与第一颖近等长，顶端与边缘皆为膜质，并具纤毛，有3脉，背部稀有柔毛；第一外稃稍短于颖；第二外稃狭披针形，短于颖片的1/4，两稃均顶端尖，具纤毛；第二内稃长约为外稃之半，具纤毛；雄蕊3枚，花药长约2.5mm；柱头紫黑色，自小穗中部以下的两侧伸出。颖果长圆形，长1.5mm。花果期8～10月。

荻初花的种群

荻茎叶

荻花序

分布与习性：分布于东北、华北及河南、山东、甘肃、陕西等省，东亚也有分布。生于山坡草地和平原岗地、河岸湿地。

园林应用：荻的群落效果十分美观，抗旱，抗瘠薄，适应性强，是瘠薄园地特别是公路边、郊野公园的优良防沙护坡植物，是低养护条件下首选的观赏草种类。

156 画眉草 *Eragrostis pilosa* (L.) Beauv. (Poa polosa L.)

科属：禾本科，画眉草属。

画眉草果穗

形态特征：一年生。秆高15～60cm，径1.5～2.5mm，4节。叶鞘扁，疏散包茎，鞘缘近膜质，鞘口有长柔毛，叶舌为一圈纤毛，长约0.5mm；叶无毛，线形扁平或卷缩，长6～20cm，宽2～3mm。圆锥花序长10～25cm，宽2～10cm；分枝单生、簇生或轮生，上举，腋间有长柔毛。小穗长0.3～1cm，宽1～1.5mm，有4～14朵小花；颖膜质，披针形，第一颖长约1mm，无脉，第二颖长约1.5mm，1脉。外稃宽卵形，先端尖，第一外稃长约1.8mm；内稃迟落或宿存，长约1.5mm，脊有纤毛；雄蕊3枚。颖果长圆形，长约0.8mm。花果期8～11月。

分布与习性：除海南外，全国其余省区均有分布，几乎遍布全世界温暖地区。多生于海拔500～2 000m的荒芜田野或草地。

园林应用：可丛植或片植于花境中，营造自然清新的园林空间。

画眉草果穗

画眉草果穗

157 白茅 *Imperata cylindrica* (Linn.) Beauv. Ess. Agrost.

科属：禾本科，白茅属。

形态特征：多年生，具粗壮的长根状茎。秆直立，高 30 ~ 80cm，具 1 ~ 3 节，节无毛。叶鞘聚集于秆基，甚长于其节间，质地较厚，老后破碎呈纤维状；叶舌膜质，长约 2mm，紧贴其背部或鞘口具柔毛，分蘖叶片长约 20cm，宽约 8mm，扁平，质地较薄；秆生叶片长 1 ~ 3cm，窄线形，通常内卷，顶端渐尖呈刺状，下部渐窄，或具柄，质硬，被有白粉，基部上面具柔毛。圆锥花序稠密，长 20cm，宽达 3cm，小穗长 4.5 ~ 5（6）mm，基盘具长 12 ~ 16mm 的丝状柔毛；两颖草质及边缘膜质，近相等，具 5 ~ 9 脉，顶端渐尖或稍钝，常具纤毛，脉间疏生长丝状毛，第一外稃卵状披针形，长为颖片的 2/3，第二外稃与其内稃近相等，长约为颖之半，卵圆形；两外稃顶端具齿裂；雄蕊 2 枚，花药长 3 ~ 4mm；花柱细长，柱头 2 枚，紫黑色，羽状，长约 4mm，自小穗顶端伸出。颖果椭圆形。

白茅果穗与植株

白茅植株开花

分布与习性：分布于辽宁、河南、河北、山西、山东、陕西、新疆等北方地区，非洲北部、土耳其、伊拉克、伊朗、中亚、高加索及地中海区域也有分布。生于低山带平原河岸草地、沙质草甸、荒漠与海滨。

园林应用：可作碱性土质园地的地被植物。

158 狼尾草 *Pennisetum alopecuroides* (L.) Spreng.

科属： 禾本科，狼尾草属。

狼尾草植株

形态特征： 多年生。秆高30 ~ 100cm，花序以下常密生柔毛。叶片条形，宽 2 ~ 6mm。穗状圆锥花序长 5 ~ 20cm，主轴密生柔毛，分枝长 2 ~ 3mm，密生柔毛；刚毛状小枝常呈紫色，长 1 ~ 1.5cm；小穗长6 ~ 8mm，通常单生于由多数刚毛状小枝组成的总苞内；第一颖微小；第二颖长为小穗的 1/2 ~ 2/3；第一外稃与小穗等长，边缘常包卷第二外稃；第二外稃软骨质，边缘薄，卷抱内稃。

分布与习性： 广布于我国南北各省区；亚洲温带其他地区及大洋洲也有分布。生于田边、道旁或山坡。

园林应用： 株型紧凑，风姿绰约，可丛植或片植于花境中，营造自然清新的园林空间。嫩时可作为饲料。

狼尾草茎叶

狼尾草花序

第3篇

河南野生花卉名录

说 明

1. 本名录共收集野生花卉 140 科 1 901 种，其中，23 科 179 种蕨类植物按照秦其昌系统，115 科 1 720 种被子植物按照恩格勒系统编排。

2. 初步统计，除 2 种裸子植物外，本名录中的被子植物中，计有小乔木 154 种，灌木 296 种，藤本植物 118 种，水生草本植物 22 种，其他草本植物计 1 124 种。各种野生花卉的习性可在有关资料中查阅，此处不再标注。

3. 本名录中野生花卉中文名前标记有“*”者为中国或河南省的珍稀濒危保护植物，开展科学研究或引种应用工作要注意遵守有关法律规定，避免违法违规。

4. 本名录中野生花卉中文名前标记有“#”者为外来入侵植物的归化种或逸生种，系根据《河南省农业外来入侵植物综合防控技术手册》所载述而标记，开发应用中应注意加强防控，防止生物污染。

5. 以下 36 种野生花卉已经在河南广为栽培成为园艺花卉，但没有录入本名录，特此说明。

连翘 *Forsythia suspense* (Thunb.) Vahl

棣棠 *Kerria japonica* (L.) DC.

蜡梅 *Chimonanthus praecox*(L.) Link

* 牡丹 *Paeonia suffruticosa* Andrews

迎春 *Jasminum nudiflorum* Lindl.

* 玫瑰 *Rosa rugosa*

白车轴草 *Trifolium repens* Linn.

紫穗槐 *Amorpha fruticosa* Linn.

黄刺玫 *Rosa xanthina*

山桃 *Amygdalus davidiana* (Carrière) de Vos ex Henry

垂丝海棠 *Malus halliana* Koehne

石楠 *Photintia serrulata* Lindl.

火棘 *Pyracantha fortuneana* (Maxim.) H.L.Li

金银花（二花）*Lonicera japonica*

合欢 *Albizzia julibrissin* Durazz.

紫藤 *Wisteria sinensis* (Sims) Sweet

紫荆 *Cercis chinensis* Bunge

美人蕉 *Canna indica*

睡莲 *Nymphaea tetrayona* Georgi.

荷花（莲）*Nelumbo nucifera*

枸骨 *Ilex cornuta* Lindl.

凌霄 *Campsis grandiflora* (Thunb.) Loisel.

紫丁香 *Syringa oblate* Lindl.

小叶女贞 *Ligustrum quihoui* Carr.

红瑞木 *Cornus alba* L.

紫玉兰（木兰）*Yulania liliiflora*

玉兰 *Yulania denudata*

广玉兰 *Yulania grandiflora*

十大功劳 *Mahonia forutunei* (Lindl.) Fedde

南天竹 *Nandina domestica* Thunb.

栾树 *Koelreuteria paniculata* Laxm.

黄山栾树 *Koelreuteria integrifoliola* Merr

* 雀舌黄杨 *Baxaceae bodinieri* Levl.

小叶黄杨 *Buxus sinica* (Rehd.et Wils.) Cheng var. *parvifoia* M. Cheng

爬山虎 *Parthenocissus tricuspidata* (Sieb.ed Zucc.) Planch.

细叶小檗（变种）*Berberis poiretii Schneid.* var. *biseminalis* P. Y. Li

第一部分　蕨类植物

一、石松科

1. 笔直石松 *Lycopodium obscurum* L. f. strictum (Milde) Nakai ex Hara

2. 多穗石松 *Lycopodium annotium* L.

3. 石松 *Lycopodium japonicum* Thunb. ex Murray

二、卷柏科

1. 卷柏（还魂草）*Selaginella tamariscina* (Beauv.) Spring

2. 伏地卷柏 *Selaginella nipponica* Franch. et Sav.

3. 细叶卷柏 *Selaginella labordei* Hieron. ex Christ

4. 圆枝卷柏 *Selaginella sanguinolenta* (L.) Spring

5. 中华卷柏 *Selaginella* sinensis (Desv.) Spring

6. 蔓生卷柏 *Selaginella davidii* Franch.

7. 小卷柏 *Selaginella helvetica* (L.) Link

8. 史唐卷柏 *Selaginella stauntoniana* Spring

9. 江南卷柏 *Selaginella moellendorffii* Hieron.

10. 兖州卷柏 *Selaginella involvens* (Sw.) Spring

三、阴地蕨科

1. 劲直阴地蕨 *Botrychium strictum* Underm.

2. 阴地蕨 *Botrychium ternatum* (Thunb.) Sw.

3. 蕨萁 *Botrychium virginianum* (L.) Sw.

四、紫萁科

1. 紫萁 *Osmunda japonica* Thunb.

五、海金沙科

1. 海金沙 *Lygodium japonicum* (Thunb.) Sw.

六、里白科

1. 芒萁 *Dicranopteris dichotoma* (Thunb.) Bernh.

七、膜蕨科

1. 华东膜蕨 *Hymenophyllum barbatum* (C. Chr.) Ching

八、碗蕨科

1. 溪洞碗蕨 *Dennstaedtia wilfordii* (Moore) Christ

2. 细毛碗蕨 *Dennstaedtia pilosella* (Hook) Ching

3. 边缘鳞盖蕨 *Microlepia marginata* (Houtt.) C. Chr.

九、鳞始蕨科

1. 乌蕨 *Stenoloma chusanum* (L.) Ching

十、骨碎补科

1. 肾蕨 *Nephrolepis auriculata* (L.) Trimen

十一、凤尾蕨科

1. 蕨 *Pteridium aquilinum* var. *latiusculum* (Desv.) Underw
2. 半边旗 *Pteris semipinnata* L.
3. 蜈蚣草 *Pteris vittata* L.
4. 井栏边草 *Pteris multifida* Poir.
5. 凤尾蕨 *Pteris cretica* var. *nervosa* (Thunb.) Ching et S. H. Wu
6. 狭叶凤尾蕨 *Pteris henryi* Christ
7. 猪鬣凤尾蕨 *Pteris actiniopteroides* Christ

十二、中华蕨科

1. 野鸡尾金粉蕨 *Onychium japonicum* (Thunb.) Kze.
2. 栗柄金粉蕨 *Onychium japonicum* var. *lucidum* (Don) Christ
3. 毛轴碎米蕨 *Cheilanthes chusana* (Hook.) Ching et Shing
4. 旱蕨 *Pellaea nitidula* (Hook.) Bak.
5. 银粉背蕨 *Aleuritopteris argentea* (Gmel.) Free
6. 陕西粉背蕨 *Aleuritopteris shensiensis* Ching
7. 华北薄鳞蕨 *Aleuritopteris kuhnii* (Milde) Hsing et S. K. Wu

十三、铁线蕨科

1. * 团羽铁线蕨 *Adiantum capillus-junonis* Rupr
2. 普通铁线蕨 *Adiantum edgeworthii* Hook.
3. 掌叶铁线蕨 *Adiantum pedatum* L.
4. 灰背铁线蕨 *Adiantum myriosorum* Bak.
5. 白背铁线蕨 *Adiantum davidii* Franch.
6. 铁线蕨 *Adiantum capillus-veneris* L.

十四、裸子蕨科

1. 耳羽金毛裸蕨 *Paragymnopteris bipinnata* var. *auriculata* (Franch.) Ching
2. 太白山凤丫蕨 *Coniogramme taipaishanensis* Ching et Y. T. Hsieh.
3. 紫柄凤丫蕨 *Coniogramme sinensis* Ching

4. 尖齿凤丫蕨 *Coniogramme affinis* Hieron.
5. 乳头凤丫蕨 *Coniogramme rosthornii* Hieron.
6. 无毛凤丫蕨 *Coniogramme intermedia* var. *glabra Ching*
7. 普通凤丫蕨 *Coniogramme intermedia* Hieron.
8. 疏网凤丫蕨 *Coniogramme wilsonii* Hieron.
9. 南岳凤丫蕨 *Coniogramme centrochinensis* Ching

十五、蹄盖蕨科

1. 河北峨眉蕨 *Lunathyrium vegetium* (Kitag.) Ching
2. 华中峨眉蕨 *Lunathyrium shennongense* Ching et al. (L. *centrochinense* Ching)
3. 陕西峨眉蕨 *Lunathyrium giraldii* (Christ) Ching
4. 华中介蕨 *Dryoathyrium okuboanum* (Makino) Ching
5. 朝鲜介蕨 *Dryoathyrium coreanum* (Christ) Tayawa
6. 鄂西介蕨 *Dryoathyrium henryi* (Bak.) Ching
7. 东亚羽节蕨 *Gymnocarpium oyamense* (Bak.) Ching
8. 羽节蕨 *Gymnocarpium jessoense* Koidz.
9. 宝兴冷蕨 *Cystopteris moupinensis* Franch.
10. 膜叶冷蕨 *Cystopteris pellucida* (Franch.) Ching
11. 高山冷蕨 *Cystopteris Montana* (Lam.) Berbh. ex Desv.
12. 冷蕨 *Cystopteris fragilis* (L.) Bernh.
13. 大叶假冷蕨 *Pseudocystopteris atkinsonii* (Bedd.) Ching
14. 假冷蕨 *Pseudocystopteris spinulosa* (Maxim.) Ching
15. 峨眉蹄盖蕨 *Athyrium omeiense* Ching (A. pellucidum Ching)
16. 尖头蹄盖蕨 *Athyrium vidalii* (Franch. et Sav.) Nakai
17. 麦秆蹄盖蕨 *Athyrium fallaciosum* Milde
18. 中华蹄盖蕨 *Athyrium sinense* Rupr.
19. 日本蹄盖蕨 *Athyrium nipponicum* (Mett.) Hance
20. 禾秆蹄盖蕨 *Athyrium yokoscense* (Franch. et Sav.) Christ
21. 东北蹄盖蕨 *Athyrium brevifrons* Nakai ex Kitag.
22. 新蹄盖蕨 *Neoathyrium crenulatoserrulatum* (Makino) Ching et Z. R. Wang
23. 钝羽假蹄盖蕨 *Athyriopsis conilii* (Franch. et Sav.) Ching
24. 毛轴假蹄盖蕨 *Athyriopsis petersenii* (Kuntze) Ching
25. 假蹄盖蕨 *Athyriopsis japonica* (Thunb.) Ching

26. 二型假蹄盖蕨 *Athyriopsis dimorphophylla* (Koidz.) Ching et W. M. Chu

27. 大型短肠蕨 *Allantodia gigantean* (Bak.) Ching (A. *sunghsianensis* Ching et Hsu)

28. 鳞柄短肠蕨 *Allantodia squamigera* (Mett.) Ching

29. 黑鳞短肠蕨 *Allantodia crenata* (Sommerf.) Ching

30. 无毛黑鳞短肠蕨 *Allantodia crenata* var. *glabra* (Tagawa) W. M. Chu

31. 菜蕨 *Diplazium esculenta* (Retz.) J. Sm. ex Moore et Houlst.

十六、金星蕨科

1. 沼泽蕨 *Thelypteris palustris* (L.) Schott

2. 中日金星蕨 *Parathelypteris nipponica* (Franch. et Sav.) Ching

3. 金星蕨 *Parathelypteris glanduligera* (Kze.) Ching

4. 肿足蕨 *Hypodematium crenatum* (Forssk.) Kuhn.

5. 光轴肿足蕨 *Hypodematium hirsutum* (Don) Ching

6. 修株肿足蕨 *Hypodematium* gracile Ching

7. 球腺肿足蕨 *Hypodematium glandulosopilosum* (Tagawa) Ohw

8. 针毛蕨 *Macrothelypteris oligophlebia* (Bak.) Ching

9. 雅致针毛蕨 *Macrothelypteris oligophlebia* var. *elegans* (Koidz.) Ching

10. 普通针毛蕨 *Macrothelypteris toressiana* (Gaud.) Ching

11. 卵果蕨 *Phegopteris connectilis* (Michx.) Watt.

12. 延羽卵果蕨 *Phegopteris decursive-pinnata* (Van Hall) Free

13. 渐尖毛蕨 *Cyclosorus acuminatus* (Houtt.) Nakai

14. 披针新月蕨 *Pronephrium pennagianum* (Hook.) Holtt.

十七、铁角蕨科

1. * 过山蕨 *Camptosorus sibiricus* Rupr.

2. 铁角蕨 *Asplenium trichomanes* L.

3. 胎生铁角蕨 *Asplenium indicum* Sledge(A. planicaule Wall)

4. 云南铁角蕨 *Asplenium yunnanense* Franch.

5. 虎尾铁角蕨 *Asplenium incisum* Thunb.

6. 华中铁角蕨 *Asplenium sarelii* Hook.

7. 北京铁角蕨 *Asplenium pekinense* Hance

8. 钝齿铁角蕨 *Asplenium subvarians* Ching ex C. Chr.

十八、乌毛蕨科

1. 狗脊蕨 *Woodwardia japonica* (L. f.) Sm.

十九、球子蕨科

1. * 荚果蕨 *Matteuccia struthiopteris* (L.) Todaro.

2. * 东方荚果蕨 *Matteuccia orientalis* (Hook.) Trev.

3. 中华荚果蕨 *Matteuccia intermedia* C. Chr.

二十、岩蕨科

1. 耳羽岩蕨 *Woodsia polystichoides* Franch.

2. 嵩县岩蕨 *Woodsia pilosa* Ching

3. 妙峰岩蕨 *Woodsia oblonga* Ching et S. H. Wu

4. 东亚岩蕨 *Woodsia intermedia* Tagawa

二十一、鳞毛蕨科

1. 暗鳞鳞毛蕨 *Dryopteris atrata* (Kunze) Ching

2. 半岛鳞毛蕨 *Dryopteris peninsulae* Kitag.

3. 单脉鳞毛蕨 *Dryopteris polylepis* (Franch. et Sav.) C. Chr.

4. 豫陕鳞毛蕨 *Dryopteris pulcherrima* Ching

5. 裸叶鳞毛蕨 *Dryopteris gymnophylla* (Bak.) C. Chr.

6. 中华鳞毛蕨 *Dryopteris chinensis* (Bak.) Koidz.

7. 华北鳞毛蕨 *Dryopteris goeringiana* Koidz.

8. 阔鳞鳞毛蕨 *Dryopteris championii* (Benth.) C. Chr.

9. 变异鳞毛蕨 *Dryopteris varia* (L.) O. Kuntze.

10. 两色鳞毛蕨 *Dryopteris setosa* (Thunb.) Akas.

11. 异羽复叶耳蕨 *Arachniodes simplicior* (Maxino) Ohwi

12. 华东复叶耳蕨 *Arachniodes pseudoaristata* (Tagawa) Ohwi

13. 鞭叶耳蕨 *Polystichum craspedosorum* Diels

14. 亮叶耳蕨 *Polystichum lanceolatum* (Baker) Diels

15 蚀盖耳蕨 *Polystichum erosum* Ching et Shing

16. 狭叶芽孢耳蕨 *Polystichum stenophyllum* Christ

17. 对马耳蕨 *Polystichum tsus-simense* (Hook.) J. Sm.

18. 前原耳蕨 *Polystichum mayebarae* Tagawa

19. 革叶耳蕨 *Polystichum neolobatum* Nakai

20. 喜马拉雅耳蕨 *Polystichum brachypterum* (Kuntze) Ching

21. 秦岭耳蕨 *Polystichum submite* (Christ) Diels

22. 布朗耳蕨 *Polystichum braunii* (Spenn.) F’ee

23. 宁陕耳蕨 *Polystichum ningshenense* Ching et Hsu

24. 倒鳞耳蕨 *Polystichum retrosopaleaceum* (Kotama) Tagawa

25. 假黑鳞耳蕨 *Polystichum pseudomakinoi* Tagawa

26. 尖头耳蕨 *Polystichum acutipinnulum* Ching et Shing

27. 黑鳞耳蕨 *Polystichum makinoi* (Tagawa) Tagawa

28. 小戟叶耳蕨 *Polystichum hancockii* (Hance) Diels

29. 戟叶耳蕨 *Polystichum tripteron* (Kuntze) Presl

30. 小羽贯众 *Cyrtomium lonchitoides* (Christ) Christ

31. 贯众 *Cyrtomium fortunei* J. Sm.

32. 阔羽贯众 *Cyrtomium yamamotoi* Tagawa

二十二、水龙骨科

1. 抱石莲 *Lemmaphyllum drymoglossoides* (Bak.) Ching

2. 狭叶瓦韦 *Lepisorus angustitus* Ching

3. 河南瓦韦 *Lepisorus honanensis* Ching et S. K. Wu

4. 太白瓦韦 *Lepisorus thaipaiensis* Ching et S. K. Wu

5. 鳞瓦韦 *Lepisorus oligolepidus* (Bak.) Ching

6. 瓦韦 *Lepisorus thunbergianus* (Kaulf.) Ching

7. 扭瓦韦 *Lepisorus contortus* (Christ) Ching

8. 乌苏里瓦韦 *Lepisorus ussuriensis* (Regel) Ching

9. 有边瓦韦 *Lepisorus marginatus* Ching

10. 黄瓦韦 *Lepisorus asterolepis* (Bak.) Ching

11. 盾蕨 *Neolepisorus ovatus* (Bedd.) Ching

12. 伏石蕨 *Lemmaphyllum microphyllum* Presl

13. 金鸡脚假瘤蕨 *Phymatopteris astate* (Thunb.) Pic. Serm.

14. 陕西假瘤蕨 *Phymatopteris shensiensis* (Christ) Pic. Serm.

15. 交连假瘤蕨 *Phymatopteris conjuncta* (Ching) Pic. Serm.

16. 江南星蕨 *Microsorum fortunei* (T. Moore) Ching

17. 石蕨 *Pyrrosia angustissimum* (Gies.) Ching

18. 有柄石韦 *Pyrrosia petiolosa* (Christ) Ching

19. 石韦 *Pyrrosia lingua* (Thunb.) Farw.

20. 毡毛石韦 *Pyrrosia drakeana* (Franch.) Ching

21. 庐山石韦 *Pyrrosia sheareri* (Bak.) Ching

22. 光石韦 *Pyrrosia calvata* (Bak.) Ching

23. 相近石韦 *Pyrrosia assimilis* (Bak.) Ching

24. 华北石韦 *Pyrrosia davidii* (Bak.) Ching

25. 日本水龙骨 *Polypodiodes niponica* (Mett.) Ching

26. 中华水龙骨 *Polypodiodes chinensis* (Christ) S. G. Lu

27. 友水龙骨 *Polypodiodes amoena* (Wall. ex Mett.) Ching

28. 槲蕨 *Drynaria roosii* Nak. (*Polypodium fortunei* Kze.)

29. 秦岭槲蕨 *Drynaria sinica* Diels (*D. baronii* (Christ) Diels)

二十三、剑蕨科

1. 匙叶剑蕨 *Loxogramme grammitoides* (Bak.) C. Chr.

2. 柳叶剑蕨 *Loxogramme salicifolia* (Maxim.) Makino

3. 褐柄剑蕨 *Loxogramme duclouxii* Christ

第二部分　裸子植物

一、红豆杉科

1. * 南方红豆杉 *Taxus chinensis* var. *mairei* (Lemee et Levl.) Cheng et L. K. Fu

二、粗榧科

1. 中国粗榧 *Cephalotaxus sinensis* (Rehder et E. H. Wilson) H. L. Li

第三部分　被子植物

一、三白草科

1. 三白草 *Saururus chinensis* (Lour.) baill.

2. 蕺菜 *Houttuynia cordata* Thunb.

二、金粟兰科

1. 多穗金粟兰 *Chloranthus multistachys* pei

2. 及己 *Chloranthus serratus* (thunb.) Roem. et Schult

3. 宽叶金粟兰 *Chloranthus henryi* Hemsl.

4. 银线草 *Chloranthus japonicas* Sieb.

三、杨柳科

1. 中国黄花柳 *Salix sinica* (Hao) C. Wang et C. F. Fang

四、桑科

1. 珍珠莲 *Ficus sarmentosa* var. *henryi* (King) Corn.

2. 纽榕 *Ficus sarmentosa* var. *impressa* Corn.

3. 薜荔 *Ficus pumila* L.

4. 爬藤榕 *Ficus martini* Lévl.et Vant.

五、荨麻科

1. 花点草 *Nanocnide japonica* Bl.

2. 毛花点草 *Nanocnide pilosa* Migo

3. 冷水花 *Pilea notata* C. H. Wright

4. 透茎冷水花 *Pilea mongolica* Wedd.

5. 山冷水花 *Pilea japonica* (Maxim.) Hand. -Mazz.

6. 矮冷水花 *Pilea peploides* (Gaud.) Hook. et Arn.

六、檀香科

1. 米面蓊 *Buckleya henryi* Diels

2. 秦岭米面蓊 *Buckleya graebneriana*

3. 白蕊草 *Thesium chinense* Turcz.

七、马兜铃科

1. 马兜铃 *Aristolochia debilis* Sieb. et Zucc.

2. 绵毛马兜铃 *Aristolochia molliddima* Hance

3. 细辛 *Asarum sieboldii* Miq.

4. 杜衡 *Asarum forbesii* Maxim

5. 管花马兜铃 *Asarum tubiflora* Dunn.

6. 木通马兜铃 *Aristolochia mandshuriensis* Kom.

7. 马蹄香 *Saruma henryi* Oliv.

八、蓼科

1. 金钱草 *Antenoron filiforme* (Thunb.) Roberty et Veutier

2. 短毛金钱草 *Antenoron neofiliforme* (Nakai) Hara

3. 习见蓼 *Polygonum plebeium* R. Br.

4. 何首乌 *Polygonum multiflorum* Thunb.

5. 虎杖 *Polygonum cuspidatum* Sieb. et Zucc.

6. 荭草 *Polygonum oriertale* L.

7. 香蓼（粘毛蓼）*Polygonum viscosum* Buch. -Ham. ex D. Don

8. 酸模叶蓼 *Polygonum lapathifolium* L.

9. 桃叶蓼 *Polygonum persicaria* L.

10. 愉悦蓼 *Polygonum jucundum* Meisn.

11. 长花蓼 *Polygonum macranthum* Meisn.

12. 蚕茧蓼 *Polygonum japonicum* Meisn.

13. 水蓼 *Polygonum hydropoper* L.

14. 狭叶水蓼 *Polygonum hydropoper* var. *angustifolium* A. Braun.

15. 长鬃蓼 *Polygonum longisetum* De Bruyn

16. 丛枝蓼 *Polygonum caespotosum* Bl.

17. 中轴蓼 *Polygonum excurrens* Steward

18. 伏毛蓼 *Polygonum pubescens* Blume

19. 圆基长鬃蓼 *Polygonum Longidetum* De Br. var. *rotundatum* A. J. Li

20. 长箭叶蓼 *Polygonum hastato-sagittatum* Mak.

21. 萹蓄 *Polygonum aviculare* L.

22. 多茎萹蓄 *Polygonum aviculare* L.var. *vegetum* Ledeb

23. 药用大黄 *Rheum officinale* Baill.

24. 齿果酸模 *Rumex dentatus* L.

25. 皱叶酸模 *Rumex crispu* L.

26. 何首乌 *Fallopia multiflora* (Thunb.) Harald.

九、藜科

1. 灰绿藜 *Chenopodium glaucum*

2. 地肤 *Kochia scoparia* (L.) Schrad.

3. 猪毛菜 *Salsola collina* Pall.

十、苋科

1.# 青葙 *Celosia argentea* L.

十一、商陆科

1. 商陆 *Phytolacca acinosa* Roxb.

十二、马齿苋科

1. 马齿苋 *Portulaca oleracea* L.

2.# 土人参 *Talinum paniculatum* (Jacq.) Gaertn.

十三、石竹科

1. 麦瓶草 *Silene conoidea* L.

2. 剪红纱花 *Lychnis senno* Sieb. et Zucc.

3. 剪秋罗 *Lychnis fulgens* Fisch.

4. 浅裂剪秋罗 *Lychnis cognata* Maxim.

5. 大花剪秋罗 *Lychnis haageana* Bailly

6. 女娄菜 *Melandrium apricum* (Turcz.)Rohrb.

7. 无毛女娄菜 *Melandrium firmum* (Sieb. et Zucc.) Rohrb.

8. 疏毛女娄菜 *Silene firma* Sieb. et Zucc. var.*pubescens* (Makino) S. Y. He

9. 瞿麦 *Dianthus superbus* L.

10. 石竹 *Dianthus chinensis* L.

11. 长萼石竹 *Dianthus kuschakewiczii* Regel et Schmalh.

12. 霞草 *Dianthus caryophyllus* L.

13. 霞菜 *Gypophiila oldhammiana* Miq.

14. 簇生卷耳 *Cerastium caespitosum* Gilib

15. 婆婆指甲菜 *Cerastium viscosum* L.

16. 牛繁缕 *Malachium aquatium* (L.) Fries

17. 孩儿参 *Pseudostellaria heterophulla* (Miq.) Pax ex Pax et Hoffm.

18. 蔓孩儿参 *Pseudostellaria davidii*

19. 繁缕 *Stellaria media* (L.) Cyr. (*Alsine media* L.； *Stellaria media* Vill.)

20. 中国繁缕 *Stellaria chinensis* Regel

21. 雀舌草 *Stellaria alsine* Gri-mm

22. 漆姑草 *Sagina japonica* (sw.) Ohwi (*Spergula japonica* Sw.)

23. 狗筋蔓 *Silene baccifer* L.

24. 鹤草 *Silene fortunei* Vis.

25. 蝇子草 *Silene gallica* L.

26. 石生蝇子草 *Silene tatarinowii* Regel

27. 麦瓶草 *Silene conoidea* L.

28. # 王不留行 *Vaxxaria segetalis* (Neck.) Garck

29. 石生繁缕 *Stellaria saxatilis* Buch. -Ham

30. 长萼瞿麦 *Dianthus longicalyx* Miq.

31. 缘毛卷耳 *Cerastium furcartum* Cham. et Schlecht.

32. 柳叶繁缕 *Stellaria salicifolia* Y.W.Tsui et P. Ke

33.# 无瓣繁缕 *Stellaria apetala* Ucria ex Roem. Arch.

34. 肥皂草 *Saponaria officinalis* L.

35. 湖北绳子草 *Silene hupehensis* C. L. Tang

十四、睡莲科

1.* 芡实 *Euryale ferox* Salisb. ex Konig et Sims

2. * 萍蓬草 *Nuphar pumilum* Smith

十五、毛茛科

1. 瓜叶乌头 *Aconitum hemsleyanum* Pritz.

2. 草乌 *Aconitum carmichaeli* var. *ancustius* W. T. Wang et Hsiao

3. 鞘柄乌头 *Aconitum scaposum* Franch.

4. 乌头 *Aconitum carmichaeli* Debx.

5. 黄山乌头 *Aconitum carmichaeli* var. *hwangshanicum* W. T. Wang et Hsia

6. 川鄂乌头 *Aconitum henryi Pritz*. var. *villosum* W. T. Wang

7. 松潘乌头 *Aconitum sungpanense* Hand. -Mazz

8. 高乌头 *Aconitum sinomontanum* Nakai

9. 花葶乌头 *Aconitum scaposum* Franch.

10. 异叶吉林乌头 *Aconitum kirinense* var. *heterophyllum* W. T. Wang

11. 毛果吉林乌头 *Aconitum kirinense* var. *australe* W. T. Wang

12. 铁棒锤 *Aconitum pendulum* Busch

13. 牛扁 *Aconitum barbatum* var. *puberulum* Ledeb

14. 无距还亮草 *Delphinium exalcaratum* S. Y. Wang et K. F. Zhou，sp. nov.

15. 还亮草 *Delphinium anthriscifolium* Hancne

16. 全裂翠雀 *Delphinium trisectum* W. T. Wang

17. 毛梗翠雀 *Delphinium honanense* W. T. Wang var. *piliferum* W. T. Wang

18. * 河南翠雀 *Delphinium honanense* W. T. Wang

19. 秦岭翠雀 *Delphinium giraldii* Diels

20. 翠雀 *Delphinium grandiflorum* L.

21. 腺毛翠雀 *Delphinium grandiflorum* var. *gilgianum* (Pilg. ex Gilg) Finet et Gagnep.

22. 川陕翠雀 *Delphinium henryi* Franch.

23. 雨农花 *Chienia honanensis* W. T. Wang

24. 类叶升麻 *Actaea asiatica* Hara

25. 金龟草 *Cimicifuga acerina* (Sieb. et Zucc.) C. Tanaka

26. 硬毛金龟草 *Cimicifuga acerina* (Sieb. et. Zucc.) C. Tanaka f. hispidula Hsiao

27. 紫花金龟草 *Cimicifuga acerina* (Sieb. et. Zucc.) C. Tanaka f. purpurea Hsiao

28. 天葵 *Semiaquilegia adoxoides* DC.

29. 纵肋人字果 *Dichocarpum fargesii* (Franch.) W. T. Wang et Hsiao

30. 大叶铁线莲 *Clematis heracleifolia* DC.

31. 单叶铁线莲 *Clematis henryi* oliv.

32. 长柱铁线莲 *Clematis longistyla* Hand. -Mazz.

33. 铁线莲 *Clematis florida* Thumb.

34. 柱果铁线莲 *Clematis uncianata* Champ.

35. 显脉铁线莲 *Clematis uncianata* Champ. var. *biternata* W. T. Wang

36. 丝瓜花 *Clematis lasiandra* Maxim.

37. 短尾铁线莲 *Clematis brevicaudata* DC.

38. 钝萼铁线莲 *Clematis peterae* Hand. -Mazz.

39. 毛果铁线莲 *Clematis peterae* Hand. -Mazz. var. *trchocarpa* W. T. Wang

40. 粗齿铁线莲 *Clematis argentilucida*

41. 威灵仙 *Clematis chinensis* Osbeck.

42. 黄药子 *Clematis terniflora* DC.

43. 钝齿铁线莲 *Clematis obtusidentata* (Rehd. etWils.) H. Echler

44. 山铁线莲 *Clematis Montana* Buch. -Ham

45. 山木通 *Clematis finetiana* Lévl. et vant.

46. 小木通 *Clematis armandii* Franch.

47. 女萎 *Clematis apiifolia* DC. Syst.

48. 驴蹄草 *Caltha palustris* Linn.

49. 毛柄水毛茛 *Batraxhium trichophullum* (Chaix) F. Schultz.

50. 铁筷子 *Helleborus thibetanus* Franch.

51. 毛茛（假酸毛茛）*Ranunculus japonicus* Thunb.

52. 肉根毛茛 *Ranunculus polii* Franch.

53. 石龙芮 *Ranunculus sceleratus* L.

54. 小毛茛 *Ranunculus exterris* Hance

55. 扬子毛茛 *Ranunculus sieboldii* Miq.

56. 茴茴蒜 *Ranunculus chinensis* Bunge

57. 广东毛茛 *Ranunculus cantoniensis* DC.

58. 白头翁 *Pulsatilla chinensis* (Bunge) Regel

59. 唐松草 *Thalictrum aquilegiifolium* var. *sibiricum*

60. 盾叶唐松草 *Thalictrum ichangense* Lec. ex Oliv.

61. 大叶唐松草 *Thalictrum faberi* Ulbr.

62. 华东唐松草 *Thalictrum fortunei* S. Moore

63. 河南唐松草 *Thalictrum honanense* W. T. Wang et S. H. Wang

64. 东亚唐松草 *Thalictrum minus* L. var. *hupoleucum* (Sieb. et Zucc.) Miq

65. 秋唐松草 *Thalictrum thunbergii* DC

66. 长柄唐松草 *Thalictrum przewalskii* Maxim.

67. 瓣蕊唐松草 *Thalictrum petaloideum* L.

68. 西南唐松草 *Thalictrum fargesii* Franch. ex Finet et

69. 贝加尔唐松草 *Thalictrum baicalense* Turcz.

70. 长喙唐松草 *Thalictrum macrorhynchum* Franch.

71. 粗壮唐松草 *Thalictrum robustum* Maxim. H

72. 华北耧斗菜 *Aquilegia yabeana* Kitag.

73. 无距耧斗菜 *Aquilegia ecalcarata* Maxim.

74. 草芍药 *Paeonia obovata* Maxim

75. 川赤芍 *Paeonia anomala* subsp. *veitchii* (Lynch) D. Y. Hong et K. Y. Pan

76. 毛叶草芍药 *Paeonia obovata* subsp. *willmottiae*

77. 獐耳细辛 *Hepatica nobilis* Gars. var. *asiatica* (Nakai) Hara

78. 林荫银莲花 *Anemone floccida* Fr. Schmidt

79. 阿尔泰银莲花 *Anemone altaica* Fisch

80. 大火草 *Anemone tomentosa* (Maxim.) Pei

81. 小银莲花 *Anemone exigua* Maxim.

十六、木通科

1. 三叶木通 *Akebia trifoliata* (Thunb.) Koidz

2. 白木通 *Akebia trifoliate* var. *australis* (Diels) Rehd.

3. 木通 *Akebia quinata* (Thunb.) Decne

4. 多叶木通 *Akebia quinata* var. *polyphylla* Nakai

5. 鹰爪枫 *Holboellia coriacea* Diels

6. 大花牛姆瓜 *Holboellia grandiflora* Réaub.

7. 大血藤 *Sergenodaxa cuneata* (Oliv.) Rehd. et Wils.

十七、小檗科

1. 大叶小檗 Berberis amurensis Rupr
2. 秦岭小檗 *Berberi* var. *circumserrata* Schneid
3. 涝峪小檗 *Berberis gilgiana* Fedde
4. 毛叶小檗 *Berberis brachypoda* Maxim.
5. 异长穗小檗 *Berberis feddeana* Schneid
6. 陕西小檗 *Berberis shensiana* Ahrendt
7. 首阳小檗 *Berberi dielsiana* fedde
8. 直穗小檗 *Berberis dasystachya* Maxim.
9. 川鄂小檗 *Berberis henryana* Schneid
10. 长穗小檗 *Berberis dolichobotrys* Fedde
11. 阔叶十大功劳 *Mahonia bealei* (For.) Carr.
12. 类叶牡丹 *Leontice robusta* (Maxim.) Diels
13. 柔毛淫羊藿 *Epimedium pubescens* Maxim.
14. 淫羊藿 *Epimedium brevicornu* Maxim.
15. 湖南淫羊藿 *Epimedium hunanense* (Hand. -Mazz.) Hand. -Mazz.
16. 六角莲 *Dysosma pleiantha* (Hance) Woodson
17. * 八角莲 *Dysosma versiellis* (Hance) M. Cheng

十八、防己科

1. 蝙蝠葛 *Menispermum dauricum* DC.
2. 粉防己 *Stephania tetrandra* S. Moore
3. 金线吊乌龟 *Stephania cepharantha* Hayata
4. 千金藤 *Stephania japonica* (Thunb.) Miers
5. 华千金藤 *Stephania Sinica* Diels
6. 防己 *Stephania acutum* (Thunb.) Rhd. et Wils.
7. 毛防己 *Stephania acutum* var. *cinereum* (Diels) Rehd. et Wils.
8. 青牛胆 *Tinospora sagittata* (Oliv.) Gagnep.
9. 木防己 *Cocculas orbiculatus* (Linn.) DC.
10. 风龙 *Sinomenium acutum* (Thunb.) Rehd. et

十九、木兰科

1. 望春花 *Magnolia biondii* Pamp.
2. 黄山木兰 *Magnolia cylindrical* Wils.

3. 厚朴 *Magnolia officinalis* Rehd. et Wils

4. 武当木兰 *Yulania sprengerii* Pampan

5. 红茴香 *Illicium herryi* Diels

6. 南五味子 *Kadsura longipedulata* Finet et Gagnep

7. * 五味子 *Schisandra chinensis* (Tarxz.) Baill.

8. 华中五味子 *Schisandra sphenanthera* Rehd. et Wils.

二十、樟科

1. 木姜子 *Litsea pungens* Hemsl.

2. 绢毛木姜子 *Litsea sericea* (Nees) Hook. f.

3. 黄丹木姜子 *Litsea elongate* (Wall.) Benth. Et Hook.f.

4. 豹皮樟 *Litsea coreana* Lévl. var. *sinensis* (Allen) Yang et P. H. Huang

5. 天目木姜子 *Litsea auriculata* Chien et Cheng

6. 香叶子 *Lindera fragrans* Olive.

7. 乌药 *Lindera strychnifolia* (Sieb. et Zucc.) Villar

8. 长叶乌药 *Lindera hemsleyana* (Diels) Allen

9. 香叶树 *Lindera communis* Hemsl.

10. 红果山胡椒 *Lindera erythrocarpa* Makino

11. * 河南山胡椒 *Lindera hennanensis* Tsui

二十一、罂粟科

1. 博落回 *Macleaya cordata* (Wild.) R. Br.

2. 小果博落回 *Macleaya microcarpa* (Maxim.) Fedde

3. 血水草 *Eomecon chionantha* Hance

4. 荷青花 *Hylomexon japonica* (Thunb.) Prantl et Kundig

5. 多裂荷青花 *Hylomecon japonica* (Thunb.) Prantl et Kundig var. *dissecta* (Franch. et Savat.) Fedde

6. 白屈菜 *Chelidonium majus* L.

7. 秃疮花 *Dicranostigma leptopodum* (Maxim.) Fedde

8. 伏生紫堇 *Corydalis dexumbens* (Thunb.) Pers.

9. 小黄紫堇 *Corydalis raddeana* Regel

10. 延胡索 *Corydalis yanhusuo* Migo

11. 全叶延胡索 *Corydalis repens* Mandl et Muhldorf

12. 土元胡 *Corydalis humosa* Migo

13. 黄堇 *Corydalis pallida* (Thunb.) Pers.

14. 蛇果黄堇 *Corydalis ophiocarpa* Hook. f. et Thoms.

15. 小花黄堇 *Corydalis racemosa* (Thunb.) Pers.

16. 小花紫堇 *Corydalis alpestris* C. A. Mey.

17. 地丁草 *Corydalis bungeana* Turez.

18. 紫堇 *Corydalis edulis* Maxim.

19. 刻叶紫堇 *Corydalis incise* (Thunb.) Ders.

20. 曲花紫堇 *Corydalis curviflora* Maxim.

21. 角茴香 *Hypecoum erectum* L.

22. 小药八旦子 *Carydalis caudate* (Lam.) Pers.

23. 野罂粟 *Papaver nudicaule* L.

二十二、白花菜科

1. 羊角菜 *Cleome gynandra* L.

二十三、十字花科

1. 糖芥 *Erysimum amurense* Kitag.

2. 菥蓂 *Thlaspi arvense* L.

3. 诸葛菜 *Orychophragmus violaceus* (Linnaeus) O. E. Schulz

4. 花旗竿 *Dontostemon dentatus* (Bunge) Ledeb.

5. 小花糖芥 *Erysimum Cheiranthoides* L.

6. 涩荠 *Malcolmia ofricana* (Linn.) R. Br.

7. 蚓果芥 *Torularia humilis* (C. A. Meyer) O. E. Schulz.

8. 豆瓣菜 *Nasturtium officinale* R. Br.

9. 白花碎米荠 *Cardamine leucantha* (Tausch) O. E. Schulz

10. 紫花碎米荠 *Cardamine tangutorum* O. E. Schulz

11. 球果焯菜 *Rorippa globosa* (Turcz.) Thellung

12. 风花菜 *Rorippa globosa* (Turcz.) Hayek

13. 焯菜（印度焯菜）*Rorippa indica* (L.) Hiern.

二十四、景天科

1. 细叶景天 *Sedum elatinoides* Franch.

2. 火焰草 *Sedum stellariifolium* Franch.

3. 大叶火焰草 *Sedum drymarioides* Hance

4. 珠芽景天 *Sedum bulbiferum* Makino

5. 离瓣景天 *Sedum barbeyi* Hamet

6. 费菜（土三七）*Sedum aizoon* L.

7. 紫花景天 *Sedum mingjinianum* S. H. Fu

8. 宽叶景天 *Sedum ellacombianum* Praeger

9. 轮叶景天 *Sedum chauveaudii* Hamet

10. 景天 *Sedum etythrostictum* Miq.

11. 小山飘风 *Sedum filipes* Hemsl.

12. 凹叶景天 *Sedum emarginatum* Migo

13. 佛甲草 *Sedum lineate* Thunb.

14. 垂盆草 *Sedum sarmentosam* Bunge

15. 瓦松 *Orostachys fimbriatus* (Turcz.) Berger

16. 晚红瓦松 *Orostachys erudescens* (Maxim.) Ohwi

17. 轮叶八宝 *Hylotelephium verticillatum* (L.) H. Ohba

18. 八宝 *Hylotelephium erythrostictum* (Miq.) H. Ohba

19. 紫花八宝 *Hylotelephium mingjinianum* (S. H. Fu) H. Ohba

20. 藓状景天 *Sedum polytrichoides* Hemsl.

21. 四叶景天 *Sedum quaternatum* Praeg.

22. 小丛红景天 *Rhodiola dumulosa* (Franch.) S. H. Fu

23. 管花鹿药 *Smilacina henryi* (Baker) Wang et Tang

24. * 菱叶红景天 *Rhodiola henryi* (Franch.) S. H. Fu

25. 少花万寿竹 *Disporum uniflorum* Baker ex S. Moore

二十五、虎耳草科

1. 扯根菜 *Penthorum chinense* Pursh

2. 梅花草 *Parnassia palustris* L.

3. 突隔梅花草 *Parnassia delavayi* Franch.

4. 黄水枝 *Tiarwlla polyphylla* D. Don

5. 虎耳草 *Saxifrage stolonifera* Meerb. (*Saxifraga sarmentosa* L.)

6. 球茎虎耳草 *Saxifraga sibirica* L.

7. 中华金腰 *Chrusosplenium sinicum* Maxim.

8. 毛金腰 *Chrusosplenium pilosum*. var. *valdepilosum* Ohwi

9. 大叶金腰 *Chrusosplenium macrophullum* Oliv.

10. 鬼灯檠 *Rodgersia podophylla* A. Gray

11. 大红升麻 *Astilbe grandis* stapf ex Wils.

12. 落新妇（红升麻）*Astilbe chinensis* (Maxim.) Franch. et Savat.

13. 挂苦绣球 *Hydrangea xanthoneura* Diels

14. 草绣球 *Cardiandra moellendorffii* (Hance) Migo.

15. 钻地风 *Schizophragma integrifolium* Oliv.

16. 齿叶钻地风 *Schizophragma integrifolium* Oliv. f. *denticulatum* (Rehd.) Chun

17. 心叶钻地风 *Schizophragma integrifolium* Oliv. f. *cordatum* S. Y. Wang，f. nov.

18. 冠盖绣球 *Hydrangea anomala* D. Don

19. 腊莲绣球 *Hydrangea strigoso* Rehd.

20. 狭叶腊莲绣球 *Hydrangea strigoso* var. *angustifolia* (Hemsl.) Rehd.

21. 中国绣球 *Hydrangea chinensis* Maxim.

22. 圆锥绣球 *Hydrangea paniculata* Sieb.

23. 大花溲疏 *Deutzia grandiflora* Bunge

24. 黄山溲疏 *Deutzia glauca* Cheng

25. 溲疏 *Deutzia scabra* Thunb.

26. 小花溲疏 *Deutzia parviflora* Bge.

27. 异色溲疏 *Deutzia discolor* Hemsl.

28. 多花溲疏 *Deutzia setchuenensis* var. *corymbiflora*

29. 绢毛山梅花 *Philadelphus sericanthus* Koehne

30. 毛柱山梅花 *Philadelphus subcanus* Koehne

31. 山梅花 *Philadelphus incanus* Koehne

32. 太平花 *Philadelphus pekinensis* Rupr.

33. 长柄绣球 *Hydrangea longipes* Franch.

34. 华茶藨子 *Ribes fasciculatum* Sieb. et Zucc. var. *chinense* Maxim.

35. 大刺茶藨子 *Ribes alpestre* var. *giganteum*

36. * 东北茶藨子 *Ribes mandshuricum* (Maxim.) Kom.

37. 冰川茶藨子 *Ribes glaciale* Wall.

38. 簇花茶藨子 *Ribes fasciculatum* Sied et Zucc

39. 狭叶溲疏 *Deutzia scabr* var. *angustifolia* Voss.

40. 东陵绣球 *Hydrangea bretschneideri* Dipp.

41. 绣球钻地风 *Schizophragma hydrangeoides* Sieb. et Zucc.

42. 秦榛钻地风 *Schizophragma corylifolium* Chun

43. 粉花溲疏 *Deutzia rubens* Rehd.

二十六、海桐科

1. 菱叶海桐 *Pittosporum trunxatum* Pritz.

2. 菱果海桐 *Pittosporum trigonocarpum* Lévl.

3. 狭叶海桐 *Pittosporum glabratum* var. *neriifolium* Rehd. et Wils.

4. 崖花海桐 *Pittosporum sahnianum* Gowda

二十七、金缕梅科

1. 檵木 *Loropetalum chinense* (R. Br.) Oliv.

2. 金缕梅 *Hamamelis mollis* Olive.

3. 腊瓣花 *Corylopsis sinensis* Hemls.

二十八、蔷薇科

1. 山杏 *Prunus armeniaca* var. *ansu* Maxim.

2. 野珠兰 *Stephanandra chinensis* Hance

3. 毛叶绣线梅 *Neillia ribesioides* Rehd.

4. 华北绣线菊 *Spiraea fritschiana* Schneid

5. 大叶华北绣线菊 *Spiraea fritschiana* var. *angulata* (Fritsch ex Schneid.) Rehd.

6. 粉花绣线菊（尖叶绣线菊）*Spiraea japonica* L. f.

7. 光叶绣线菊 *Spiraea japonica* L. f. var. *fortunei* Rehd.

8. 南川绣线菊 *Spiraea rosthornii* Pritz.

9. 翠蓝绣线菊 *Spiraea henryi* Hemsl.

10. 陕西绣线菊 *Spiraea wilsonii* Duthie

11. 单瓣李叶绣线菊 *Spiraea prunifolai* var. *simpliciflora*

12. 李叶绣线菊 *Spiraea prunifolai* Sied. et Zucc.

13. 柔毛绣线菊 *Spiraea pubescens* Turcz.

14. 中华绣线菊 *Spiraea chinensis* Maxim.

15. 长芽绣线菊 *Spiraea longigemmis* Maxim.

16. 鄂西绣线菊 *Spiraea veitchii* Hemsl.

17. 广椭绣线菊 *Spiraea ovalis* Rehd.

18. 金丝桃叶绣线菊 *Spiraea hypericifolia* L.

19. 绢毛绣线菊 *Spiraea sericea* Turcz.

20. 疏毛绣线菊 *Spiraea hirsuta* (Hemsl.) Schneid.

21. 石蚕叶绣线菊 *Spiraea chamaedryfolia* L.

22. 土庄绣线菊 *Spiraea pubescens* Turcz.

23. 三裂绣线菊 *Spiraea trilobata* L.

24. 毛花绣线菊 *Spiraea dasyantha* Bunge

25. 绣球绣线菊 *Spiraea blumei* G. Don

26. 野生珍珠梅 *Sorbaria arborea* Schneid. (*Spiraea arborea* Bean)

27. 华北珍珠梅 *Sorbaria kirilowii* (Regel) Maxim.

28. 珍珠梅 *Sorbaria sorbifolia* (L.) A. Br.

29. 假升麻 *Aruncus sylvester* Kostel.

30. 全缘火棘 *Pyracantha atalantioides* (Hance) Stapf

31. 细圆齿火棘 *Pyracantha crenulata* (D. Don) Roem.

32. 花叶海棠 *Malus transitoria* (Batal.) Schneid.

33. 水榆花楸 *Sorbus alnifolia* (Sieb. et Zucc.) K. Koch

34. 石灰花楸 *Sorbus folgneri* (Schneid.) Rehd.

35. 江南花楸 *Sorbus hemsleyi* (Schneid.) Rehd.

36. 湖北花楸 *Sorbus hupehensis* Schneid.

37. 北京花楸 *Sorbus discolor* (Maxim.) Maxim.

38. 花楸树 *Sorbus pohuashanensis* (Hance) Hedl.

39. 陕甘花楸 *Sorbus koehneana* Schneid.

40. 椤木石楠 *Photintia davidsoniae* Rehd.

41. 无毛石楠 *Photintia villosa* (Thunb.) DC. varsinica Rehd. et Wils.

42. 光叶石楠 *Photintia glabra* (Thunb.) Maxim.

43. 小叶石楠 *Photintia parvifolia* (Pritz.) Schneid.

44. 中华石楠 *Photintia beauverdiana* Schneid

45. 短叶中华石楠 *Photintia beauverdiana* var. *brevifolia* Card.

46. 毛叶石楠 *Photintia villosa* (Thunb.) DC.

47. 褐梨 *Pyrus phaeocarpa* Rehd.

48. 豆梨 *Pyrus calleryana* Decne.

49. 杜梨 *Pyrus betulaefolia* Bunge.

50. 麻梨 *Pyrus serrulata* Rehd.

51. 木梨 *Pyrus xerophila* Yü

52. 白鹃梅 *Exochorda racemosa* (Lindl.) Rehd.

53. 红柄白鹃梅 *Exochorda giraldii* Hesse

54. 绿柄白鹃梅 *Exochorda giraldii* var. *wilsonii* Rehd.

55. 麻叶绣线菊 *Spiraea cantoniensis* Lour.

56. 湖北海棠 *Malus hupehnnsis* (Pamp.) Rehd.

57. 河南海棠 *Malus honanensis* Rehd.

58. 三叶海棠 *Malus sieboldii* (Regel) Rehd.

59. 鸡麻 *Rhodotypos scandens* (Thunb.) Makino

60. 山楂海棠 *Malus komarovii* (Sarg.) Rehd.

61. 陇东海棠 *Malus kansuensis* (Batal.) Schneid.

62. 山荆子 *Malus baccata* (L.) Borkh.

63. 毛山荆子 *Malus mandshurica* (Maxim.) Kom.

64. 金樱子 *Rosa laevegata* Michx.

65. 小果蔷薇 *Rosa cymosa* Tratt.

66. 野蔷薇 *Rosa multiflora* Thunb.

67. 蔷薇 *Rosa multiflora* Thunb. var. *cathayensis* Rehd. Wils.

68. 湖北蔷薇 *Rosa henryi* Boul.

69. 巴东蔷薇 *Rosa helenae* Rehd. et Wils.

70. 缫丝花 *Rosa roxburghii* Tratt.

71. 木香花 *Rosa banksiae* Ait.

72. 刺梗蔷薇 *Rosa setipoda* Hemsl. et Wils.

73. 扁刺蔷薇 *Rosa sweginzowii* Koehne

74. 美蔷薇 *Rosa bella* Rehd. et Wils.

75. 悬钩子蔷薇 *Rosa rubus* Lévl. et Vant.

76. 黄刺玫 *Rosa xanthina* Lindl.

77. 拟木香 *Rosa banksiopsis* Baker

78. 钝叶蔷薇 *Rosa sertata* Rolfa

79. 龙牙草 *Agrimonia pilosa* var. *japonica* (Miq.)

80. 地榆 *Sanguidorba officinalis* L.

81. 长叶地榆 *Sanguidorba officinalis* var. *longifolia* (Bert.) Yü et Li

82. 高粱泡 *Rubus lambertianus* Ser.

83. 光叶高粱泡 *Rubus lambertianus* Ser. var. *glaber* Hemsl.

84. 灰白毛莓 *Rubus tephrodes* Hance

85. 三花悬钩子 *Rubus trianthus* Focke

86. 木莓 *Rubus swinhoei* Hance

87. 山莓 *Rubus corchorifolius* L. f.

88. 盾叶莓 *Rubus peltatus* Maxim.

89. 悬钩子 *Rubus palmatus* Thunb.

90. 蓬蘽 *Rubus hirsutus* Thunb.

91. 多腺悬钩子 *Rubus phoenicolasius* Maxim.

92. 茅莓 *Rubus parvifolius* L.

93. 腺花茅莓 *Rubus parvifolius* L. var. *adenochlamys* (Focke) Migo

94. 腺茅莓 *Rubus adenophorus* Rolfe

95. 白叶莓 *Rubus innominatus* S. Moore

96. 无腺白叶莓 *Rubus innominatus* S. Moore var. *kuntzeanus* (Hemsl.) Bailey.

97. 华中悬钩子 *Rubus cockburnianus* Hemsl.

98. 弓茎悬钩子 *Rubus flosculosus* Focke

99. 柔毛路边青 *Geum japonicum* var. *chinense* F. Bolle

100. 路边青 *Geum aleppicum* Jacq.

101. 蛇莓 *Duchesnea indica* (Andr.) Focke

102. 纤细草莓 *Fragaria gracilis* Lozinsk.

103. 蛇含 *Potentilla kleiniana* Weght et Arn

104. 绢毛细蔓委陵菜 *Potentilla reptan* var. *sericophylla*

105. 匍枝委陵菜 *Potentilla flagellaris* Willd.

106. 三叶委陵菜 *Potentilla freyniana* Bornm

107. 朝天委陵菜 *Potentilla supina* Linn.

108. 翻白草 *Potentilla discolor* Bunge

109. 莓叶委陵菜 *Potentilla fragarioides* L.

110. 绢毛匍匐委陵菜 *Potentilla reptans* var. *sericophylla* Franch.

111. 鹅绒委陵菜 *Potentilla anserina* Linn.

112. 多茎委陵菜 *Potentilla multicaulis* Bunge

113. 委陵菜 *Potentilla chinensis* Seringe.

114. 蛇莓委陵菜 *Potentilla centigrana* Maxim.

115. 皱叶委陵菜 *Potentilla ancistrifolia* Bge.

116. 中华三叶委陵菜 *Polentilla freyniana* Birnm.

117. 小叶毛樱桃 *Prunus tomentosa* var. *endotricha* Koehne

118. 李 *Prunus salicina* Lindl.

119. * 甘肃桃 *Amygdalus kansuensis* (Rehd.) Skeels

120. 郁李 *Prunus japonica* Thunb.

121. 山樱花 *Prunus serrulata* Lindl.

122. 毛山樱花 *Prunus serrulata* Lindl. var. *pubescens* Wils.

123. 尾叶樱桃 *Prunus dielsiana* Schneid.

124. 稠李 *Padus avium* Mill.

125. 柏氏稠李 *Prunus buergeriana* Miq. var. *nudouscula* Koehne

126. 毛樱桃 *Cerasus tomentosa* (Thunb.) Wall.

127. 多毛樱桃 *Cerasus polytricha* (Koehne) Yü et Li

128. 四川樱桃（盘腺樱桃）*Cerasus szechuanica* (Batal.) Yü et Li

129. 锥腺樱桃 *Cerasus conadenia* (Koehne) Yü et Li

130. 微毛樱桃 *Cerasus clarofolia* (Schneid.) Yü et Li

131. 灰叶稠李 *Padus grayana* (Maxim.) Schneid.

132. 细齿稠李 *Padus obtusata* (Koehne) Yü et Ku

133. 华空木 *Stehanandra chinensis* Hance.

134. 山楂 *Crataegus pinnatifiada* Bge.

135. 华中山楂 *Crataegus wilsonii* Sarg.

136. 甘肃山楂 *Crataegus kansuensis* Wils.

137. 拟覆盆子 *Rubus idaeopsis* Focke

138. 湖北山楂 *Crataegus hupehensis* Sarg.

139. 野山楂 *Crataegus cuneata* Sieb. et Zucc.

140. 唐棣 *Amelanchier sinica* (Schneid.) Chun

141. 细裂委陵菜 *Potentilla chinensis* Ser. var. *Iineariloba* Franch. et Sav.

142. 橉木 *Padus buergeriana* (Miq.) Yü et Ku

143. 长尾毛柱樱桃 *Cerasus pogonostyla* (Maxim.) Yü et Li var.

144. 毛叶长蕊绣线菊 *Spiraea miyabei* var. *pilosula* Rehd.

145. 钝叶蔷薇 *Rosa sertata* Rolfe

146. 麻叶栒子 *Cotoneaster rhytidophyllus* Rehd. et Wils.

147. 西北栒子 *Cotoneaster zabelii* Schneid.

148. 平枝栒子 *Cotoneaster horizontalis* Dcne.

149. 散生栒子 *Cotoneaster divaricatus* Rehd. et Wils.

150. 灰栒子 *Cotoneaster acutifolius* Turcz.

151. 华中栒子 *Cotoneaster silvestrii* Pamp.

152. 水栒子 *Cotoneaster multiflorus* Bge.

153. 毛叶水栒子 *Cotoneaster submultiflorus* Popov

154. 长腺樱桃 *Cerasus claviculata* Yu et Li

155. 秦岭蔷薇 *Rosa tsinglingensis* Pax. et Hoffm

156. 桔红山楂 *Crataegus aurantia* Pojark.

157. 杏李 *Pranus simonii* Carr.

二十九、豆科

1. 山槐 *Albizzia kalkora* (Roxb.) Prain

2. 湖北紫荆 *Cercis glabra* Pamp.

3. 巨紫荆 *Cercis gigantea*

4. 短叶决明 *Cassia leschenaultiana* Wall.

5. 豆茶决明 *Cassia nomame* (Sieb.) Kitag.

6. 白刺花 *Sophora vociifolia* Hance

7. 苦参 *Sophora flavescens* Ait.

8. 小花香槐 *Cladrastis sinensis* Hemsl.

9. 花榈木 *Ormosia henryi* Prain

10. 马鞍树 *Maaxkia tenuifolia* (Hemsl.) Hand. -Mazz.

11. 华山马鞍树 *Maackia hwashanensis* W. T. Wang

12. 翅荚香槐 *Cladrastis platycarpa* (Maxim.) Makino

13. 香槐 *Cladrastis wilsonii* Takeda

14. 黄花棘豆 *Oxytropis ochrocephala* Bunge

15. 小苜蓿 *Medicago minima* (L.) Grufb.

16. 野苜蓿（黄花苜蓿）*Medicago falcata* Linn.

17. 天蓝苜蓿 *Medicago lupulina* Linn.

18. 紫花野百合（农吉利、佛指甲）*Crotalaria sessiliflora* L.

19. 假地蓝 *Crotalaria ferruginea* Grah. ex Benth.

20. 响铃豆 *Crotalaria albida* Heyne ex Roth

21. 黄香草木樨 *Melilotus officinalis* (L.) Desr.

22. 印度草木樨 *Melilotus indicus* (L.) All.

23. 草木樨 *Melilotus suaveolens* Ledeb.

24. 山黧豆 *Lathyrus quinquenervius* (Miq.) Litv.

25. 矮香豌豆 *Lathyrus humilis* Fisch.

26. 茫茫香豌豆 *Lathrus davidii* Hance

27. 藤萝 *Wisteria villosa* Rehd.

28. 二型豆 *Amphicarpaea trisperma* Baker

29. 山黑豆 *Dumasia truncate* Sieb. et Zucc.

30. 柔毛山黑豆 *Dumasia villosa* DC.

31. 毛野扁豆 *Dunbaria villosa* (Thunb.) Makino

32. 鹿藿 *Rhynchosia volubilis* Lour.

33. 菱叶鹿藿 *Rhynchosia dielsii* Harms

34. 土栾儿 *Apios fortunei* Maxim.

35. 葛 *Pueraria lobata* (Willd.) Ohwi

36. 花木蓝 *Indigofera kirilowii* Maxim. ex Palibin

37. 多花木蓝 *Indigofera amblyantha* Craib.

38. 华东木蓝 *Indigofera fortunei* Craib.

39. 马棘 *Indigofera pseudotinctoria* Matsum

40. 歪头菜 *Vicia unijaga* A. Br.

41. 头序歪头菜 *Vicia ohwiana* Hosokawa

42. 红花锦鸡儿 *Caragana rosea* Turcz.

43. 锦鸡儿 *Caragana sinica* (Buchoz) Rehd.

44. 糙叶黄芪 *Astragalus scaberrimus* Bunge

45. 少花米口袋（狭叶米口袋、长柄米口袋）*Gueldenstaedtia verna* (Georgi) Boriss.

46. 米口袋 *Gueldenstaedtia multiflora* Bunge

47. 黄檀 *Dalbergia hupeana* Hance

48. 田皂角 *Aeschynomene indiaca* L.

49. 四川长柄山蚂蝗（四川山蚂蝗）*Hylodesmum podocarpum* (Candolle) H. Ohashi & R. R. Mill subszechuenense (Craib) H. Ohashi & R. R. Mill

50. 羽叶长柄山蚂蝗(羽叶山蚂蝗)*Hylodesmum* oldhamii (Oliver) H. Ohashi & R. R. Mill

51. 宽卵叶长柄山蚂蝗(宽卵叶山蚂蝗)*Hylodesmum podocarpum* (Candolle) H. Ohashi & R. R. Mill subfallax (Schindler) H. Ohashi & R. R. Mill

52. 尖叶长柄山蚂蝗（尖叶山蚂蝗）*Hylodesmum podocarpum* (Candolle) H.

Ohashi & R. R. Mill suboxyphyllum (Candolle) H. Ohashi & R. R. Mill

53. 圆菱叶山蚂蝗 *Desmodoum podocarpum* DC.

54. 鸡眼草 *Kummerowia striata* (Thunb.) Schindl.

55. 长萼鸡眼草 *Kummerowia stipalacea* (Maxim.) Makino

56. 胡枝子 *Lespedeza bicolor* Turcz.

57. 美丽胡枝子 *Lespedza Formosa* (Vog.) Koehne

58. 绿叶胡枝子 *Lespedeza buergeri* Miq.

59. 细梗胡枝子 *Lespedeza virgata* (Thunb.) DC.

60. 兴安胡枝子（达呼里胡枝子）*Lespedeza daurica* (Laxm.) Schindl.

61. 山豆花 *Lespedeza tomentosa* (Thunb.)

62. 多花胡枝子 *Lespedeza floribunda* Bunge

63. 截叶铁扫帚 *Lespedeza cuneata* G. Don

64. 白指甲花 *Lespedeza inschanica* (Maxim.) Schindl

65. 铁马鞭 *Lespedeza pilosa* (Thunb.) Sieb. et Zucc.

66. 中华胡枝子 *Lespedezachinensis* G. Don.

67. 短梗胡枝子 *Lespedeza cyrtobotrya* Miq.

68. 阴山胡枝子 *Lespedeza inschanica* (Maxim.) Schindl.

69. 大叶胡枝子 *Lespedeza davidii* Franch.

70. 尖叶铁扫帚 *Lespedeza juncea* (L. f.) Pers.

71. * 两型豆 *Amphicarpaea bracteata* subsp. *edgeworthii*

72. 宜昌杭子梢 *Campylotropos ichangensis*

73. 杭子梢 *Campylotropos macrocarpa* (Bunge) Rehd.

74. 尖叶长柄山蚂蝗 *Hylodesmum podocarpum* subsp. *oxyphyllum*

75. 长柄山蚂蝗 *Hylodesmum podocarpum* (DC.) Yang et Huang

76. 地角儿苗（二色棘豆）*Oxytropis bicolor* Bunge

77. 大野豌豆 *Vicia gigantean* Bge

78. 云实 *Caesalpinia sepiaria* Roxb.

79. 大花野豌豆（三齿野豌豆）*Vicia bungei* Ohwi

80. 毛掌叶锦鸡儿 *Caragana leveillei* Kom.

三十、酢浆草科

1. # 酢浆草 *Oxalis corniculata* L.

2. 直酢浆草 *Oxalis stricta* L.

3. 山酢浆草 *Oxalis griffithii* Edgeworth et Hook. f

三十一、牻牛儿苗科

1. 纤细老鹳草 *Geranium wilfordii* Maxim.
2. [#] 野老鹳草 *Geranium carolinianum* L.
3. 老鹳草 *Geranium wilfordii* Maxim.
4. 尼泊尔老鹳草 *Geranium nepalense* Sweet
5. 灰背老鹳草 *Geranium wlassoeianum* Fisch. ex Link
6. 鼠掌老鹳草 *Geranium sibiricum* Linn.
7. 灰背老鹳草 *Geranium wlassovianum* Fisch. ex Link
8. 毛蕊老鹳草 *Geranium platyanthum* Duthie
9. 牻牛儿苗 *Erodium stephanianum* Willd.
10. 芹叶牻牛儿苗 *Erodium cicutarium* (L.) L'Hert.

三十二、芸香科

1. 野花椒 *Zanthoxyium simulans* Hance
2. 柄果花椒 *Zanthoxyium simulans* var. *podocarpum* (Hemsl.) Huang
3. 竹叶椒 *Zanthoxyium planispinum* Soeb. et Zucc.
4. 朵椒 *Zanthoxyium molle* Rehd.
5. 毛竹叶花椒 *Zangthoxylum armatum* f. *ferrugineum* (R. et W.) Huang
6. 樗叶花椒 *Zanthoxyium ailanthoides* Sieb. et Zucc.
7. 香椒子 *Zanthoxyium schinifolium* Sieb. et Zucc.
8. 日本常山 *Orixa japonica* Thunb.
9. 臭辣树 *Evodia fargesii* Dode
10. 吴茱萸 *Evodia rutaccarpa* (Juss.) Benth.
11. 石虎 *Evodia rutaecarpa* (Juss.) Benth.
12. 臭檀 *Evodia daniellii* (Benn.) Hemsl.
13. 假黄檗 *Evodia daniellii* var. *henryi* (Dode) Huang
14. 白鲜 *Dictamnus dasycarpus* Thunb.
15. 枳 *Citrus trifoliata* L.

三十三、楝科

1. 楝 *Melia azedarach* L.

三十四、远志科

1. 长毛远志 *Polygala wattersii* Hance.

2. 黄花远志 *Polygala arillata* Buch. -Ham.

3. 小远志 *Polygala tatarinowii* Regel

4. 远志 *Polygala tenuifolia* Willd. (*Polygala sibirica* L. var. *tenuifolia* Bakat et Moore)

5. 西伯利亚远志 *Polygala sibirica* L.

6. 瓜子金 *Polygala japonica* Houtt.

三十五、大戟科

1. 算盘子 *Glochidion puberum* (L.)Hutch.(*Glochidion obscurum* Bl.)

2. 湖北算盘子 *Glochidion wilsonii* Hutch.

3. 小果叶底珠 *Securinega microcarpa* B. C. Ding et S. Y. Wang ,sp. nov.

4. 叶底珠 *Securinega suffruticosa* (Pall.) Rehd

5. 弯曲叶底珠 *Phullanthus flexuosus* (Sieb. et Zucc.)Muell. -Arg.

6. 青灰叶下珠 *Phullanthus glarcus* Wall.

7. 叶下珠 *Phullanthus urinaria* L.

8. 蜜柑草 *Phullanthus matsumurae* Hayata

9. 雀儿舌头 *Andrachne chinensis* Bunge

10. 白木乌桕 *Sapium japonicum* (Sieb.et Zucc.) Pax et Hoffm.

11. 乌桕 *Sapium sebiferum* (L.) Roxb. (*Croton sebiferum* L.)

12. 多果乌桕 *Sapium pleiocarpam* Y. C. Tseng

13. 山乌桕 *Sapium discolor* (Champ.et Bunth.) Muell. -Arg.

14. 湖北大戟 *Euphorbia pekinensis* var.*hapehensis* Hurusawa

15. 叶地珠 *Flueggea suffruticosa* (Pall.) Baill.

16. 粗糠柴 *Mallotus philippinensis* (Lam.) Muell.

17. # 斑地锦 *Euphorbia maculata* L.

18. 甘肃大戟 *Euphorbia kansuensis* Prokh.

19. 红叶野桐 *Mallotus paxii* Pamp.

20. 钩腺大戟 *Euphorbia sieboldiana* Morr. et Decne.

21. 西南大戟（湖北大戟）*Euphorbia hylonoma* Hand. -Mazz.

22. 泽漆（猫眼草）*Euphorbia helioscopia* Linn.

23. 大戟 *Euphorbia pekinensis* Rupr.

24. 狼毒大戟 *Euphorbia fischeriana* Stendel

25. 地锦 *Euphorbia thymifolia* L.

三十六、水马齿科

1. 水马齿 *Callitriche stagnalis* Scop.

三十七、黄杨科

1. 细叶黄杨 *Buxus harlandii* Hance
2. 匙叶黄杨 *Buxus harlandii* Hance

三十八、冬青科

1. 长梗冬青 *Ilex macrocarpa* Oliv. var. *longipedunculata* S. Y. Hu
2. 冬青 *Ilex latifolia* Thunb.
3. 大柄冬青 *Ilex macropada* miq.
4. 猫儿刺 *Ilex pernyi* Franch.

三十九、卫矛科

1. 卫矛 *Euonymus alatus* (Thunb.) Sieb.
2. 瘤点卫矛 *Euonymus verrucosoides* Loes
3. 白杜 *Euonymus bungeanus* Maxim.
4. 江户卫矛 *Euonymus yedoensis* Koehne
5. 西南卫矛 *Euonymus hamiltonianus* Wall.
6. 披针叶卫矛 *Euonymus hamiltonianus* Wall. f. lanceifolius (Loes.) C. Y. Cheng
7. 紫刺卫矛 *Euonymus aculeatus* Hemsl.
8. 刺果卫矛 *Euonymus acanthocarpus* Franch.
9. 裂果卫矛 *Euonymus dielsianus* Loes.
10. 大花卫矛 *Eu·onymus grandiflorus* Wall.
11. 肉花卫矛 *Euonymus carnosus* Hemsl.
12. 胶东卫矛 *Euonymus kiautschovicus* Loes.
13. 扶芳藤 *Euonymus fortunei* (Turcz.) Hand. -Mazz.
14. 小叶扶芳藤 *Euonymus fortunei* (Turcz.) Hand. -Mazz. var. *minimus* Rehd.
15. 粉背南蛇藤 *Celastrus hypoleucus* (oliv.) Warb.
16. 苦皮藤 *Celastrus angulatus* Maxim.
17. 短梗南蛇藤 *Celastrus rosthornianus* Loes.
18. 大芽南蛇藤 *Celastrus gemmatus* Loes.
19. 南蛇藤 *Celastrus orbiculatus* Thunb.
20. 垂丝卫矛 *Euonymus oxyphyllus* Miq.

四十、省沽油科

1. 省沽油 *Staphulea bumalda* DC.

2. 野鸦椿 *Euscaphis japonica* Dipp.

3. 毛野鸦椿 *Euscaphis japonica* Dipp. var. *jianningensis* Q. J. Wang.

4. 膀胱果 *Staphylea holocarpa* Hemsl.

5. 瘿椒树（银鹊树）*Tapiscia sinensis* Oliv.

四十一、无患子科

1. 文冠果 *Xanthoceras sorbifolium* Bunge

四十二、清风藤科

1. 珂楠树 *Meliosma beaniana* Rehd.

2. 泡花树 *Meliosma cuneifolia* Franch.

3. 多花泡花树 *Meliosma myriantha* Sieb. et Zucc.

4. 垂枝泡花树 *Meliosma flexuosa* Pamp.

5. 红柴枝 *Meliosma oldhamii* Maxim.

6. 暖木 *Meliosma veitchiorum* Hemsl.

7. 青风藤 *Sabia japonica* Maxim.

8. 鄂西清风藤 *Sabia campanulata* subsp. *ritchieae* (Rehd. et Wils.) Y. F. Wu

四十三、凤仙花科

1. 凤仙花 *Impatiens balsamina* L.

2. 奇异凤仙花 *Impatiens paradoxa* C. S. Zhu et H. W. Yang

3. 牯岭凤仙花 *Impatiens davidii* Franch.

4. 齿萼凤仙花 *Impatiens dicentra* Franch.

5. 窄萼凤仙花 *Impatiens stenosepala* Pritz. ex Diels

6. 卢氏凤仙花 *Impatiens lushiensis* Y. L. Chen

7. 西固凤仙花 *Impatiens notolopha* Maxim.

8. 水金凤 *Impatiens noli-tangere* L.

9. 翼萼凤仙花 *Impatiens pterosepala* Hook. f.

10. 秦岭凤仙花 *Impatiens linocentra* Hand. -Mazz.

11. 中州凤仙花 *Impatiens henanensis* Y. L. Chen

四十四、鼠李科

1. 北枳椇 *Hovenia dulcis* Thunb.

2. 铜钱树 *Paliurus hemsleyanus* Rehd.

3. 圆叶鼠李 *Rhamnus globosa* Bunge.

4. 长叶鼠李 *Rhamnus crenatus* Sieb. et Zucc.

5. 皱叶鼠李 *Rhamnus rugulosus* Hemsl.

6. 薄叶鼠李 *Rhamnus leptophulla* Schneid.

7. 冻绿 *Rhamnus utilis* Decne.

8. 对结木 *Sagertia subcaudatu* Schneid.

9. 雀梅藤 *Sageretia theezans* (L.) Brongn.

10. 尾叶雀梅藤 *Sageretia subcaudata* Schneid.

11. 猫乳 *Rhamnella frangaloides* (Maxim.) Weberb.

12. 卵叶猫乳 *Rhamnella obovalis* Schneid.

13. 牛儿藤 *Berchemia hypochrysa* Schneid.

14. 多花勾儿茶 *Berchemia floribunda* (Wall.) Brongn.

15. 勾儿茶 *Berchemia sinica* Schneid.

16. 甜半夜 *Hovenia acerba* Lindl.

四十五、葡萄科

1. 光叶蛇葡萄 *Ampelopsis sinica* var. *hancei* (Pl.) W. T. Wang

2. 异叶爬山虎 *Perthenocissuus heterophylla* (Bl.) Merr.

3. 粉叶爬山虎 *Perthenocissuus thomsonii* (Laws.) Planch.

4. 川鄂爬山虎 *Perthenocissuus henryana* (Hemsl.) Diels et Gilg

5. 绿爬山虎 *Perthenocissuus laetivirens* Rehd.

6. 乌蔹莓 *Cayratia japonica* (Thunb.) Gagnep.

四十六、椴树科

1. 糯米椴 *Tilia henryyans* Szyszyl. var. *subglabra* V. Egnl.

2. 毛糯米椴 *Tilia henryyans* Szyszyl.

3. 南京椴 *Tilia miqueliana* Maxim.

4. 红皮椴 *Tilia Paacicostata* Maxim. var. *dictyoneara* (V. Engl.) H. T. Chang et E. W. Miau.

5. 少脉椴 *Tilia Paacicostata* Maxim.

6. 粉椴 *Tilia oliveri* Szyszyl.

7. 小花扁担杆 *Grewia biloba* G. Don var. *parviflora* (Bge.) Hang. -Mazz.

8. 扁担杆 *Grewia biloba* G. Don

四十七、锦葵科

1. 圆叶锦葵 *Malva rotundifolia* L.

2. 野葵 *Malva verticillata* L.

3. 中华野葵 *Malva verticillata* var. *chinensis* (Miller) S. Y. Hu

4. 湖南黄花稔 *Sida cordifolioides* Feng

四十八、猕猴桃科

1.* 黑蕊猕猴桃 *Actinidia Melanandra* Franch.

2.* 对萼猕猴桃 *Actinidia valvata* Dunn.

3.* 京梨猕猴桃 *Actinidia callosa* Lindl. var. *henryi* Maxim.

4.* 中华猕猴桃 *Actinidia chinensis* Planch.

5.* 四萼猕猴桃 *Actinidia tetramera* Maxim.

6.* 狗枣猕猴桃 *Actinidia kolomikta* (Maxim. et Rupr.) Maxim.

四十九、山茶科

1. 茶 *Camellia sinensis* (L.) O. Ktze.

2. * 连蕊茶 *Camellia fraternal* Hance

3. * 川鄂连蕊茶 *Camellia rosthorniana* Hand. -Mazz.

4. * 尖连蕊茶 *Camellia cuspidate* (Kochs) Wright ex Gard.

5. 紫茎 *Stewartia sinensis* Rehd. et Wils

6. 长喙紫茎 *Stewartia rostrata* Spongberg

7. 陕西紫茎 *Stewartia sinensis* var. *shensiensis* (H. T. Chang) Ming et J. Li ex J. Li

五十、藤黄科

1. 长柱金丝桃 *Hypericum longistylum* Oliv.

2. 金丝桃 *Hypericum monogynum* L.

3. 金丝梅 *Hypericum putulum* Thunb. ex Murray

4. 黄海棠 *Hypericum ascyron* L.

5. 地耳草 *Hypericum japonicum* Thunb.

6. 元宝草 *Hypericum sampsonii* Hance

7. 小连翘 *Hypericum erectum* Thunb.

8. 赶山鞭 *Hypericum attenuatum* choisy

9. 杨子小连翘 *Hypericum faberi* R.

10. 贯叶连翘 *Hypericaceae perforatum* Linn.

五十一、柽柳科

1. 柽柳 *Tamaricaceae chinensis* Lour.

五十二、堇菜科

1. 毛果堇菜 *Viola collina* Bess.
2. 蔓茎堇菜 *Viola diffusa* Ging.
3. 堇菜 *Viola verecunda* A. Gray
4. 鸡腿堇菜 *Viola acuminata* Ledeb.
5. 紫花堇菜 *Viola grypoceras* A. Gray
6. 庐山堇菜 *Viola stewatdiana* W. Beck.
7. 南山堇菜 *Viola chaerophulloides* (Regel) W. Beck.
8. 深山堇菜 *Viola selkirkii* Prush ex Gold.
9. 辽宁堇菜 *Viola rossii* Hemsl.
10. 东北堇菜 *Viola mandsurica* W. Beck.
11. 萱 *Viola vaginata* Maxim.
12. 裂叶堇菜 *Viola dissecta* Ledeb.
13. 戟叶堇菜 *Viola betonicifolia* Smith.
14. 心叶堇菜 *Viola yunnanfuensis* W. Beck.
15. 双花堇菜 *Viola biflora* Linn.
16. 白花堇菜 *Viola lactiflora* Nakai
17. 白果堇菜 *Viola phalacrocarpa* Maxim.
18. 紫花地丁 *Viola yedoensis* Makino.
19. 早开堇菜 *Viola prionantha* Bge.
20. 斑叶堇菜 *Viola variegate* Fisch.
21. 山拐枣 *Poliothurisis sinensis* Oliv.
22. 细齿堇菜 *Viola microdonta* Chang.
23. 七星莲 *Viola diffusa* Ging.
24. 短须毛七星莲 *Viola diffusa* Ging var. *brevibarbata* C. J. Wang
25. 长萼堇菜 *Viola inconspicua* Blume
26. 球果堇菜 *Viola collina* Catal.
27. 犁头叶堇菜 *Viola magnifica* C. J. Wang et X. D. Wang

五十三、秋海棠科

1. 中华秋海棠 *Begonia sinensis* A. DC.

2. 秋海棠 *Begonia grandis* Dry

五十四、瑞香科

1. 芫花 *Daphne genkwa* Sieb. et Zucc.

2. 毛瑞香 *Daphne odora* Thunb. var. *atrocaulis* Rehd.

3. 结香 *Edgeworthia chrysantha* Lindl.

4. 多毛荛花 *Wikstroemia pilosa* Cheng

5. 河朔荛花 *Wikstroemia chamaedaphne* Meisn.

6. 凹叶瑞香 *Daphne retusa* Hemsl.

五十五、胡颓子科

1. 胡颓子 *Elaeagnus pungens* Thunb.

2. 蔓胡颓子 *Elaeagnus glabra* Thunb.

3. 牛奶子 *Elaeagnus umbellate* Thunb.

4. 木半夏 *Elaeagnus multiflora* Thunb.

5. 倒果木半夏 *Elaeagnus multiflora* Thunb. var. *ovovoidea* C. Y. Cheng

6. 佘山羊奶子 *Elaeagnus grgyi* Level.

7. 披针叶胡颓子 *Elaeagnus lanceolata* Warb. apud Diels

8. * 沙枣（桂香柳）*Elaeagnus angustifolia* L.

五十六、千屈菜科

1. 千屈菜 *Lythrum salicaria* L.

2. 水苋菜 *Ammannia baccifera* L.

3. 耳基水苋 *Ammannia arenaria* H. B. K.

4. 多花水苋 *Ammannia mulltiflora* Roxb.

5. 轮叶节节菜 *Rotala Mexicana* Cham. et Schltdl.

6. 节节菜 *Rotala indica* (Wild.) Koehne

7. 南紫薇 *Lagerstroemia subcostata* Koehne

五十七、八角枫科

1. 瓜木 *Alangium platanifolium* (Sieb. et Zucc.) Harms

2. 八角枫 *Alangium chinense* (Lour.) Harms

3. 伏毛八角枫 *Alangium chinense* (Lour.) Harms subsp. *strigosum* Fang

4 毛八角枫 *Alangium kurzii* Craib

五十八、菱科

1. * 细果野菱 *Trapa maximowiczii* Korsh.

2. 丘角菱 *Trapa japonica* Fler.

3. * 菱 *Trapa japonica* Fler.

五十九、柳叶菜科

1. 高山露珠草 *Circaea alpina* L.

2. 露珠草（牛泷草）*Circaea cordata* Royle

3. 南方露珠草 *Circaea mollis* Sieb. et Zucc.

4. 谷蓼 *Circaea erubescens* Franch. et Sav.

5. 高原露珠草 *Circaea alpine* L. subsp. *imaicola* (Asch. et Magnus) kitamura

6. 柳叶菜 *Epilobium hirsutum* L.

7. 长籽柳叶菜 *Epilobium pyrricholophum* Franch. et Savat.

8. 小花柳叶菜 *Epiobium parviflorum* Schreb.

9. 沼生柳叶菜 *Epilobium palustre* L.

10. 光滑柳叶菜 *Epilobium amurense* Hausskn. subcephalostigma (Hausskn.) C. J. Chen

11. 柳兰 *Chamerion angustifolium* (L.) Holub

12. 丁香蓼 *Ludwigia prostrate* Roxb.

13. 待宵草 *Oenothera stricta* Ledeb. et Link

六十、五加科

1. 常春藤 *Hedera nepalensis* K. Koch var. *sinensis* (Tobl.) Rehd.

六十一、伞形科

1. 积雪草 *Centella sciatica* (L.) Urban

2. 华北前胡 *Peucedanum harry-smithii* Fedde ex Wollff

3. 中华水芹 *Oenanthe sinensis* Dunn.

六十二、山茱萸科

1. 红椋子 *Swida hemsleyi*（Schneid. et Wanger.）Sojak

2. 光皮树 *Swida wilsoniana* (Wanger.) Sojark.

3. 梾木 *Swida macrophulla* (Wall.) Sojark

4. 毛梾 *Swida walteri* (Wanger.)

5. 尖叶四照花 *Dendrobenthamia angustata* (Chun) Fang

6. 四照花 *Dendrobenthamia japonicag* var. *chinensis* (Osborn) Fang

7. 青荚叶 *Helwingia japonica* (Thunb.) Dietr.

8. 山茱萸 *Cornus officinalis* Sieb. et Zucc.

六十三、鹿蹄草科

1. 鹿蹄草 *Pyrola calliantha* H.Andar.
2. 普通鹿蹄草 *Pyrola decorate* H.Andar.
3. 喜冬草 *Chimaphila japonica* Miq.
4. 日本鹿蹄草 *Pyrola japonica* Klenze ex Alef.
5. 水晶兰 *Monotropa uniflora* L.
6. 毛花假水晶兰 *Cheilotheca pubescens* (K. F. Wu) Y. L. Chou

六十四、杜鹃花科

1. * 河南杜鹃 *Rhododendron henanense* Fang
2. 太白杜鹃 *Rhododendron purdomii* Rehd. et Wils.
3. 满山红 *Rhododendron mariesii* Hemsl. et Wils.
4. 杜鹃 *Rhododendron simsii* Planch.
5. 照山白 *Rhododendron micranthum* Turcz.
6. 秀雅杜鹃 *Rhododendron concinnum* Hemsl.
7. 羊踯躅 *Rhododendron molle* G. Don
8. 乌饭树 *Vaccinium bracteatum* Thunb.
9. 米饭花 *Vaccinium sprengelii* (G.Don) Sleumer

六十五、紫金牛科

1. 百两金 *Ardisia crispa* (Thunb.) A. DC.
2. 牛砂根 *Ardisia crenata* Sims
3. 紫金牛 *Ardisia japonica* (Hornsred) Bl.
4. 铁仔 *Myrsine africana* L.

六十六、报春花科

1. 点地梅 *Androsace umbellata* (Lour.) Merr.
2. 莲叶点地梅 *Androsace henryi* Oliv.
3. 大苞点地梅 *Androsace maxima* Linn.
4. 陕西报春 *Primula handeliana* W. W. Smith et Forr.
5. 假报春 *Cortusa matthioli* subsp. pekinensis (Al. Richt.) Kitagawa
6. 黄连花 *Lysimachia davurica* Ledeb.
7. 轮叶过路黄 *Lysimachia klaltiana* Hance
8. 疏头过路黄 *Lysimachia pseudohenryi* Pump.
9. 点腺过路黄 *Lysimachia hemsleyana* Maxim.

10. 聚花过路黄 *Lysimachia congestiflora* Hemsl.

11. 过路黄 *Lysimachia chrisrinae* Hance

12. 金瓜儿 *Lysimachia grammica* Hance

13. 珍珠菜 *Lysimachia clethroides* Duby

14. 虎尾草 *Lysimachia barystachyss* Bunge

15. 红根草 *Lysimachia fortunei* Maxim.

16. 长穗珍珠菜 *Lysimachia chikungensis* Bail.

17. 狭叶珍珠菜 *Lysimachia pentapetala* Bunge

18. 缝瓣珍珠菜 *Lysimachia glanduliflora* Hanelt.

19. 黑腺珍珠菜 *Lysimachia heterogenea* Klatt

20. 腺药珍珠菜 *Lysimachia stenosepala* Hemsl.

21. 北延叶珍珠菜 *Lysimachia silvestrii* (Pamp.) Hand. -Mazz.

22. 泽珍珠菜 *Lysimachia candida* Lindl.

23. 小叶珍珠菜 *Lysimachia parvifolia* Franch.

24. 耳叶珍珠菜 *Lysimachia auriculata* Hemsl.

25. 齿萼报春 *Primula odontocalyx* (Franch.) Pax

六十七、白花丹科

1. 二色补血草 *Limonium bicolor* (Bunge) O. Kuntze

2. 补血草（中华补血草）*Limonium sinense* (Girard) O. Kuntze

3. 角柱花（蓝雪花）*Ceratostigma plumbaginoides* Bunge

六十八、柿树科

1. 柿 *Diospyros kaki* L. f.

2. 野柿 *Diospyros kaki* var. *sivestris* Makino

3. 君迁子 *Diospyros lotus* L.

六十九、山矾科

1. 白檀 *Symplocos paniculata* Miq

2. 山矾 *Symplocos sumunitia* Buch. -Ham. ex D. Don.

七十、野茉莉科

1. 玉铃花 *Styrax obassia* Sieb. et Zucc.

2. 野茉莉 *Styrax japonica* Sieb. et Zucc.

3. 郁香野茉莉 *Styrax odoratissima* Champ.

4. 灰叶野茉莉 *Styrax calvescens* Perk.

5. 垂珠花 *Styrax dasyantha* Perk.

6. 秤锤树 *Sinojackia xylocarpa* Hu

7. 白花龙 *Styrax faberi* Perk.

8. 垂珠花 *Styrax dasyanthus* Perk.

七十一、木樨科

1. 雪柳 *Fontanesia fortunei* Carr.

2. 红丁香 *Syringa villosa* Vahl

3. 流苏树 *Chionanthus retusus* Lindl. et Paxt.

4. 小蜡 *Ligustrum sinense* Lour.

5. 兴山蜡树 *Ligustrum henryi* Hemsl.

6. 蜡子树 *Ligustrum acutissimum* Koehne

7. 探春花 *Jasminum floridum* Bunge

8. 北清香藤 *Jasminum lanceolarium* Roxb.

9. 尖叶梣 *Fraxinus szaboana* Lingelsh

10. 金钟花 *Forsythia viridissima* Lindl.

11. 秦连翘 *Forsythia giraldiana* Lingelsh.

12. 小叶巧玲花（小叶丁香）*Syringa pubescens* Turcz. submicrophylla (Diels) M. C. Chang & X. L. Chen

13. 蓝丁香 *Syringa meyeri* Schneid.

14. 毛叶丁香 *Syringa tomentella* Bureau et Franch.

15. 花叶丁香 *Syringa protolaciniata* P. S. Green et M. C. Chang

16. 暴马丁香 *Syringa reticulata* subsp. *amurensis* (Rupr.) P. S. Green et M. C. Chang

17. 北京丁香 *Syringa reticulata* subsp. *pekinensis* (Rupr.) P. S. Green et M. C. Chang

18. 秦岭丁香 *Syringa pubescens* subsp. *microphylla* (Diels) M. C. Chang et X. L. Chen

七十二、马钱科

1. 蓬莱葛 *Gradneria multiflora* Makino

2. 醉鱼草 *Buddleja lindleyana* Fort.

3. 大叶醉鱼草 *Buddleja davidii* Franch.

4. 密蒙花 *Buddleja officinalis* Maxim.

七十三、龙胆科

1. 百 金 花 *Centaurium pulchellum* (Swartz) Druce var. *altaicum* (Griseb.) Kitag. et

Hara

2. 龙胆 *Gentiana scabra* Bunge

3. 七叶龙胆 *Gentiana arethusae* var. *delicatula* Marq.

4. 母草龙胆 *Gentiana vandellioides* Hemsl.

5. 条叶龙胆 *Gentiana manshurica* Kitag.

6. 笔龙胆 *Gentiana zollingeri* Fawcett

7. 灰绿龙胆 *Gentiana yokusai* Bark.

8. 双蝴蝶 *Tripterospermum chinense* (Migo) H. Smith

9. 细茎双蝴蝶 *Tripterospermum filicaule* (Hemsl.) H. Smith

10. 红直獐牙菜 *Swertia erythrosticta* Maxim.

11. 獐牙菜 *Swertia bimaculata* (Sieb. et Zucc.) Hook. f. et Thoms. ex C. B. Clarke

12. 荇菜 *Nymphoides peltatum* (Gmel.) O Kuntze.

13. 翼萼蔓 *Pterygocalyx volubilis* Maxim

14. 双蝴蝶 *Tripterospermum chinense* (Migo) H. Smith

15. 细茎双蝴蝶 *Tripterospermum filicaule* (Hemsl.) H. Smith

16. 红直獐牙菜 *Swertia erythrosticta* Maxim.

17. 獐牙菜 *Swertia bimaculata* (Sieb. et Zucc.) Hook. f. et Thoms. ex C. B. Clarke

18. 荇菜 *Nymphoides peltatum* (Gmel.) O Kuntze.

19. 翼萼蔓 *Pterygocalyx volubilis* Maxim.

20. 北方獐牙菜 *Swertia diluta* (Turcz.) Benth. et Hook. f.

七十四、夹竹桃科

1. 细梗络石 *Trachelospermum gracilipes* Hook. f.

2. 络石 *Trachelospermum jasmincides* (Lindl) Lem.

3. 石血 *Trachelospermum jasminoides* var. *heterophyllum* Tsiang

4. 罗布麻 *Apocynum ventum* Linn.

七十五、萝藦科

1. 杠柳 *Periploca sepium* Bunge

2. 鹅绒藤 *Cynachum chinense* R. Br.

3. 牛皮消 *Cynachum auriculatum* Roule ex Wight

4. 竹灵消 *Cynachum inamoenum* (Maxim.) Loes.

5. 白薇 *Cynachum atratum* Bunge

6. 徐长卿 *Cynachum paniculatum* (Bunge) Kitagawa

7. 白前 *Cynachum glaucescen* (Decne.) Hand. -Mazz.

8. 柳叶白前 *Cynanchum stauntonii* (decne.) Schltr. et Lev.

9. 七层楼 *Tylophory floribunda* Miq.

10. 侧蒿 *Artemisia deversa* Diels

11. 变色白前 *Cynachum versicolor* Bunge

12. 蔓剪草 *Cynachum chekiangense* M. cheng et Tsiang et. P. T. Li.

13. 毛白前 *Cynachum mooreanum* Hemsl.

14. 地梢瓜 *Cynachum thesioides* (Freyn) K. Schum.

15. 隔山消 *Cynachum wilfordii* (Maxim.) Hemsl.

16. 萝藦 *Metaplexis japonica* (Thunb.) Makino

17. 苦绳 *Dregea sinensis* Hemsl.

18. 短叶秦岭藤 *Biondia yunnanensis* (Levl.) Tsiang

19. 湖北娃儿藤 *Tylophora silvestrii* (Pamp.) Tsiang et P. T. Li

七十六、旋花科

1. 毛打碗花 *Calystegia dahurica* (Herb.) Choisy

2. 土丁桂 *Evolvulus alsinoides* L.

3. 藤长苗 *Calystegia pellita* (Ledeb.) G. Don

4. 篱打碗花 *Calystegia sepium* (L.) R. Rr.

5. 日本打碗花 *Calystegia sepium* (L.) R. Br. var. *japonica* Makino (C. japonica Choisy)

6. 打碗花 *Calystegia hederacea* Wall.

7. 田旋花 *Convolvulus arvensis* L.

8. 心叶鱼黄草 *Merremia sibirica* (L.) Hall. f.

9. 飞蛾藤 *Porana racemosa* Roxb.

七十七、花葱科

1. 中华花荵 *Polemonium caeruleum* var. *chinense*

2. 花荵 *Polemonium caeruleum*. L.

七十八、紫草科

1. 厚壳树 *Ehretia thyrsiflora* (Sieb. et Zucc.) Nakai

2. 粗糠树 *Ehretia macrophulla* Wall. (Ehretia dickosonii Hance)

3. 光叶粗糠树 *Ehretia macrophylla* var. *glabrescens* (Nakai) Y. L. Liu

4. 梓木草 *Lithospermum zollingeri* DC.

5. 勿忘草 *Myosotis silvatica* Ehrh. ex Hoffm.

6. 斑钟草 *Bothriospermum chinense* Benth.

7. 柔弱斑钟草 *Bothriospermum tenellum* (Hornem.) Fisch. et Mey.

8. 小花琉璃草 *Cynoglossum lanceolatum* Forsk.

9. 盾果草 *Thyrocarpus sampsonii* Hance

10. 弯齿盾果草 *Thyrocarpus glochidiatus* Maxim.

11. 狭苞斑种草 *Bothriospermum kusnezowii*

12. 倒提壶 *Cynoglossum amabile* Stapf et Drumm.

13. 车前紫草 *Sinojohnstonia plantaginea* Hu

14. 湖北附地菜 *Trigonotis mollis* Hemsl.

15. 琉璃草 *Cynoglossum zeylacicum* (Vahl) Thuhb. ex Lehm.

七十九、马鞭草科

1. 马鞭草 *Verbena officinalis* L.

2. 枇杷叶紫珠 *Callicarpa kochiana* Makino

3. 老鸦糊 *Callicarpa giraldii* Hesse ex Rehd.

4. 白堂子树 *Callicarpa dichotoma* (Lour.)

5. 紫珠 *Callicarpa bodinieri* Lévl.

6. 华紫珠 *Callicarpacathayana* H. T. Chang

7. 窄叶紫珠 *Callicarpa japonica*

8. 豆腐紫 *Premna microphylla* Turcz.

9. 黄荆 *Vitex negundo* L.

10. 牡荆 *Vitex negundo* L. var. *cannabifolia* (Sieb. et Zucc.) Hand. -Mazz.

11. 荆条 *Vitex negundo* L. var. *heterophulla* (Fanch.) Rehd.

12. 赫桐 *Clerodendrum japonicum* Sweet

13. 臭牡丹 *Clerodendrum bungei* Steud.

14. 海州常山 *Clerodendrum trichotomum* Thunb.

15. 三花莸 *Caryopteris teniflora* Maxim.

16. 毛叶老鸦糊 *Callicarpa giraldii* var. *subcanescens* Rehder

17. 大青 *Clerodendrum cyrtophullum* Turcz.

八十、唇形科

1. 庐山香料 *Teucrium pernyi* Franch.

2. 血见愁 *Teucrium viscidum* Bl.

3. 微毛血见愁 *Teucrium viscidum* Bl. var. *neprtoides* (Levl.) C. Y. Wu et S. Chow

4. 筋骨草 *Ajuga ciliate* Bunge

5. 金疮小草 *Ajuga decumbens* Thunb.

6. 短紫背金盘 *Ajuga nipponensis* Makio var. *pallescens* (Maxim.) C. Y. Wu et C. Chen

7. 水棘针 *Amethystea caeralea* L.

8. 韩信草 *Scutellaria indica* L.

9. 缩茎韩信草 *Scutellaria indica* L. var. *subacaulis* (Sun ex C. H. Hu) C. Y. Wu et C. Chen

10. 河南黄芩 *Scutellaria pekinensis* Maxim.

11. 半支莲 *Scutellaria barbata* D. Don

12. 夏至草 *Lagopsis supine* (Steph.) Ik. -Gal. ex Korr.

13. 白透骨消 *Glechoma biondiana* (Diels) C. Y. Wu et C. Chen

14. 百里香 *Thymus mongolicus* (Ronniger) Ronniger

15. 丹参 *Salvia miltiorrhiza* Bunge

16. 藿香 *Agastache rugosa* (Fisch. et Mey.) O. Ktze.

17. 康藏荆芥 *Nepeta prattii* Lévl.

18. 心叶荆芥 *Nepeta fordii* Hemsl.

19. 活血丹 *Glechoma longituba* (Nakai) Kupr.

20. 夏枯草 *Prunella valgare* L.

21. 山菠菜 *Prunella asiutica* Nakai

22. 宽苞糙苏 *Phlomis umbrosa* Turcz. var. *latibracteata* Sun ex C. H. Hu

23. 南方糙苏 *Phlomis umbrosa* Turcz. var. *australis* Hemsl.

24. 宝盖草 *Lamium amplexicaule* L.

25. 野芝麻 *Lamium barbatum* Sieb et Zucc.

26. 益母草 *Leonurus artemisia* (Lour.) S. Y. Hu

27. 细叶益母草 *Leonurus sibiricus* L.

28. 錾草 *Lemonurus pseudomacranthus* Kitagawa

29. 水苏 *Stachys japonica* Miq.

30. 针筒菜 *Stachys oblongifolia* Benth.

31. 蜗儿菜 *Stachys arrecta* L. H. Baily

32. 丹参 *Salvia miltiorrhiza* Bunge

33. 河南鼠尾草 *Salvia honania* L. H. Bailey

34. 荔枝草 *Salvia plebeian* R. Br.

35. 鼠尾草 *Salvia japonica* Thunb.

36. 华鼠尾草 *Salvia chinensis* Benth.

37. 灯笼草 *Clinopodium polycephalum* (Vaniot) C. Y. Wu et Hsuan ex Hsu

38. 匍匐风轮菜 *Clinopodium pepens* (D. Don) Wall. ex Benth.

39. 风轮菜 *Clinopodium chinense* (Benth.) O. Ktze.

40. 麻叶风轮菜 *Clinopodium urticifolium* (Hance) C. Y. Wu et Hsuan

41. 细风轮菜 *Clinopodium gracile* (Benth.) Matsum.

42. 邻近风轮菜 *Clinopodium confine* (Hance) O. Ktze.

43. 牛至 *Origanum vulgare* L.

44. 薄荷 *Mentha haplocalyx* Briq.

45. 硬毛地笋 *Lycopus lacidus* Turcz. var. *hirtus* Regel

46. 紫苏 *Perilla frutescens* (L.) Britt.

47. 野生紫苏 *Perilla fratescens* (L.) Britt. var. *acuta* (Thunb.) Kudo

48. 石香薷 *Mosla chinensis* Maxiam.

49. 石荠苧 *Mosla scabra* (Thunb.) C. Y. Wu et H. W. Li

50. 小鱼仙草 *Mosla dianthera* (Buch. -Ham) Maxim.

51. 穗状香薷 *Elsholtzia cypriani* (Pavol.) S. chow ex Hsu

52. 紫花香薷 *Elsholtzia argyi* Lévl.

53. 香薷 *Elsholtzia ciliate* (Thunb.) Hytland.

54. 华北香薷（木本香薷）*Elsholtzia stauntoni* Benth.

55. 香薷状香简草 *Keiskea elsholtzioides* Merr.

56. 显脉香茶菜 *Rabdosia nervosa* (Hemsl.) C. Y. Wu et H. W. Li

57. 香茶菜 *Rabdosia amethystoides* (Benth.) Hara

58. 内折香茶菜 *Rabdosia inglexa* (Thunb.) Habr.

59. 鄂西香茶菜 *Isodon henryi* (Hemsl.) Kudo

60. 溪黄草 *Robdosia serra* (Maxiam.) Hara

61. 毛叶香茶菜 *Robdosia japonica* (Burm. f.) Hara

62. 碎米桠 *Robdosia rubescens* (Hemsl.) Hara

63. 线文香茶菜 *Robdosia lophanthoides* (Buch. -Ham. ex D. Don) Hara

64. 罗勒 *Ocimum basilicum* L.

65. 黄芩 *Scutellaria baicalensis* Georgi

66. 京黄芩 *Scutellaria pekinensis* Maxim.

67. 糙苏 *Phlomis umbrosa* Turcz.

68. 甘露子 *Stachys sieboldi* Miq.

69. 拟丹参 *Salvia sinica* Migo

70. 绵穗苏 *Conanthosphace ningponensis* (Hemsl.) Hand. -Mazz.

71. 绒毛绵穗苏 *Conanthosophace ningponensis* var. *stepllipiloides* C. Y. Wu

72. 甘露子 *Stachys sieboldii* Miq.

73. 多花筋骨草 *Ajuga multiflora* Bge.

74. 线叶筋骨草 *Ajuga linearifolia* Pamp.

75. 紫背金盘 *Ajuga inpponensis* Makino

76. 长毛韩信草 *Scutellaria indica*. var. *elliptica* Sun ex G. H. Hu

77. 假鬃尾草 *Leonuns chaitunvides* C. Y. Wu et H. W. Li

78. 浙江铃子香 *Chelonopsis chekiangensis* C. Y. W.

79. 百里香 *Thymus mongolicus* Ronn.

80. 地椒 *Thymus quinquecostatus* Cêlak.

81. 大花糙苏 *Phlomis megalantha* Diels

八十一、茄科

1. 枸杞 *Lycium chinense* Mill.

2. 漏斗泡囊草 *Physochlaina infundibularis* Kuang

3. 江南散血丹 *Physaliastrum heterophullum* (Hemsl.) Migo

4. 日本散血丹 *Physaliastrum japonicum* (Franch. et Sav.) Honda

5. 酸浆 *Physalis alkekengi* L.

6. 挂金灯 *Physalis alkekengi* L. var. *frunchetii* (Mast.) Makino

7. 龙葵 *Solanum nigrum* L.

8. 千年不烂心 *Solanum cathayanum* C. Y. Wu et S. C. Huang

9. 白英 *Solanum lyratum* Thunb.

10. 野茄（青杞）*Solanum septemlobum* Bunge

11. # 假酸浆 *Nicandra physaloides* (L.) Gaetn.

12. 茄子蒿 *Solanum septemlobum* var. *indutum* Hand. -Mazz.

八十二、玄参科

1. 尼泊尔酸浆 *Mimulas tenellus* Buage var. *nepalensis* (Benth.) Tsoong

2. 毛蕊花 *Verbascum Thapsus* L.

3. 玄参 *Scrophularia ningpoensis* Heml.

4. # 阿拉伯婆婆纳 *Veronica persica* Poir.

5. # 直立婆婆纳 *Veronica arvensis* L.

6. 母草 *Lindernia crusstacea* (L.) F. -Muell

7. # 婆婆纳 *Veronica polita* Fries

8. 狭叶母草 *Lindernia angustifolia* (Benth.) Weetst.

9. 泥花草 *Lindernia antipoda* (L.) Alston

10. 光野蝴蝶草 *Torenia glabra* Osbeck

11. 沟酸浆 *Mimulus tenellus* Bunge

12. 弹刀子菜 *Mazus stachudifolicus* (Turcz.) Maxim.

13. 毛果通泉草 *Mazus spicatus* Vaniot

14. 通泉草 *Mazus japonicus* (Thunb.) O. Kuntze

15. 匍茎通泉草 *Mazus miquelii* Makino

16. 纤细通泉草 *Mazus gracilis* Hemsl.

17. 柳穿鱼 *Linaria vulgaris* subsp. *sinensis* (Bebeaux) Hong

18. 野地黄 *Rehmannia glutinosa*(Gaertn.) Libosch. ex Fosch. et Mey.

19. 蒙古芯芭 *Cymbaria mongolica* Maxim.

20. 细穗腹水草 *Veronicastrum stenostachyum* (Hemsl.) Yamazaki

21. 爬岩红 *Veronicastrum axillare* (Sieb. et Zucc.) Yamazaki

22. 水蔓菁 *Veronica linariifolia* Pall. ex Link subsp. *dilatata* (Nakai ex Kiagawa) Hong

23. 朝鲜婆婆纳 *Veronica rotunda* Nakai var. *koreana* (Nakai) Yamazaki

24. 蚊母草 *Veronica perepgrina* L.

25. 北水苦荬 *Veronica anagallisaguatica* L.

26. 水苦荬 *Veronica nudulata* Wall.

27. 山萝花 *Melampyrum roseum* Maxim.

28. 松蒿 *Phtheirospermum japonicum* (Thunb.) Kanitz

29. 返顾马先蒿 *Pedicularis resupinata* L.

30. 江南马先蒿 *Pedicularis henryi* Maxim.

31. 短茎马先蒿 *Pedicularis artselaeri* Maxim.

32. 穗花马先蒿 *Pedicularis spicata* Pall.

33. 条纹马先蒿 *Pedicularis lineata* ex Maxim.

34. 红纹马先蒿 *Pedicularis striata* Pall.

35. 山西马先蒿 *Pedicularis shansiensis* Tsoong

36. 藓生成先蒿 *Pedicularis muscicola* Maxim.

37. 河南马先蒿 *Pedicularis honanensis* Tsoong

38. 轮叶马先蒿 *Pedicularis verticillata* L.

39. 石龙尾 *Limnophila sessiliflora* (Vahl.) Blume

40. 阴行草 *Siphonostegia chinensis* Benth.

41. 草本威灵仙 *Veronicastrum sibiricum* (L.) Pennell

42. 腺毛阴行草 *Siphonostegia laeta* S. Moore

八十三、紫葳科

1. 灰楸 *Catalpa fargesii* Bur.

2. 梓树 *Catalpa ovata* G. Don

3. 角蒿 *Incarvillea sinensis* Lam.

八十四、列当科

1. 黄花列当 *Orobanche pycnostachya* Hance

八十五、苦苣苔科

1. 半蒴苦苣苔 *Hemiboea henryi* C. B. Clarke

2. 旋蒴苣苔 *Boea hygrometrica* (Bunge) R. Br.

3. 吊石苣苔 *Lysionotus pauciflorus* Maxim.

4. 珊瑚苣苔 *Corallodiscus cordatulus* (Claib) Burtt

八十六、爵床科

1. 水蓑衣 *Hygrophila salicifolia* (Vahl) Nees.

2. 九头狮子草 *Peristrophe japonica* (Thunb.) Bremek.

3. 爵床 *Rostellularia procumbens* (L.) Nees.

4. 马蓝 *Strobilanthes cusia* (Nees) O. Kuntze

5. 白接骨 *Asystasiella chenensis* (S. Moore) E. Hossain

八十七、透骨草科

1. 透骨草 *Phryma leptostachya* L. var. *asiatica* Hara

八十八、车前科

1. 平车前 *Plantago depressa* Willd.

2. 大车前 *Plantago major* L.

3. 车前 *Plantaga asiatica* L.

八十九、茜草科

1. 细叶水团花 *Adina rubella* Hance

2. 香果树 *Emmenoptery henryi* Oliv.

3. 白马骨 *Serissa serissoides* (DC.) Druce

4. 六月雪 *Serissa foetida* Comm.

5. 鸡矢藤 *Paederia scandens* (Lour.) Merr.

6. 蛇根草 *Ophiorrhiza japonica* Bl.

7. 薄叶新耳草 *Neantis hirsute* (Linn. f.) Lewis

8. 耳草 *Hedyotis auricularia* L.

9. 蓬子菜 *Galium verum* L.

10. 薄皮木 *Leptodermis oblonga* Bunge

九十、忍冬科

1. 接骨草 *Sambucus chinensis* Lindl.

2. 接骨木 *Sambucus williamsii* Hance (S. foetidissima Nakai et Kitag.)

3. 绣球荚蒾 *Viburnum macrocephalum* Fort.

4. 皱叶荚蒾 *Viburnum rhytidophyllum* Hemsl.

5. 合轴荚蒾 *Viburnum sympodiale* Graebn.

6. 蝴蝶戏珠花 *Viburnum plicatum* Thunb. var. *tomentosum* (Thunb.) Miq.

7. 茶荚蒾 *Viburnum setigerum* Hance

8. 黑果荚蒾 *Viburnum melanocarpum* Hsu.

9. 荚蒾 *Viburnum dilatatum* Thunb.

10. 香荚蒾 *Viburnum farreri* W. T. Steam

11. 宜昌荚蒾 *Viburnum erosum* Thunb.

12. 南方六道木 *Zabelia dielsii* (Graebn.) Makino

13. 糯米条 *Abelia chinensis* R. Br.

14. 六道木 *Zabelia biflora* Turcz.

15. 二翅六道木 *Abelia macrotera* (Graebn. et Buchw.) Rehd.

16. 半边月 *Weigela japonlca* Thunb. var. *sinica* (Rehd.) Bailey.

17. 袋花忍冬 *Lonicera saccata* Rehd.

18. 下江忍冬 *Lonicera modesta* Rehd.

19. 蕊被忍冬 *Lonicera gynochlamydea* Hemsl.

20. 苦糖果 *Lonicera fragrantissima* var. *lancifolia* (Rehder) Q. E. Yang

21. 金花忍冬 *Lonicera maackii* (Rupr.) Maxim.

22. 红花金银忍冬 *Lonicera maackii* (Rupr.) Maxim. var. *erubescens* Rehd.

23. 忍冬 *Lonicera japonica* Thunb.

24. 陕西荚蒾 *Viburnum schansianum* Maxim.

25. 鸡树条 *Viburnum opulus* Linn. var. *calvescens* (Rehd.) Hara

26. 下江忍冬 *Lonicera modesta* Rehd.

27. 倒卵叶忍冬 *Lonicera hemsleyana* (O. Ktze.) Rehd.

28.* 蝟实 *Kolkwitzia amabilis* Graebn.

九十一、败酱科

1. 败酱 *Patrinia scabiosaefolia* Fisch. ex Link

2. 白花败酱 *Patrinia villosa* Juss.

3. 窄叶败酱 *Patrinia angustifolia* Hemsl.

4. 异叶败酱 *Patrinia heterophylla* Bunge

5. 糙叶败酱 *Patrinia heterophylla* Bye.

6. 少蕊败酱 *Patrinia monandra* C. B. Clarke

7. 缬草（宽叶缬草）*Valeriana officinalis* L.

8. 蜘蛛香 *Valeriana jatamansi* Jones

九十二、川续断科

1. 日本续断 *Dipsacus japonicus* Miq.

2. 窄叶蓝盆花 *Scabiosa comosa* Fisch.

3. 华北蓝盆花 *Scabiosa tschiliensis* Grum.

九十三、葫芦科

1. 盒子草 *Actinostemma lobatum* (Maxim.) Maxim.

2. 长毛赤瓟 *Thladiantha villosula* Cogn.

3. 斑赤瓟 *Thladiantha maculata* Cogn.

4. 鄂赤瓟 *Thladiantha oliveri* Cogn. ex Mottet

5. 南赤瓟 *Thladiantha nudiflora* Hemsl. ex Forbes et Hemsl.

6. 湖北裂瓜 *Schizopepon dioicus* Cogn.

7. 木鳖子 *Momordica cochinchin* ensis (Lour.) Spreng.

8. 栝楼 *Trichosanthes kirilowii* Maxim.

9. 王瓜 *Trichosanthes cucumeroides* (Ser.) Maxim.

10. 绞股蓝 *Gynostermma pentaphyllum* (Thunb.) Makino

11. 华中栝楼 *Trichosanthes rosthornii* Harms

九十四、桔梗科

1. 蓝花参 *Wahlenbergia marginata* (Thunb.) A. DC.

2. 党参 *Codonopsis pilosula* (Franch.) Nannf.

3. 羊乳 *Codonopsis lanceolata* Benth. et Hool. f.

4. 桔梗 *Platycodon grandiflorus* (Jacq.) A. DC.

5. 沙参 *Adenophora stricta* Miq. (*Adenophora axilliflora* Borb.)

6. 杏叶沙参 *Adenophora hunanensis* Nannf.

7. 心叶沙参 *Adenophora cordifolia* Hong

8. 轮叶沙参 *Adenophora tetraphylla* (Thunb.) Fisch.

9. 丝裂沙参 *Adenophora capillaris* Hemsl.

10. 细叶沙参 *Adenophora capillaris* subsp. *paniculata* (Nannf.) D. Y. Hong et S. Ge

11. 荠苨 *Adenophora trachelioides* Maxim.

12. 薄叶荠苨 *Adenophora remotiflora* (Sieb. et Zucc.) Miq.

13. 秦岭沙参 *Adenophora petiolata* Pax et K. Hoffm.

14. 多毛沙参 *Adenophora rupincola* Hemsl.

15. 石沙参 *Adenophora polyantha* Nakai

16. 多歧沙参 *Adenophora potaninii* subsp. *wawreana* (Zahlbr.) S. Ge et D. Y. Hong

17. 紫斑风铃草 *Campanula punctata* Lam.

18. 半边莲 *Lobelia chinensis* Lour.

19. 江南山梗菜 *Lobelia davidii* Franch.

20. 山梗菜 *Lobelia sessilifolia* Lamb.

九十五、菊科

1. 下田菊 *Adenostemma lavenia* (L.) O. Kuntze.

2. 白鼓钉 *Eupatorium lindleyanum* DC.

3. 轮叶泽兰 *Eupatorium lindleyanum* DC. var. *trifoliolatum* Makino

4. 林泽兰 *Eupatorium lindleyanum*

5. 佩兰 *Eupatorium fortunei* Turcz.

6. 华泽兰 *Eupatorium chinense* L.

7. 白头婆 *Eupatorium japonicum* Thunb.

8. 泽兰 *Lycopus maackianus* (Maxim. ex Herder) V. Komarov

9. 一枝黄花 *Solidago decurrens* Lour.

10. 鱼眼草 *Dichrocephala auriculata* (Thunb.) Druce

11. 毡毛马兰 *Kalimeris shimadae* (Kitam.) Kitam.

12. 马兰 *Aster indicus* Heyne

13. 狭叶马兰 *Kalimeris indica* var. *stenophulla* Kitam.

14. 华帚菊 *Pertya sinensis* Oliv.

15. 山马兰 *Aster lautureanus* (Debeaux) Franch.

16. 全叶马兰 *Aster pekinensis* (Hance) Kitag.

17. 蒙古马兰 *Aster mongolicus* Franch.

18. 多型马兰 *Kalimeris indica* var. *polymorpha* (Vant.) Kitam.

19. 狭苞马兰 *Kalimeris indica* var. *stenolipis* Kitam.

20. 阿尔泰狗哇花 *Heteropappas altaicus* (Willd.) Novopokr.

21. 狗哇花 *Hereropappas hispidus* (Thunb.) Less.

22. 东风菜 *Doellingeria scaber* (Thunb.) Nees.

23. 女菀 *Turczaninovia fastigiata* (Fisch.) DC.

24. 耳叶紫菀 *Aster auriculatus* Franch.

25. 琴叶紫菀 *Aster panduratus* Nees ex Walper.

26. 高茎紫菀 *Aster prorerus* Hemsl.

27. 紫菀 *Aster tataricus* L. f.

28. 三脉紫菀 *Aster trinervius* subsp. *ageratoides* (Turcz.) Grierson

29. 卵叶三脉紫菀 *Aster ageratoides* var. *oophyllus* Ling

30. 异叶三脉紫菀 *Aster ageratoides* var. *heterophyllus* Maxim.

31. 长毛三脉紫菀（变种）*Aster ageratoides* var. *pilosus* (Diels) Hand. -Mazz.

32. 川鄂紫菀 *Aster moupinsersis* (Franch.) Hand. -Mazz.

33. 小白酒草 *Conyza Canadensis* (L.) Crong.

34. 薄雪火绒草 *Leontopodium japonicum* Miq.

35. 厚茸薄雪火绒草 *Leontopodium japonicum* Miq.

36. 香青 *Anaphalis sinica* Hance

37. 宽叶鼠麴草 *Gnaphalium adnatum* (Wall. ex DC.) Kitam.

38. 丝棉草 *Gnaphalium luteo-album* L.

39. 鼠麴草 *Gnaphalium affine* D. Don

40. 秋鼠麴草 *Gnaphalium japonicum* Thunb.

41. 旋覆花 *Inula japonica* Thunb.

42. 多毛旋覆花 *Inula japonica* giraldii (Diels) J. Q. Fu

43. 线叶旋覆花 *Inula lineariaefolia* Turcz.

44. 烟管头草 *Carpesium cernuum* L.

45. 金挖耳 *Carpesium divaricutum* Sieb. et Zucc.

46. 天名精 *Carpesium abrotanoides* L.

47. 甘菊 *Dendranthema lavandulaefolium* (Fisch. ex Trautv.) Kitam

48. 野菊 *Chrysanthemum indicum* Thunb.

49. 紫花野菊 *Dendranthema zawadskii* (Herb.) Tzvel.

50. 石胡荽 *Centipeda minima* (L.) A. Brown et Ascher

51. 蜂头菜 *Petasites japonicus* (Sieb. et Zucc.) Maxim.

52. 兔儿草 *Syneilesis aconitifolia* (Bunge) Maxim.

53. 山尖子 *Cacalia hastata* L. var. *glabra* Ledeb.

54. 狗舌草 *Senecio kirilowii* Turcz. ex DC.

55. 猫儿菊 *Hypochaeris ciliata* (Thunb.) Makino

56. 蒲儿根 *Senecio oldhamianus* Maxim.

57. 林阴千里光 *Senecio nemorensis* L.

58. 额河千里光 *Senecio argunensis* Turcz.

59. 千里光 *Senecio scandens* Buch. -Ham. ex D. Don

60. 烟管蓟 *Cirsium pendulum* Fisch. ex DC.

61. 祁州漏芦 *Rhaponticum uniflora* (Linn.) Ditrich

62. 齿叶橐吾 *Ligularia dentata* (A. Gray) Hara

63. 大头橐吾 *Ligularia japonica* (Thunb.)

64. 橐吾 *Ligularia sibirica* (L.) Cass.

65. 窄头橐吾 *Ligularia stenocephala* (Maxim.) Matsum. et koidz.

66. 狭苞橐吾 *Ligularia intermedia* Nakai

67. 太白山橐吾 *Ligularia dolichobotrys* Diels

68. 蹄叶橐吾 *Ligularia fischeri* (Ledeb.) Turcz.

69. 掌叶橐吾 *Ligularia przewalskii* (Maxim) Diels.

70. 异叶亚菊 *Ajania variifolia* (Chang) Tzvel.

71. * 太行菊 *Opisthopappus taihangensis* (Ling) Shih

72. 兔儿伞 *Syneilesis aconitifolia* (Bunge) Maxim.

73. 大蓟 *Cirsium japonicum* Fisch. ex DC.

74. 湖北蓟 *Cirsium hupehense* Pamp.

75. 泥湖菜 *Hemistepta lyrata* Bunge

76. 风毛菊 *Saussurea japonica* (Thunb.) DC.

77. 庐山风毛菊 *Saussurea ballockii* Dunn

78. 紫苞风毛菊 *Saussurea purpurascens* Y. L. Chen et S. Y. Liang

79. 华山风毛菊 *Saussurea huashanensis* (Ling) X. F. Wu

80. 华麻花头 *Serratula chinensis* S. Moore

81. 伪泥湖菜 *Serratula coronata* L.

82. 杏香兔儿风 *Ainsliaea fragrans* Champ.

83. 大丁草 *Leibnitzia anandria* (L.) Nakai.

84. 稻搓菜 *Lapsana apogonoides* Maxim.

85. 笔管草 *Scorzonera albicaulis* Bunge

86. 蒲公英 *Traraxacum mongolicum* Hand. -Mzt.

87. 苦荬菜 *Ixeris polycephala* Cass.

88.# 苦苣菜 *Sonchus oleraceus* L.

89.# 续断菊 *Sonchus asper* (L.) Hill.

90. 台湾莴苣 *Lactuca formosana* Maxim.

91. 黄鹌菜 *Youngia japonica* (L.) DC.

92. 齿缘苦荬菜 *Ixeris dentata* (Thunb.) Nakai

93. 山苦荬 *Ixeris chinensis* (Thunb.) Nakai

94. 多头苦荬菜 *Ixeris polycephala* Cass.

95. 抱茎小苦荬（秋苦荬菜）*Ixeridium sonchifolium* (Maxim.) Shih

96. 大花金挖耳 *Carpesium macrocephalum* Franch. et Sav.

97. 和尚菜 *Adenocaulon himalaicum* Edew.

98. # 剑叶金鸡菜 *Coreopsis lanceolata* L.

99. 金盏银盘 *Bidens biternata* (Ledeb.) Merr. et Sherff.

100. 三七草 *Gynura japonica* (L. f.) Juel

101. 两似蟹甲草 *Cacalia ambiqua* Ling

102. 华东蓝刺头 *Echinops grijsiis* Hance

103. 蓝刺头 *Echinops sphaerocephalus linn.*

104. 线叶蓟 *Cirsium lineare* (Thunb.) Sch-Bip.

105. 节毛飞廉 *Carduus acanthoides* L.

106. 蚂蚱腿子 *Myripnois dioica* Bye.

107. 毛脉山莴苣 *Lactuca raddeana* Maxim.

108. 抱茎苦荬菜 *Ixeris sonchifolia* Hance

109. 纤细苦荬菜 *Ixerix gracilis* (DC) Stebb.

110. 钻地紫菀 *Arer subulatus* Linn.

111. 小蓬草 *Conyza canadensis* (Linn.) Cronq.

112. 驴期口 *Echinops latifolius* Tausch.

113. 麻花头 *Serratula centauroides* Linn.

114. 瓜叶帚菊 *Pertya henanensis* Y. C. Tseng.

115. 毛脉山莴苣 *Lactuca raddeam* Maxim.

116. 大叶盘果菊 *Prenanthes macrophylla* Franch.

117. 山柳菊 *Hieracium umbellatum* Linn.

118. 南方兔儿伞 *Syneilesis australis* Ling

119. 黄山蟹甲草 *Parasenecio hwangshanicus* (Ling) Y. L. Chen

120. 苣荬菜 *Sonchus arvensis* L.

九十六、香蒲科

1. 香蒲 *Typha orientalis* Presl.

2. 宽叶香蒲 *Typha latifolia* L.

3. 达香蒲 *Typha davidiana* (Kronf.) Hand. -Mazz.

4. 小香蒲 *Typha minima* Funk.

5. 狭叶香蒲（水烛、长苞香蒲）*Typha angustifolia* L.

九十七、黑三棱科

1. 黑三棱 *Sarganium stoloniferum* (Graebn.) Buch-Ham. ex Juz.

九十八、泽泻科

1. 野慈姑 *Sagittaria trifolia* L.

2. 剪刀草 *Sagittaria trifolia* L. f. longiloba (Turcz.) Makino

3. 矮慈姑 *Sagittaria pygmaea* Miq.

4. 泽泻 *Alisma plantago-aquatica* L.

5. 东方泽泻 *Alisma orientale* (Samuel.) Juz.

6. 窄叶泽泻 *Alisma canaliculatum* A. Braum et Bouche.

九十九、花蔺科

1. 花蔺 *Butoms umbellatus* L.

一百、水鳖科

1. 龙舌草 *Ottelia alismoides* (L.) Pers.

2. 水鳖 *Hydrocharis dubia* (Bl.) Backer.

一百零一、禾本科

1. 菰 *Zizania caduciflora* (Turcz. ex Trin.) Hand. -Mzt. (*Z. caduciflora* Turcz. ex Trin.)

2. 淡竹叶 *Lophatherum gracile* Brougn.

3. 芦苇 *Phragimites communis* (L.) Trin.

4. 甜茅 *Glyceria acutifora* Torr. ssp. *japonica* (Steud.) T. Koyama et Kawano

5. 野燕草 *Avena fatua* L.

6. 虉草 *Phalaris arundinacea* L.

7. 鬼蜡烛 *Phleum paniculatum* Huds. (*P. asperum* Jacq.)

8. 纤茅野青茅 *Deyeuxia arundinacea* (L.) var. *ciliata* (Honda) P. C. Kuo et S. L. Lu

9. 长舌野青茅 *Deyeuxia arundinacea* (L.) var. *ligulata* (Rendle) P. C. Kuo et S. L. Lu

10. 北方野青茅 *Deyeuxia arundinacea* (L.) var. *borealis* (Rendle) P. C. Kuo et S. L. Lu

11. 假苇拂子茱 *Calamagrostis Pseudophragmites* (Hall. f.) Koel.

12. 棒头草 *Polypogon fugax* Nees ex Steud.

13. 长芒棒头草 *Polypogon monspeliensis* (L.) Desf (*Alopecurus monspeliensis* L.)

14. 闵草 *Beckmannia syzigachne* (Steud.) Fern.

15. 钝颖落芒草 *Oryzopsis obtuse* Stapf.

16. 京芒草 *Achnatherum pekinensis* (Hance) Ohwi

17. 长芒草 *Stipa bungeana* Trin.

18. 大叶直芒草 *Orthoraphoum grandifolium* (Keng) Keng ex P. C. Kuo

19. 知风草 *Eragrostis ferruginea* (Thunb.) Beauv.

20. 三芒草 *Aristida adscensionis* L.

21. 秋画眉草 *Eragrostis autumnalis* Keng

22. 画眉草 *Eragrostis pilosa* (L.) Beauv. (*Poa pilosa* L.)

23. 无毛画眉草 *Eragrostis piosa* (L.) Beauv. (*Poa pilosa* L.) var. *imberbis* Franch.

24. 大画眉草 *Eragrostis cilianensis* (All.) Link. ex Vignolo-Lu-tati

25. 小画眉草 *Eragrostis poaeoides* Beauv. ex et Schult (Poa eragrostis L.)

26. 乱草 *Eragrostis japonica* (Thunb.) Trin.

27. 北京隐子草 *Cleistogenes hencei* Keng

28. 朝阳隐子草 *Cleistogenes hackeli* (Honda) Honda

29. 宽叶隐子草 *Cleistogenes hackeli* (Honda) Honda var. *nakaii* (Keng) Ohwi

30. 双稃草 *Piplachne fusca* (L.) Beauv.

31. 虎尾草 *Chloris virgata* Swatrz

32. 乱子草 *Muhlenbergia huegelii* Trin.

33. 日本乱子草 *Muhlenbergia japonica* Steud.

34. 鼠尾粟 *Sporobolus indicus* (L.) R. Br form. spicoformis T. Koyama

35. 柳叶箬 *Isachne globosa* (Thunb.) Kuntze

36. 日本柳叶箬 *Isachne nippoensis* Ohwi

37. 野古草 *Arundinella hirta* (Thunb.) *Tanaka* (*Poa hirta* Thhunb.)

38. 糠稷 *Panicum bisulcatum* Thunb.

39. 囊颖草 *Sacciolepos indica* (L.) A. Chase

40. 求米草 *Oplismenus undulatifolius* (Ard.) Roem. et Schult.

41. 日本求米草 *Oplismenus undulatifolius* var. *japonicus* (Steud.) Koidz.

42. 狭叶求米草 *Oplismenus undulatifolius* var. *imbecillis* (R. Br.) Trin

43. 光叶求米草 *Oplismenus undulatifolius* var. *glabrus* S. L. Chen et Y. X. Jin

44. 水田稗 *Echinochloa oryzoides* (Ard.) Fritsch

45. 毛臂形草 *Brachiaria villosa* (Lamk.) A. Camus

46. 雀稗 *Paspalum thunbergii* Kunth ex Steud.

47. 双穗雀稗 *Paspalum distichum* L.

48. 果园雀稗 *Paspalum orbiculare* Forst.

49. 狗尾草 *Setaria viridis* (L.) Beav.

50. 巨大狗尾草 *Setaria viridis* (L.) Beauv. subsp. *pycnocoma* (Steud) Tzvel.

51. 大狗尾草 *Setaria faberi* Herrm.

52. 金狗尾草 *Setaria glauca* (L.) Beauv.

53. 狼尾草 *Pennisetum alopecuroides* (L.) Spreng

54. 觿茅 *Dimeria ornithopoda* Trin.

55. 荻 *Miscanthus sacchariflorus* (Maxim.) Haxk.

56. 五节芒 *Miscanthus floridulus* (Labill.) Warb.

57. 芒 *Miscanthus sinensis* Anderss.

58. 白茅 *Imperata cylindrical* var. *major* (Nees) C. E. Hubb. ex Hubbard et Vaughan

59. 斑茅 *Saccharum arundinaceum* Retz.

60. 油芒 *Spodiopogon cotulifer* (Thunb.) Hack.

61. 大油芒 *Spodiopogon sibirricum* Trin.

62. 竹野茅 *Migyostegium mudum* (Trin.) A. Camus

63. 牛鞭草 *Hemarthria altissima* (Poir.) Stapf. et C. E. Hubb.

64. 假俭草 *Eremochloa ophiuroides* (Munro) Hack.

65. 柔叶荩草 *Arthraxon prionodes* (Steud.) Dandy

66. 白羊草 *Bothriockloa ischaemum* (L.) Keng

67. 细柄草 *Capillipedium parviflorum* (R. Br.) Stapf

68. 硬杆子草 *Capillipedium assimile* (Steud.) A. Camus

69. 桔草 *Cymbopogon goeringii* Steud.

70. 裂稃草 *Schizachyrium brevifolium* (Swartz) Nees

71. 黄茅 *Heteropogon contortus* (L.) Beauv. ex Roem. et Schult

72. 黄背草 *Themeda triandra* Forsk. var. *japonica* (Willd.) Makino

73. 西伯利亚三毛草 *Trisetum sibeiricum* Rupr.

74. 远东芨芨草 *Achnatherum extremiorientale* (Hara) Keng ex P. C. Kuo

75. 假鼠妇草 *Glyceria leptolepis* Ohwi

76. 中华草沙蚕 *Tripogon chinensis* (Franch.) Hack.

77. 柔枝绣竹 *Microtegium vimineum* (Trin.) A. Camus

78. 西藏苔草 *Carex thibetica* Franch.

79. 桂竹 *Phyllostachys bambusoides* Sieb. et Zucc.

80. 野青茅 *Deyeuxia arundinacea* (Linn.) Beauv.

81. 毛杆野古草 *Arundinella hirta* (Thunb.) Tanaka

82. 刺芒野古草 *Arundinella setosa* Trin.

83. 虱子草 *Tragus berteronianus* Schult.

84. 锋芒草 *Tragus racemosus* (Linn.) All.

一百零二、莎草科

1. 藨草 *Scirpus triqueter* L.

2. 水毛花 *Scirpus triangulates* Roxb.

3. 水葱 *Scirpus tabernaemontani* Gmel.

4. 类头状花序藨草 *Scirpus subcapitatus* Thw.

5. 扁杆藨草 *Scirpus planiculmis* Fr.

6. 荆三棱 *Scirpus yagara* Ohwi

7. 华东藨草 *Sirpus karuizaewnsis* Makino

8. 庐山藨草 *Scirpus lushanensis* Ohwo

9. 百球藨草 *Scirpus rosthornii* Diels

10. 荸荠 *Eleocharis tuberose* (Roxb.) Roem. et Schult.

11. 牛毛毡 *Eleocharis yokoscensis* (Franch. et Sav.) Tang et Wang

12. 龙师草 *Eleocharis tetraqueter* Nees

13. 羽毛荸荠 *Eleocharis wichurai* Bochlr.

14. 透明鳞荸荠 *Eleocharis pellucida* Presl.

15. 渐尖穗荸荠 *Eleocharis attenuate* (Franch. et Savat.) Palla

16. 刚毛荸荠 *Eleocharis vallecaculosa* Ohwi

17. 丝叶球柱草 *Bulbostylis densa* (Wall.) Hand. -Mazz.

18. 球柱草 *Bulbostylis barbata* (Rotttb.) Kunth.

19. 烟台飘拂草 *Fimbristylis stauntonii* Debeaux et Franch.

20. 宜昌飘拂草 *Fimbristylis henryi* C. B. Clarke

21. 扁鞘飘拂草 *Fimbristylis complanata* (Retz.) Link

22. 矮扁鞘飘拂草 *Fimbristylid complanata* (Retz.) Lingk var. *kraussiana* C. B Clarke

23. 东南飘拂草 *Fimbristylis pierotii* Miq.

24. 水虱草 *Fimbristylis miliacea* (L.) Vahl.

25. 拟二叶飘拂草 *Fimbristylis diphylloides* Makino

26. 两歧飘拂草 *Fimbristylis dichotoma* (L.) Vahl

27. 长穗飘拂草 *Fimbristylis longispica* Steud.

28. 结壮飘拂草 *Fimbristylis rigidula* Ness

29. 双穗飘拂草 *Fimbristylis subbispicata* Ness et Meyen

30. 畦畔飘拂草 *Fimbristylis squarrosa* Vahl

31. 复序飘拂草 *Fimbristylis bisumbellata* (Forsk.) Bubani

32. 夏飘拂草 *Fimbristylis aestivalis* Vahl

33. 砖子苗 *Mariscus umbellatus* Vahl

34. 碎米莎草 *Cyperus glomeratus* L.

35. 小碎米莎草 *Cyperus iria* L.

36. 阿穆儿莎草 *Cyperus microiria* Steud.

37. 直穗莎草 *Cyperus orthostachyus* Fanch. et savat.

38. 褐穗莎草 *Cyperus fuscus* L.

39. 异形莎草 *Cyperus difformis* L.

40. 旋鳞莎草 *Cyperus michelianus* (L.) Link

41. 扁穗莎草 *Gyperus compressus* L.

42. 白鳞莎草 *Cyperus nipponicus* Franch. et Sav.

43. 窄穗莎草 *Cyperus tenuispica* Steud.

44. 畦畔莎草 *Cyperus haspan* L.

45. 矮莎草 *Cyperus pygmaeus* Rottb.

46. 水莎草 *Jancellus serotinus* (Rottb.) C. B. Clarke

47. 直穗扁莎草 *Pycreus globosus* (All.) Reichb. var. *stricta* (Roxb.) Clarke

48. 栗鳞扁莎草 *Pycreus globosus* (All.) Reichb. var. *nilagiricus* C. B. Clarke

49. 红鳞扁莎草 *Pycreus sanguinolentus* (Vahl) Nees

50. 球穗扁莎 *Pycreus globosus* (All.) Reichb.

51. 球穗莎草 *Cyperus rotundus* L.

52. 水蜈蚣 *Kyllinga brevigolia* Rottb.

53. 光鳞水蜈蚣 *Kyllinga brevigolia* Rottb. var. *leiolepis* Hara

54. 湖瓜草 *Lipocarpha microcephala* (B. Br.) Kunth

55. 扁秆苔草 *Carex agglomerata* C. B. Clarke

56. 细叶苔草 *Carex rigescens* (Franch.) V. Krecz.

57. 大理苔草 *Carex taliensis* Franch.

58. 异鳞苔草 *Carex heterolepis* Bunge

59. 灰化苔草 *Carex cinerascens* Kükenth.

60. 粉被苔草 *Carex pruinosa* Boott

61. 垂穗苔草 *Carex dimorpholepis* Steud.

62. 青绿苔草 *Carex leucochlora* Bunge

63. 宽叶苔草 *Carex siderosticta* Hance

64. 细梗苔草 *Carex teinogyna* Boott

65. 栗褐苔草 *Carex brunnea* Thnub.

66. 褐绿苔草 *Carex stipitinux* C. B. Clarke

67. 湖北苔草 *Carex henryi* C. B. Clarke

68. 亚大苔草 *Carex brounii* Thckerm

69. 日本苔草 *Carex japonica* Thunb.

70. 弯囊苔草 *Carex dispalata* Boott.

71. 芒尖苔草 *Carex doniana* Spreng.

72. 条穗苔草 *Carex nemostachys* Strud.

73. 弯喙苔草 *Carex laticeps* C. B. Clarke

74. 羊角苔草 *Carex capricornis* Meinsh.

75. 红穗苔草 *Carex argyi* Levl. et Vant.

76. 粗脉苔草 *Carex rugulosa* Kükenth.

77. 密叶苔草 *Carex maubertiana* Boott

78. 舌叶苔草 *Carex ligulata* Nesset et Wight

79. 白颖苔草 *Carex rigescens* (Franch.) V. Krecz.

80. 绣鳞苔草 *Carex sendaica* Franch.

81. 单性苔草 *Carex unisexualis* C. B. Clarke

82. 西藏苔草 *Carex thibctica* Franch.

83. 短叶水蜈蚣 *Kyllinga brevifolia* Rottb.

84. 中华苔草 *Carex chinensis* Retz.

85. 大别苔草 *Carex dabieensis* S. W. Su

86. 短芒苔草 *Carex breviaristata* K. T. Fu

一百零三、天南星科

1. 菖蒲 *Acorus calamus* L.

2. 石菖蒲 *Acorus tatarinowii* Schott

3. 金钱蒲 *Acorus gramineus* Sol. ex Aiton

4. 大漂 *Pistia stratiotes* L.

5. 灯台莲 *Arisaema bockii* Engl.

6. 花南星 *Arisaema lobatum* Engl.

7. 异叶天南星 *Arisaema heterophyllum* Blume

8. 云台南星 *Arisaema du-bois-reymondiae* Engl.

9. 朝鲜南星 *Arisaema angustatum* Franch. et Sav. var. *peninsulae* (Nakai) Nakai

10. 东北南星 *Arisaema amurense* Maxim.

11. 齿叶东北南星 *Arisaema amurense* var. *serratum* Nakai

12. 全缘灯台莲 *Arisaema sikokiamum* Franch. et Sav.

13. 刺柄南星 *Arisaema asperatum* N. E. Brown

14. 一把伞南星 *Arisaema erubescens* (Wall.) Schott

15. 宽叶天南星 *Arisaema erubescens* (Wall.) Schott f. *latisectum*. Engl.

16. 滴水珠 *Pinellia cordata* N. E. Brown

17. 半夏 *Pinellia ternate* (Thunb.) Briet.

18. 虎掌 *Pinellia pedatisecta* Schott

19. 独角莲 *Typhonium giganteum* Engl.

一百零四、谷精草科

1. 赛谷精草 *Eriocaulon sieboldianum* Sieb. et Zea. ex Steud.

2. 谷精草 *Eriocaulon buergerianum* Koern.

一百零五、鸭跖草科

1. 疣草 *Murdannia keisak* (Hassk.) Hand. -Mazz. (*Anerlema keisak* Hassk.)

2. 裸花水竹叶 *Murdannia nudiflora* (L.) Brenan

3. 鸭跖草 *Commelina communis* L.

4. 饭包草（火柴头）*Commelina bengalensis* L.

5. 杜若 *Pollia japonica* Thunb.

6. 水竹叶 *Murdannia triquetra* (Wall. ex C. B. Clarke) Bruckn.

7. 竹叶子 *Streptolirion volubile* Edgew.

一百零六、雨久花科

1. 雨久花 *Monochoria korsakowii* Regel et Maack.

2. 鸭舌草 *Monochoria vaginalis* Presl.

一百零七、灯心草科

1. 羽毛地杨梅 *Luzula plumose* E. Mey.

2. 多花地杨梅 *Luzula multiflora* (Retz.) Lej.

3. 野灯心草 *Juncus setchuensis* Buchen.

4. 灯心草 *Juncus effuses* L.

5. 细灯心草 *Juncus gracillimus* (Buchen.) V. Krecz.et gontsch.

6. 笄石菖 *Juncus leschenaultia* Gay.

7. 翅灯心草 *Juncus alatus* Franch. et Savat.

8. 小花灯心草 *Juncus lampocarpus* Ehrh.

一百零八、百部科

1. 直立百部 *Stemona sessilifolia* (Miq.) Miq.

一百零九、百合科

1. 油点草 *Tricyrtis macropoda* Miq.
2. 紫萼 *Hosta ventricosa* (Salisb.) Stearn.
3. 黄花菜 *Hemerocallis citrine* Baroni
4. 北黄花菜 *Hemerocallis lilioasphodelus* L.
5. 小黄花菜 *Hemerocallis minor* Mill.
6. 北萱草 *Hemerocallis esculenta* Koidz.
7. 多花萱草 *Hemerocallis multiflora* Stout.
8. 萱草 *Hemerocallis fulva* (L.) L.
9. 小萱草 *Hemerocallis dumortieri* Morr.
10. 老鸦瓣 *Tulipa edulis* (Miq.) Baker
11. 天目贝母 *Fritillaria monantha* Migo
12. * 野百合 *Lilium brownie* F. E. Brown ex Miellez
13. 百合 *Lilium brownie* F. E. Brown ex Miellez var. *viridulum* Baker
14. 药百合 *Lillium speciosum* Thunb. var. *gloriosoides* Bakr
15. 湖北百合 *Lilium henryi* Baker
16. 条叶百合 *Lilium callosum* Sieb. et Zucc.
17. 绿花百合 *Lilium lancifolium* Thunb.
18. 卷丹 *Liloum lancifolium* Thunb.（*Lilium tigrinum* Ker Gawl.）
19. 大花卷丹 *Lilium leichtlinii* var. *maximowiczii* (Regel) Baker
20. 铃兰 *Convallaria majalis* Linn.
21. 七筋菇 *Clintonia udensis* Trautv. et Mey.
22. 渥丹 *Lilium concolor* Salisb.
23. 山丹 *Lilium pumilum* DC.
24. 川百合 *Lilium davidii* Duchartre
25. 荞麦叶百合 *Cardiocrinum cathayanum* (Wilson) Stearn (*Lilium cathayanum* Wilson)
26. 绵枣儿 *Scilla scilloides* (Lindl.) Druce.
27. 韭 *Allium tuberosum* Rottl. ex Speng.
28. 吉祥草 *Reineckia carnea* (Andr.) Kunth

29. 鹿药 *Smilacina japonica* A. Gray
30. 宝铎草 *Disporum seddile* D. Don
31. 万寿竹 *Disporum cantoniense* (Lour.) Merr.
32. 玉竹 *Polygonatum odoratum* (Mill.) Druce
33. 多花黄精 *Polygonatum cyrtonema* Hua
34. 湖北黄精 *Polygonatum zanlanscianense* Pamp.
35. 二苞黄精 *Polygonatum involucratum* (Franch. et Savat.) Maxim.
36. 轮叶黄精 *Polygonatum verticillatum* (Linn.) All.
37. 黄精 *Polygonatum sibiricum* Redouté
38. 细根茎黄精 *Polygonatum gracile* P. Y. Li
39. 卷叶黄精 *Polygonatum cirrhifolium* (Wall.) Royle
40. * 北重楼 *Paris verticillata* M. Bieb.
41. * 华重楼 *Paris polyphylla* var. *chinensis* (Franch.) Hara
42. * 宽叶重楼 *Paris polyphylla* Smith var. *latifolia* Wang et Chang
43.* 狭叶重楼 *Paris polyphylla* var. *stenophylla* Franch.
44. * 延龄草 *Trilloum tschonoskii* Maxim.
45. 龙须菜 *Asparagus schoberioides* Kunth
46. 石刁柏 *Asparagus officinalis* Linn.
47. 南玉带 *Asparagus oligoclonos* Maxim.
48. 天门冬 *Asparagus cochinchinensis* (Lour.) Merr.
49. 羊齿天门冬 *Asparagus filicinus* Ham. ex D. Don
50. 长花天门冬 *Asparagus longiflorus* Franch.
51. 禾叶山麦冬 *Liriope graminifolia* (L.) Baker
52. 山麦冬 *Liriope spicata* (Thunb.) Lour.
53. 阔叶山麦冬 *Liriope muscari* (Decne.) L. H. Bailey
54. 矮小山麦冬 *Liriope minor* (Maxim.) Makino
55. 间型沿阶草 *Ophiopogon intermedius* D. Don
56. 沿阶草 *Ophiopogon bodinieri* Lévl.
57. 麦冬 *Ophiopogon japonicus* (L. f.) Ker-Gawl.
58. 粉条菜 *Aletris spicata* (Thunb.) Franch.
59. 白背牛尾菜 *Smilax nipponica* Miq.
60. 牛尾菜 *Smilax riparia* A. DC.

61. 华东菝葜 *Smilax sieboldii* Miq.

62. 舞鹤草 *Maianthemum bifolium* (Linn.) F. W. Schmidt

63. 少花顶冰花 *Gagea pauciflora* Turcz.

64. 藜芦 *Veratrum nigrum* L.

65. 黑果菝葜 *Smilax glauco-china* Warb.

66. 防己叶菝葜 *Smilax menispermoides* A. DC.

67. 江苏石蒜 *Lycoris houdysheii* Traub

68. 黄花油点草 *Tricyrtis maculate* (D. Don) Machride

69. 多叶韭 *Alloum plurifoliatum* Rendle

70. 短蕊万寿菊 *Disporum brachystemon* Wang et Tang

一百一十、石蒜科

1. 中国石蒜 *Lycoris chinensis* Traub.

2. 江苏石蒜 *Lycoris houdyshelii* Traub

3. 忽地笑 *Lycoris aurea* (L'Her.) Herb.

4. 石蒜 *Lycoris radiate* (L'Her.) Herb

一百一十一、薯蓣科

1. * 穿龙薯蓣 *Dioscorea nipponica* Makino

2. 柴姜黄 *Dioscorea. nipponica* var. *rosthornii* Prain et Burkill

3. 山萆薢 *Dioscorea tokoro* Makino

4. 粉背薯蓣 *Dioscorea collettii* var. *hypoglauca* (Palibin.) Pei et C. T. Ting

5. 黄独 *Dioscorea bulbifera* L.

6. * 薯蓣 *Dioscorea opposita* Thunb.

7. * 野山药 *Dioscorea japonica* Thunb.

一百一十二、鸢尾科

1. 射干 *Belamcanda chinensis* (L.) DC.

2. 马蔺 *Iris lacteal* Pall. var. *chinensis* (Fisch.) Koidz.

3. 蝴蝶花 *Iris japonica* Thunb.

4. 鸢尾 *Iris tectorum* Maxim.

5. 小鸢尾 *Iris proantha* Diels

一百一十三、姜科

1. 蘘荷 *Zingiber mioga* (Thunb.) Rosc.

一百一十四、兰科 *

1. 扇叶杓兰 *Cypripedium japonicum* Thunb.
2. 毛杓兰 *Cypripedium franchetii* Wilson
3. 紫点杓兰 *Cypripedium guttatum* Sw.
4. 密花舌唇兰 *Platanthera hologlottis* Maxim.
5. 舌唇兰 *Platanthera japonica* (Thunb.) Lindl. (*Orichis japonica* Thunb.)
6. 小舌唇兰 *Platanthera minor* (Miq.) Rchb. f.
7. 尾瓣舌唇兰 *Platanthera mandarinorum* Rchb. f.
8. 小花蜻蜓兰 *Perularia ussuriensis* (Maxim.) Schltr.
9. 细葶无柱兰 *Amitostigma gracile* (Bl.) Schltr.
10. 毛葶玉凤花 *Habenaria ciliolaris* Kranzl.
11. 十字兰 *Habenaria sagittifera* Rchb. f.
12. 鹅毛玉凤兰 *Habenaria dentate* (Sw.) Schltr.
13. 银兰 *Cephalanthera erwcta* Lindl.
14. 金兰 *Cephalanthera falcate* (Thunb.) Bl.
15. 珠兰 *Pogonia japonica* Rchb. f.
16. 白及（白芨）*Bletilla striata* (Thunb.) Rchb. f.
17. 天麻 *Gastrodia elata* Blume
18. 绶草 *Spiranthes sinensis* (Pers.) Ames.
19. 大花斑叶兰 *Goodyera biflora* (Lindl.) Hook. f.
20. 大斑叶兰 *Goodyera schlechtendaliana* Rchb. f.
21. 小斑叶兰 *Goodyera repens* (L.) R. Br.
22. 绒叶斑叶兰 *Goodyera velutina* Maxim.
23. 大唇羊耳蒜 *Liparis pauliana* Hand. -Mazz.
24. 独花兰 *Changnienia amoena* Chien
25. 独蒜兰 *Pleione bulbocodioides* (Franch.) Rolfe
26. 石茎石斛 *Dendrobium noniliforme* (L.) Sw.
27. 细叶石斛 *Dendrobium hancockii* Rolfe
28. 河南石斛 *Dendrobium henanense* J. L. Lu et L. X. Gao
29. 黑节草 *Dendrobium candicum* Wall. ex Lindl.
30. 钩距虾脊兰 *Calanthe graciliflora* Hayata
31. 苞舌兰 *Spathoglottis pubescens* Lindl.

32. 广东石豆兰 *Bulbophyllum Kwangtungense* Schltr

33. 斑唇石豆兰 *Bulbophyllum flaviflorum* (Liu et Su) Seidenf.

34. 长叶山兰 *Oreorchis fargesii* Finet

35. 杜鹃兰 *Cremastra appendiculata* (D. Don) Makino

36. 惠兰 *Cymbidium faberi* Rolfe

37. 春兰 *Cymbidium goeringii* (Rchb. f.) Rchb. f.

38. 建兰 *Cymbidium ensifolium* (L.) Sw.

39. 多花兰 *Cymbidium floribundum* Lindl.

40. 蜈蚣兰 *Cleisostoma scolopendrifolium* (Makino) Garay

41. 凹舌兰 *Coeloglossum viride* var. *bracteatum* (Willd.) Rich.

42. 角盘兰 *Herminium monorhis* R. Br.

43. 手参 *Gymnadenia conopser* (L.) R. Br.

44. 长叶头蕊兰 *Cephalanthera longifolia* (Huds.) Fritsch

45. 小花火烧蓝 *Epipactis helloborine* (L.) Crantz.

46. 小白及 *Bletilla formosana* (Hayata) Schltr.

47. 霍山石斛 *Dendrobium huoshaense* C. Z. Tang et S. J. Cheng.

48. 细茎石斛 *Dendrobium moniliforme* (L.) Sw.

49. 曲茎石斛 *Dendrobium flexicaule* Z. H. Tsi，S. C. Chen et L. C. Xu

50. 铁皮石斛 *Dendrobium officinale* Kimura et Migo

51. 美冠兰 *Eulophia campestris* Lindl.

52. 鸡头美冠兰 *Eulophia faberi* Rolfe

53. 蜻蜓兰 *Tulotis asiatica* Hara

54. 兜背兰 *Neottianthe cucullata* (Linn.) Schltr.

55. 小斑叶兰 *Goodyeara repens* (Linn.) R. Br.

附件 乔木类野生花卉综合评估分值表

序号	中文名	科名	学名	P_1 花果色	P_2 花径/花序径	P_3 最佳观赏期	P_4 芳香性	P_5 花果显示程度	P_6 花/果奇特性	P_7 观赏器官量	P_8 叶形及叶色	P_9 株型	P_{10} 资源数量	P_{11} 利用程度	P_{12} 抗逆性	P_{13} 分布范围	P_{14} 生长状况	P_{15} 生态习性	P 综合分数	评估综合分值
1	梓	紫薇科	*Catalpa ovata*	7	9	1	3	7	9	7	9	7	7	7	9	7	9	9	109	8.43
2	灰楸		*Catalpa fargesii*	7	9	1	3	7	9	7	9	7	7	7	9	7	9	9	109	8.43
3	湖北紫荆	豆科	*Cercis glabra*	7	1	1	3	7	9	5	9	7	7	9	9	9	7	9	99	8.14
4	望春玉兰	木兰科	*Yulania biondii*	9	5	1	3	5	9	5	5	5	7	9	9	7	7	9	91	8.09
5	山茱萸	山茱萸科	*Cornus officinalis*	7	7	1	3	7	9	5	9	7	7	5	9	9	7	9	95	7.86
6	豆梨	蔷薇科	*Pyrus calleryana*	9	9	3	5	7	9	9	5	7	7	7	7	5	7	7	103	7.29
7	野鸦椿	省沽油科	*Euscaphis japonica*	9	9	5	3	7	9	7	7	5	5	9	7	5	7	9	103	7.26
8	文冠果	无患子科	*Xanthoceras sorbifolium*	9	9	5	3	7	9	7	7	5	5	9	7	5	7	9	103	7.26
9	膀胱果	省沽油科	*Staphylea holocarpa*	9	9	5	3	7	9	7	7	5	5	9	7	5	7	9	103	7.26
10	四照花	山茱萸科	*Cornus kousa* subsp. *chinensis*	3	7	1	3	3	3	1	5	5	3	7	9	5	7	9	71	7.14
11	巨紫荆	豆科	Cercis gigantea	3	7	1	3	3	3	1	5	5	3	7	9	5	7	9	71	7.14
12	流苏树	木樨科	*Chionanthus retusus*	3	7	1	3	3	3	1	5	5	3	7	9	5	7	9	71	7.14
13	尾叶樱桃	蔷薇科	*Prunus dielsiana*	7	5	5	5	9	5	9	5	5	9	5	7	7	5	5	71	7.14
14	北京花楸		*Sorbus discolor*	5	5	5	3	5	5	3	5	5	5	5	5	8	7	5	71	7.14
15	铜钱树	鼠李科	*Paliurus hemsleyanus*	9	9	5	3	5	5	5	3	5	5	7	5	5	5	7	71	7.14

续表

序号	中文名	科名	学名	P_1 花果色	P_2 花径/花序径	P_3 最佳观赏期	P_4 芳香性	P_5 花果显示程度	P_6 花/果奇特性	P_7 观赏器官量	P_8 叶形及叶色	P_9 株型	P_{10} 资源数量	P_{11} 利用程度	P_{12} 抗逆性	P_{13} 分布范围	P_{14} 生长状况	P_{15} 生态习性	P 综合分数	评估综合分值
16	山樱花		*Prunus serrulata*	7	5	5	5	9	5	9	5	5	9	5	7	7	5	5	71	7.14
17	山杏	蔷薇科	*Prunus armeniaca* var. *ansu*	9	5	5	5	9	5	9	5	5	9	5	7	7	5	5	71	7.14
18	褐梨		*Pyrus phaeocarpa*	9	5	5	5	9	5	9	5	5	9	5	7	7	5	5	71	7.14
19	山荆子		*Malus baccata*	9	7	5	5	3	3	5	3	5	7	5	5	5	5	5	71	7.14
20	山槐	豆科	*Albizzia kalkora*	7	7	3	1	3	3	1	5	5	3	7	9	5	7	5	71	7.14
21	三叶海棠	蔷薇科	*Malus sieboldii*	9	9	5	3	7	5	7	7	5	5	7	5	5	7	5	71	7.14
22	李		*Prunus salicina*	3	7	1	3	3	3	1	5	5	3	7	9	5	7	9	71	7.14
23	盘腺樱桃		*Cerasus discadenia*	7	5	5	5	9	5	9	5	5	9	5	7	7	5	5	71	7.14
24	陇东海棠		*Malus kansuensis*	7	5	5	5	9	5	9	5	5	9	5	7	7	5	5	71	7.14
25	毛山荆子		*Malus mandshurica*	9	7	5	5	3	3	5	3	5	7	5	5	5	5	5	71	7.14
26	毛梾	山茱萸科	*Swida walteri*	5	9	5	3	5	5	5	3	5	5	3	5	5	5	7	71	7.14
27	山楂	蔷薇科	*Crataegus pinnatifiada*	5	7	5	5	3	3	5	3	5	7	5	5	5	5	5	71	7.14
28	甘肃桃		*Amygdalus kansuensis*	9	5	5	5	9	5	9	5	5	9	5	7	7	5	5	71	7.14
29	梾木	山茱萸科	*Swida macrophulla*	5	9	5	3	5	5	5	3	5	5	3	5	5	5	7	71	7.14
30	樗叶花椒	芸香科	*Zanthoxyium ailanthoides*	5	7	5	5	3	3	5	3	5	7	5	5	5	5	5	71	7.14
31	中国黄花柳	杨柳科	*Salix caprea*	3	7	1	3	3	3	1	5	5	3	7	9	5	7	9	71	7.14
32	三叶海棠	蔷薇科	*Malus sieboldii*	9	9	5	3	7	5	7	5	5	5	7	5	5	7	5	71	7.14
33	花楸		*Sorbus pohuashanensis*	5	5	5	3	5	5	3	5	5	5	5	5	8	7	5	71	7.14

续表

序号	中文名	科名	学名	P_1 花果色	P_2 花径/花序径	P_3 最佳观赏期	P_4 芳香性	P_5 花果显示程度	P_6 花/果奇特性	P_7 观赏器官量	P_8 叶形及叶色	P_9 株型	P_{10} 资源数量	P_{11} 利用程度	P_{12} 抗逆性	P_{13} 分布范围	P_{14} 生长状况	P_{15} 生态习性	P 综合分数	评估综合分值
34	红棕子	山茱萸科	*Swida hemsleyi*	6	9	5	3	5	5	5	3	5	5	3	5	5	5	7	71	7.14
35	河南海棠	蔷薇科	*Malus honanensis*	9	9	5	3	7	5	7	5	5	5	7	5	5	7	5	71	7.14
36	楝	楝科	*Melia azedarach*	5	7	5	5	3	3	5	3	5	7	5	5	5	5	5	71	7.14
37	光皮树	山茱萸科	*Swida wilsoniana*	5	9	5	3	5	5	5	3	5	5	3	5	5	5	7	71	7.14
38	甘肃山楂		*Crataegus kansuensis*	5	7	5	5	3	3	5	3	5	7	5	5	5	5	5	71	7.14
39	陇东海棠	蔷薇科	*Malus kansuensis*	9	9	5	3	7	5	7	5	5	5	7	5	5	7	5	71	7.14
40	杜梨		*Pyrus betulaefolia*	9	5	5	5	9	5	9	5	5	9	5	7	7	5	5	71	7.14
41	厚朴	玉兰科	*Magnolia officinalis*	9	5	5	5	9	5	9	5	5	9	5	7	7	5	5	71	7.14
42	尖叶四照花	山茱萸科	*Dendrobenthamia angustata*	5	9	5	3	5	5	5	3	5	5	3	5	5	5	7	71	7.14
43	多毛樱桃	蔷薇科	*Cerasus polytricha*	7	5	5	5	9	5	9	5	5	9	5	7	7	5	5	71	7.14
44	君迁子	柿树科	*Diospyros lotus*	9	9	5	3	7	5	7	5	5	5	7	5	5	7	5	71	7.14
45	大叶冬青	冬青科	*Ilex latifolia*	3	7	1	3	3	3	1	5	5	3	7	9	5	7	9	71	7.14
46	稠李	蔷薇科	*Padus avium*	9	5	5	5	9	5	9	5	5	9	5	7	7	5	5	71	7.14
47	乌桕	大戟科	*Sapium sebiferum*	3	7	1	3	3	3	1	5	5	3	7	9	5	7	9	71	7.14
48	北京花楸	蔷薇科	*Sorbus discolor*	5	5	5	3	5	5	3	5	5	5	5	5	8	7	5	71	7.14
49	武当木兰	木兰科	*Yulania sprengerii*	9	5	3	3	5	3	3	5	7	7	9	7	7	9	9	91	7.09
50	香果树	茜草科	*Emmenopterys henryi*	9	5	3	3	5	3	3	5	7	7	9	7	7	9	9	91	7.09
51	银鹊树	省沽油科	*Tapiscia sinensis*	9	9	5	3	5	5	5	7	5	5	9	7	5	7	9	95	7.07

续表

序号	中文名	科名	学名	P_1 花果色	P_2 花径/花序径	P_3 最佳观赏期	P_4 芳香性	P_5 花果显示程度	P_6 花/果奇特性	P_7 观赏器官量	P_8 叶形及叶色	P_9 株型	P_{10} 资源数量	P_{11} 利用程度	P_{12} 抗逆性	P_{13} 分布范围	P_{14} 生长状况	P_{15} 生态习性	P 综合分数	评估综合分值
52	山矾	山矾科	*Symplocos sumuntia*	9	5	1	3	7	5	5	5	5	7	9	7	7	7	7	89	7.02
53	白檀		*Symplocos paniculata*	9	5	1	3	7	5	5	5	5	7	9	7	7	7	7	89	7.02
54	暖木		*Meliosma veitchiorum*	7	5	3	3	3	3	5	5	7	7	9	7	5	7	9	85	6.99
55	珂楠树	清风藤科	*Meliosma alba*	7	5	3	3	3	3	5	5	7	7	9	7	5	7	9	85	6.99
56	红柴枝		*Meliosma oldhamii*	7	5	3	3	3	3	5	5	7	7	9	7	5	7	9	85	6.99
57	湖北海棠	蔷薇科	*Malus hupehnnsis*	9	9	1	7	9	7	9	5	7	5	5	7	5	7	7	99	6.91
58	木梨		*Pyrus xerophila*	9	9	1	7	9	7	9	5	7	5	5	7	5	7	7	99	6.91
59	玉铃花	野茉莉科	*Styrax obassis*	9	9	1	7	9	7	9	5	7	5	5	7	5	7	7	99	6.91
60	紫茎	山茶科	*Stewartia sinensis*	9	9	1	7	9	7	9	5	7	5	5	7	5	7	7	99	6.91
61	省沽油	省沽油科	*Staphylea bumalda*	9	9	1	7	9	7	9	5	7	5	5	7	5	7	7	99	6.91
62	白木乌桕	大戟科	*Sapium japonicum*	9	9	5	3	9	9	9	7	5	5	1	7	5	7	9	99	6.85
63	黄檀	豆科	*Dalbergia hupeana*	9	7	1	5	3	5	1	5	3	7	7	7	7	9	9	85	6.82
64	天目木姜子	樟科	*Litsea auriculata*	9	9	3	9	9	9	9	5	5	7	7	5	7	7	7	107	6.31
65	青荚叶	青荚叶科	*Helwingia japonica*	9	9	3	9	9	9	9	5	5	7	7	5	7	7	7	107	6.31
66	毛山樱花	蔷薇科	*Prunus serrulata* Lindl.var.*pubescens*	9	7	5	3	7	7	7	5	5	7	9	5	7	7	7	97	6.21

续表

序号	中文名	科名	学名	P_1 花果色	P_2 花径/花序径	P_3 最佳观赏期	P_4 芳香性	P_5 花果显示程度	P_6 花/果奇特性	P_7 观赏器官量	P_8 叶形及叶色	P_9 株型	P_{10} 资源数量	P_{11} 利用程度	P_{12} 抗逆性	P_{13} 分布范围	P_{14} 生长状况	P_{15} 生态习性	P 综合分数	评估综合分值
67	三桠乌药	樟科	*Lindera obtusiloba*	9	5	1	1	9	3	9	9	5	7	9	5	9	7	7	95	6.16
68	山胡椒		*Lindera glauca*	9	5	1	3	9	3	9	5	5	7	9	5	9	7	7	93	6.15
69	檫木		*Sassafras tzumu*	9	5	1	3	9	3	9	5	5	7	9	5	7	7	7	91	6.14
70	宜昌润楠		*Machilus ichangensis*	9	5	1	3	9	3	9	5	5	7	9	5	5	7	7	89	6.13
71	木姜子		*Litsea pungens*	9	5	1	1	9	3	9	5	5	7	9	5	5	7	7	87	6.1
72	绿叶甘橿		*Lindera neesiana*	9	5	1	1	9	3	9	5	5	7	9	5	5	7	7	87	6.1
73	红脉钓樟		*Lindera rubronervia*	9	5	1	1	9	3	9	5	5	7	9	5	5	7	7	87	6.1
74	红果山胡椒		*Lindera erythrocarpa*	9	5	1	1	9	3	9	5	5	7	9	5	5	7	7	87	6.1
75	豹皮樟		*Litsea coreana* var. *sinensis*	9	5	1	1	9	3	9	5	5	7	9	5	3	7	7	85	6.09
76	秤锤树	野茉莉科	*Sinojackia xylocarpa*	9	5	1	3	7	9	7	5	5	7	9	5	5	7	7	91	6.04
77	南方红豆杉	红豆杉科	*Taxus chinensis*	9	5	1	3	7	3	7	5	5	7	9	5	5	7	7	85	5.98
78	野茉莉	野茉莉科	*Styrax japonicus*	9	5	1	3	7	3	7	5	5	7	9	5	5	7	7	85	5.98
79	老鸹铃		*Styrax hemsleyanus*	9	5	1	3	7	3	7	5	5	7	9	5	5	7	7	85	5.98
80	芬芳安息香		*Styrax odoratissimus*	9	5	1	3	7	3	7	5	5	7	9	5	5	7	7	85	5.98
81	垂珠花		*Styrax dasyanthus*	9	5	1	3	7	3	7	5	5	7	9	5	5	7	7	85	5.98
82	石虎	芸香科	*Evodia rutaecarpa*	9	9	1	5	7	9	7	5	7	5	9	5	5	5	7	95	5.89
83	红果山胡椒	樟科	*Lindera erythrocarpa*	9	5	5	3	9	7	9	5	5	5	7	6	7	7	5	97	5.75
84	假黄檗	芸香科	*Evodia danielliivar. henryi*	9	5	5	3	9	5	9	7	3	5	5	5	7	5	9	97	5.75

参考文献

[1] 丁宝章，王遂义，高增义．河南植物志（一）[M]. 郑州：河南科学技术出版社，1988.

[2] 丁宝章，王遂义．河南植物志（二）[M]. 郑州：河南科学技术出版社，1997.

[3] 丁宝章，王遂义．河南植物志（三）[M]. 郑州：河南科学技术出版社，1997.

[4] 丁宝章，王遂义．河南植物志（四）[M]. 郑州：河南科学技术出版社，1997.

[5] 赵黎明，霍宝民，陈风顺．河南省花卉产业发展现状、问题与对策 [J]. 河南林业科技，2004（4）：27–31.

[6] 北京林业大学园林系花卉教研组．花卉学 [M]. 北京：中国林业出版社，1990.

[7] 戴启金，崔友勇，李海涛，等．河南省鸡公山自然保护区的野生花卉资源及合理利用 [J]. 信阳师范学院学报：自然科学版，2005，18（3）.

[8] 任全进，刘兴创，于金平．江苏省野生草本观赏花卉资源及其在园林中的应用 [J]. 江苏农业科学，2014，42（6）：218–220.

[9] 运用 AHP 法综合评价河南部分桂花品种 [J]. 河南大学学报：自然科学版，2004（12）：60–64.

[10] 任建武，白伟岚．野生园林植物筛选技术方法研究 [J]. 中国园林，2012（2）：18–22.

[11] 任建武，田翠杰，胡青，等．天津滨海新区湿地野生植物资源调查与分析 [J]. 林业资源管理，2012（2）：90–95.

[12] 蒲振祥，于金萍，薛月芬，等．江苏省野生草本（宿根）花卉资源及开发建议 [J]. 现代农业科技，2007（12）：24–25.

[13] 冯彩云，孙振元，许新桥．北京市公园绿地植物物种多样性分析 [J]. 现代园林，2014，11（3）：12–15.

[14] 聂东伶，陈白冰，柏文富，等．野生花卉资源在花卉产业中的应用及开发前景 [J]. 湖南林业科技，2005，32（4）：58–60.

[15] 谢华辉，杨莉莉，包志毅．绣线菊属植物资源及其在园林中的应用前景 [J].

林业科学，2006，42（7）：104-112.

[16] 桂育谦．科学规划合理布局开创我省花卉产业发展新局面——2008 年河南省花卉产业发展现状及趋势 [J]. 河南农业，2009，42（9）.

[17] 许桂芳，刘明久．太行山区野生花卉种子研究与应用 [M]. 北京：中国农业科学技术出版社，2008.

[18] 中国在线植物志（http: //www. eflora. cn/）(测试版）